Mobile Kommunikation im Kontext

Joachim R. Höflich

Mobile Kommunikation im Kontext

Studien zur Nutzung des Mobiltelefons
im öffentlichen Raum

PETER LANG
Frankfurt am Main · Berlin · Bern · Bruxelles · New York · Oxford · Wien

Bibliografische Information der Deutschen Nationalbibliothek
Die Deutsche Nationalbibliothek verzeichnet diese Publikation
in der Deutschen Nationalbibliografie; detaillierte bibliografische
Daten sind im Internet über http://dnb.d-nb.de abrufbar.

Umschlaggestaltung:
© Olaf Glöckler, Atelier Platen, Friedberg

Gedruckt auf alterungsbeständigem,
säurefreiem Papier.

ISBN 978-3-631-60021-4
© Peter Lang GmbH
Internationaler Verlag der Wissenschaften
Frankfurt am Main 2011
Alle Rechte vorbehalten.

Das Werk einschließlich aller seiner Teile ist urheberrechtlich geschützt. Jede Verwertung außerhalb der engen Grenzen des Urheberrechtsgesetzes ist ohne Zustimmung des Verlages unzulässig und strafbar. Das gilt insbesondere für Vervielfältigungen, Übersetzungen, Mikroverfilmungen und die Einspeicherung und Verarbeitung in elektronischen Systemen.

www.peterlang.de

Inhalt

Vorwort 5

Kapitel 1
Mobile Kommunikation und die Mediatisierung des Alltags 9

Kapitel 2
Das Mobiltelefon als Gegenstand der Forschung 25

Kapitel 3
Mobile Kommunikation im Kontext: Kommunikation und Medien im
öffentlichen Raum 39

Kapitel 4
Studien zum Mobiltelefon – methodische Annäherungen 57

Kapitel 5
Menschen und das Mobiltelefon in Bewegung – Aktivitätsmuster
und das Gehen als Tanz 71

Kapitel 6
Umweltwahrnehmung und Handygebrauch – Sehen wir vor lauter
Telefonieren noch die Welt um uns herum? 101

Kapitel 7
Verweilen und Telefonieren – Nischen und andere
Privatheitsbezeugungen 117

Kapitel 8
Der Stress der mobilen Erreichbarkeit – wenn das Klingeln zum
Terror wird 149

Kapitel 9
Akustische Ökologie – Klingeltöne als neue Soundscape und wie wir
darauf reagieren 171

Kapitel 10
Anmerkungen zu einer Theorie der Handykommunikation 187

Literaturverzeichnis 223

Vorwort

Ist die Rede davon, dass jemand ‚auf Draht sei' oder sogar ‚schwer auf Draht sei', dann wird das möglicherweise für zukünftige Generationen nicht mehr so leicht verständlich. Wir leben in der drahtlosen Zeit des Mobiltelefons – in einem ‚drahtlosen Jahrhundert', das uns schon vor mehr als einhundert Jahren vorausgesagt wurde: „Sie werden sich sehen, miteinander sprechen, werden ihre Akten austauschen und werden sie unterschreiben, gleichsam, als wären sie zusammen an einem Ort. Nirgends, wo man auch ist, ist man allein. Überall ist man in Verbindung mit allem und jedem. Jeder kann jeden sehen, den er will, sich mit jedem unterhalten..." (Sloss 2010: 47). Von überall aus in Kontakt treten ohne ‚Raumeinschränkung', so dass wir alle ein Stück mehr zusammenrücken. Die Beziehungen der Menschen sind in der Tat enger geworden. Ob es der Beginn einer Glückszeit ist, das sei dahingestellt. Vielmehr schwingt eine gewisse Ambivalenz mit: Zusammenrücken bedeutet immer auch Kontrolle, man weiß, was der andere tut, wie es ihm geht – und wo er ist. Es deutet sich eine „Dualität der Effekte" (Mesthene 1972) an. Gemeint ist damit, dass Medien, wie Technik überhaupt, nicht nur positive oder negative Auswirkungen, sondern beides mit sich bringen. Nachdem mittlerweile nahezu jeder (für Jugendliche trifft dies allemal zu) über ein Mobiltelefon verfügt, haben wir gelernt – oder sind zumindest dabei – damit umzugehen und zwischen positiven und negativen Effekten abzuwägen. Das schließt neue Abhängigkeiten nicht aus, gerade auch deshalb, weil das Handy als Multifunktionsgerät viele andere Dinge wie etwa eine Armbanduhr, einen Notizblock oder einen Kalender ersetzt und bei dessen Verlust oder Versagen auch zu Ausfällen all der kleinen Stützen der Alltagsorganisation führt. Die Möglichkeit der mobilen Überall-Kommunikation verdrängt zudem das klassische Festnetztelefon. Das bedeutet jedoch nicht, dass damit auch das häusliche, private und intime Moment des Telefonierens verschwindet. Vielmehr wird damit unterstrichen, dass der jeweilige Kontext nachgerade den konkreten Gebrauch und damit die Bedeutung des Handys bestimmt. Man ist zwar immer auf Empfang geschaltet – „Always On" (Baron 2008) – kann der Allgegenwart der Medien kaum noch entrinnen, doch mit einer Multikontextualität wird auch das Handy plural in seinen Bedeutungen für die Menschen.

Mit dem Mobiltelefon ändert sich unser kommunikativer Alltag. Erst recht gilt dies für eine Kommunikation im öffentlichen Raum. Ein Blick auf die Straßen und Plätze einer Stadt zeigt Menschen mit nicht einmal handgroßen Geräten am Ohr, die sich merkwürdig, zum Teil kreisförmig bewegen, vor sich hin sprechen, manchmal Kopfhörer auf- oder ‚Knöpfe' im Ohr haben, auf kleine Geräte schauen und lesen, auf sie, wie immer sie das bewerkstelligen, eintippen. Und diese Geräte bringen neue Klänge, ja geradezu Soundinszenierungen in unseren

Alltag, über die andere lächeln, sich aber auch aufregen. Ja, die mobil Telefonierenden erzeugen nicht nur Entzücken, zumal sie so etwas wie eine kommunikative Insel bilden. Sie nehmen andere nicht immer zur Kenntnis, übersehen sie in ihrer Versunkenheit in einem virtuellen Konversationsraum, ja, sie bringen sich hier und da sogar selbst in Gefahr, wenn sie in ihrem Inseldasein beispielsweise eine sich annähernde Straßenbahn übersehen. Doch andererseits fühlen sie sich sicherer. Sie sind beständig erreichbar, dafür aber kontrollierbar – und lokalisierbar. Sie tragen ihr Privates nach Außen, doch zeigen sie zugleich an, dass sie dies nicht unbedingt allen zugänglich machen wollen.

Solche Momente mobiler Kommunikation im öffentlichen Raum sind Gegenstand dieser Arbeit, die so etwas wie eine ‚empirische Begehung' darstellt – ein Weg durch eine Stadt verbunden mit einem Blick auf das, was die Menschen mit dem Handy machen. Eigentlich meint ‚mobile Kommunikation', dass Menschen in Bewegung miteinander kommunizieren. Dazu braucht man zunächst kein Mobiltelefon oder ein anderes Medium. Doch steht der Begriff mittlerweile genau für eine Kommunikation via solcher – mobiler – Medien. Und dabei geht es neben dem Bewegen und Verweilen auch darum, dass Aufmerksamkeit erweckt, aber auch Aufmerksamkeit abgezogen wird. Es geht um das Handy als Moment einer Kommunikation im öffentlichen Raum, der dessen Gebrauch prägt aber dadurch auch selbst geprägt wird. In einem umfassenden Sinne geht es um den Kontext, ohne den der Gebrauch des Mobiltelefons, ja von Kommunikation überhaupt, nicht zu verstehen ist. Damit ist gemeint, dass der Blick nicht von den Medien auf das soziale und kommunikative Geschehen erfolgt, sondern umgekehrt, von diesem Geschehen aus auf die Medien. Selbst wenn ein einzelnes Medium – das Mobiltelefon – im Vordergrund steht, so sollte zudem nicht aus dem Auge verloren werden, dass es Teil einer umfassenden Medienwelt und der kommunikativen Aktivitäten der Menschen ist.

Das Mobiltelefon, genauer: der alltägliche Umgang mit diesem Medium, steht im Mittelpunkt dieses Buchs. Es war über Jahre hinweg Gegenstand unterschiedlichster Studien, deren Ergebnisse hier zusammengefasst werden, angefangen von den Beobachtungsstudien zur Nutzung des Mobiltelefons auf einer italienischen Piazza bis hin zu umfangreicheren Studien, deren Realisierung ohne eine Unterstützung durch die Deutsche Forschungsgemeinschaft (DFG) nicht möglich gewesen wäre.

Zumal sich das Mobiltelefon schon längst zu einem multifunktionalen Hybridmedium entwickelt hat, ist dies auch ein kleiner Abschied von jenen Forschungen, die nur das mobile Telefonieren zum Gegenstand haben. Ein solcher Wandel zeigt sich im Übrigen schon in der optischen Erscheinungsweise der Geräte, die kaum noch an ein Telefon erinnern – und trifft nachgerade die Produzenten, die einer solchen Entwicklung hinterher hinken. Was allerdings bleibt, ist, dass Medien nach wie vor – oder erst recht – mobil bleiben. Somit handelt es sich bei dieser Arbeit um eine Zwischenbilanz, die sich allerdings nicht ganz so antiquiert verstehen will, denn sie soll eben auch ermöglichen, dass weitere empirische Erkundungen, die über ein mobiles Telefonieren hinausgehen, darauf aufbauen können. Wenn hier von Kontext gesprochen wird, so handelt es sich gewissermaßen um den kleinsten gemeinsamen Nenner der hier vorgestellten empirischen Wege. Kontext als der Rahmen einer öffentlichen Kommunikation und Kommunikationsordnung, Kontext als das alltägliche Unterwegssein und Verweilen, in das das Handy eingebaut ist. Kontext aber auch in dem Sinne, wo das Handy einen selbst oder andere unter Stress setzt, Aufmerksamkeit erzeugt oder abzieht. Ein solcher Kontext scheint profan – und ist es auch. Es geht um Alltägliches, um die Alltagsaktivitäten der Menschen – und Medien wie eben das Handy, sind ein Teil davon.

Eine solche Arbeit kommt ohne ein Mitwirken Anderer nicht aus, sei es durch ein Mitwirken bei der Durchführung der Forschung, den Diskussionen darüber, deren Aufarbeitung und Publikation. All jenen, die dies ermöglichten, aber hier nicht ausdrücklich angesprochen werden, gilt ein herzlicher Dank. Insbesondere möchte ich die Kollegen Professor Leopoldina Fortunati, Professor James E. Katz, Professor Rich Ling, Professor Richard Harper sowie Dr. Jane Vincent erwähnen. Mein besonderer Dank gilt Julia Roll, Juliane Kirchner und Jana Hofmann für eine kritische Lektüre des Manuskripts, Fabian Sickenberger für seine graphischen Bearbeitungen sowie Isabelle Bethe, erst recht aber Patricia Härtel für ihre unerschöpflichen Kräfte, den Text in eine Form zu bringen.

Kapitel 1

Mobile Kommunikation und die Mediatisierung des Alltags

Von der Eruption zur Normalisierung

In einem rasanten Tempo ist das Mobiltelefon zu einem Teil unseres kommunikativen Alltags geworden. Es gehört mittlerweile zu all den Utensilien, die die Menschen beständig mit sich herumtragen – angefangen von der Armbanduhr, über Schlüssel, Taschentücher, bis hin zu Feuerzeugen und Zigaretten, falls man Raucher sein sollte. Und noch bevor es zu einem seiner an sich vorgesehenen Kommunikationszwecke (etwa zum Telefonieren) benutzt wird, sagt es schon etwas: über den Nutzer, dessen Status, dessen Verhältnis zu anderen und die Situation. In einer Reihe von Ländern sind schon mehr Mobiltelefone vorhanden als Menschen dort leben. Eine Ökonomie der Telekommunikation treibt dies voran – schließlich lassen sich zum einen in diesem Wirtschaftsbereich attraktive Umsätze erzielen und zum anderen erfordert die Globalisierung geeignete Mittel, um miteinander in Kontakt treten zu können. Dabei ermöglicht das Handy ein Telefonieren an jenen Orten der Welt, in denen dies für den Großteil der Bevölkerung bislang nicht möglich war (was nicht bedeutet, dass es Länder, wie etwa Äthiopien, gibt, in denen das Mobiltelefon immer noch eine Rarität darstellt). Und deutlich zeigt sich auch, dass das sogenannte ‚Handy' nicht nur weitaus mehr ist als ein Telefon, sondern auch zunehmend in einem umfassenden Sinne genutzt und damit zu einem Universalmedium wird. Mit dessen Verbreitung stellt sich dann allerdings nicht mehr nur die Frage nach den kommunikativen, sondern auch nach den ökologischen Konsequenzen, sei es was die Produktion, den Stromverbrauch oder die Entsorgung angeht.

Das Mobiltelefon gilt mit dem Internet als das herausragende Medium unserer Zeit. Man mag dabei schon fast vergessen, dass es eine durchaus illustre Vorgeschichte hat. Einer der Pioniere des Telefons, der Schwede Lars Magnus Ericsson (1846-1926), ließ ein Telefon bereits vor einhundert Jahren in das Auto seiner Ehefrau Hilda einbauen. Dieses Telefon war durchaus ‚mobil', auch wenn es während der Autofahrt nicht funktionierte. Um zu telefonieren musste Frau Ericsson das Fahrzeug anhalten, aussteigen und das Gerät mit einer der Überlandleitungen, die das Land durchzogen, verbinden (vgl. Agar 2003: 8f.). Es scheint nicht ganz zufällig zu sein, dass es ein nördliches Land gewesen ist, in dem schon recht früh die Idee des mobilen Telefonierens aufkam. Über die Gründe kann man nur Mutmaßungen anstellen; von der Genialität eines Einzelnen bis zu der wenig besiedelten Gegend, die die Suche nach einer bequemen Kontaktmöglichkeit außer Haus anregte. Zumindest wird dies durch die Entwicklungen, die einige Jahrzehnte später folgte, unterstrichen. Man denke nur an die finnische Firma Nokia, die von der Papier-, Gummistiefel- und Reifenproduktion zu einem der Marktführer auf dem Gebiet der mobilen Kommunikation geworden ist (auch wenn sich aufgrund der Entwicklungen auf dem Mobiltelefonmarkt die Situation für Nokia arg verschlechtert hat). In Deutschland wählte man einige Jahre nach Ericssons eher spielerischer Idee eine wuchtigere, dafür aber im Mobilsein einsatzfähige Alternative. Man schuf ein Abteil in der Eisenbahn, von dem aus während der Fahrt telefoniert werden konnte. Bereits 1918 wurde dies auf der Militärbahnstrecke Berlin-Zossen, 1919 auf der Privatbahn der Firma Görtz zwischen Teltow und Lichterfelde erprobt und dann tatsächlich im Laufe des Jahres 1926 bei allen D-Zügen der Strecke Hamburg-Berlin eingeführt[1]. Die Zugtelefonie war gleichwohl etwas Besonderes weil wenigen zugänglich. „Es blieb ein exklusives Vergnügen, das entgegen ursprünglicher Planungen nicht auf weitere Strecken ausgedehnt wurde. Immerhin registrierte die Statistik für 1926 und 1927 täglich durchschnittlich knapp 40 Gespräche in den Zügen zwischen Hamburg und Berlin" (Gold 2000: 79). Visionen einer drahtlosen Telefonie gab es indessen und wie eingangs schon erwähnt, bereits vorher. Im Jahre 1910 erschien ein Buch, mit dem der Versuch unternommen wurde, einen Blick in die Zukunft zu werfen: ‚Die Welt in 100 Jahren'. Ein Kapitel widmet sich auch dem ‚drahtlosen Jahrhundert'. In der Tat ist die Vorwegnahme der Idee einer mobilen Kommunikation erstaunlich. Und auch die Folgen werden antizipiert. Was die Auswirkungen auf die zwischenmenschlichen Beziehungen angeht, so ist etwa zu lesen:

> „Auf Ehe und Liebe wird der Einfluss der drahtlosen Telegraphie ein außerordentlicher sein. Liebespaare und Ehepaare werden nie voneinander getrennt sein, selbst wenn sie hunderte und tausende Meilen von einander entfernt sind. Sie werden sich immer sehen, immer sprechen, kurzum, es wird die Glückszeit der Liebe angebrochen sein und die des Strohwitwertums vernichtet; denn zukünftig wird sich die leibliche Gattin stets davon überzeugen können, was ihr Herr Gemahl treibt; aber auch der Herr Gemahl wird ganz genau wissen, wie und ob seine Gattin nur an ihn denkt." (Soss 2010: 47)

Bis dies umfassend realisiert wurde, musste allerdings noch eine Weile gewartet werden. Zwar sicherte in den Endsechzigern des vorigen Jahrhunderts das sogenannte A-Netz eine 80-prozentige Versorgung der Bundesrepublik Deutschland und war damit zu dieser Zeit das größte öffentliche Mobilfunknetz der Welt. Doch hatte es im Jahr 1971 nur 11.000 Teilnehmer, die für die schweren Geräte (16 kg) durchaus tief in die Tasche greifen mussten und dafür so viel zu bezahlen hatten, wie sie damals für einen Kleinwagen hätten ausgeben müssen. Historisch von besonderer Bedeutung war das Mobiltelefon (damals das C-Netz, das zugleich auch kleinere Geräte möglich machte) erst in der Frühphase der Wiedervereinigung, war es doch damit möglich, die ungenügende Infrastruktur einer

---

[1] Streng genommen gab es die Möglichkeit einer ‚mobilen Telefonie' bereits im Rahmen des Seefunks, denn gerade mit Blick auf die Sicherheit der Schifffahrt waren derartig ‚mobile' Kommunikationsmöglichkeiten durchaus naheliegend.

telefonarmen Gesellschaft der DDR zu kompensieren (wobei es mittlerweile im Osten Deutschlands mehr Festnetzanschlüsse als im Westen des Landes gibt).

Für neue Medien muss zuerst einmal ein Platz im Alltag der Menschen geschaffen werden. In der Anfangszeit ist noch nicht klar, wozu sie eigentlich gut sein sollen, schließlich hat ja bislang auch alles ohne diese neuen medialen Möglichkeiten funktioniert. Als etwa Bell, (einer) der Erfinder des Telefons, versuchte, seine Schöpfung aufgrund schleppender finanzieller Einkünfte zu Geld zu machen, hatte er doch einige Probleme damit. Ein Angebot an die Western Telegraph Union zum Preis von 100.000 Dollar lehnte diese mit dem Kommentar ab, was man denn mit so einem ‚elektrischen Spielzeug' anfangen solle (vgl. Höflich 1998: 189). Nachdem heute nahezu jeder ein Handy besitzt, haben sich ganz offenkundige (wie immer geartete und zu bewertende) Nutzungsgründe ergeben, die das Mitführen eines solchen Geräts rechtfertigen. Am Anfang sah das ganz anders aus. Mit Skepsis hat man die neuen medialen Möglichkeiten betrachtet. Man denke nur an die Einwendungen, wozu man ein solches ‚Ding' eigentlich brauchen würde, es würde eh nur Sinnloses mitgeteilt, etwa wo man sich gerade aufhielte oder dass man gleich nach Hause kommen würde. Und erst recht die SMS-Nachrichten, mit denen vermeintlich Unwichtiges am laufenden Band hin- und hergeschickt werde. Als hätte es vor dem Handy einmal eine Zeit gegeben, in der ausschließlich über tiefgründige Dinge gesprochen worden wäre. Man denke nur an Stammtischgespräche, die einen eines Besseren belehren können – und die nichtsdestotrotz deswegen nicht ‚belanglos' sind. Dabei wird übersehen, dass der Alltag aus vielfältigen Signalen der Zuneigung, gegenseitigen Bestätigung und Wertschätzung besteht, die durchaus trivial sein mögen, aber deswegen gerade nicht bedeutungslos sind. Mit den neuen medialen Möglichkeiten ist es einfacher geworden, anderen solche Hinweise zukommen zu lassen. Ein ‚HDL' (‚hab dich lieb') oder ‚HDGDL'(‚hab dich ganz doll lieb') sagt manchmal mehr als tausend Worte, allemal erfüllt es seinen Zweck. Mit neuen Medien werden zwischenmenschliche Kommunikationsbedürfnisse eben nicht unbedingt neu erfunden, sondern nur in anderer Weise ausgelebt.

An sich gilt Kommunikation als eine ‚gute' Sache. Doch jetzt soll es ein Zuviel davon geben? Richtig ist, dass sich die Antwort auf die Frage, wozu etwas gut ist oder sein soll, im Zeitablauf ändert. Und so ändert sich auch die Bedeutung des Mediums, das nicht nur Inhalte vermittelt, sondern selbst Inhalt und damit Metakommunikation ist, die besagt, wie das Gesagte/Vermittelte zu verstehen ist, ja, die generell etwas über den Verwender ausdrückt (der so etwa als fortschrittlich, dynamisch, modisch, extravagant oder was auch immer erscheinen mag). Zu diesen Neudefinitionen gehört, dass das Mobiletelefon längst nicht mehr als ‚das' Statussymbol wie in einer Frühphase der Diffusion fungiert. Schon vor geraumer Zeit hat dies Umberto Eco (2000) ausgelotet. Menschen mit gesundheitlichen Einschränkungen und jene mit schwerwiegenden beruflichen

Gründen (wie die Feuerwehrleute oder ein Staatspräsident), aber auch die Ehebrecher, um an Ehegattinnen und Sekretärinnen vorbei ihre Liaison zu pflegen, seien durchaus auf ein Handy angewiesen. Schwieriger wird es mit Leuten, „die nirgendwo hingehen können, ohne weiter mit Freunden und Angehörigen, die sie eben verlassen haben, über dies und das zu schwatzen ... Sie sind uns lästig, aber wir müssen Verständnis für ihre schreckliche innere Ödnis haben, müssen dankbar sein, dass wir besser dran sind, und ihnen verzeihen" (S. 83f.). Dazu kommen all die, die durch ständigen Handygebrauch öffentlich zeigen, wie begehrt sie sind – oder für wie begehrt sie sich anderen gerne darstellen. Doch der „wahrhaft Mächtige ist der, der nicht gezwungen ist, jeden Anruf zu beantworten" (S. 84). Er kann es sich leisten, dass andere parat stehen, er selbst gönnt sich jedoch seinen Freiraum. So wird nicht mehr der Besitz, sondern die demonstrative Nichtverwendung zum Statussymbol (wehe also, man legt das Handy in einem Café oder Restaurant unbedacht auf den Tisch oder, noch schlimmer, man trägt es, wie einen Colt, in einem Halfter am Gürtel). Damit zeigt sich, dass mit einer Diffusion des Mediums auch eine Diffusion neuer Bedeutungs- bzw. Leseweisen stattfindet. Probleme gibt es immer dann, wenn diese Leseweisen dem aktuellen Gebrauch hinterher hinken – oder umgekehrt. Dann kann sich gerade der lächerlich machen, der denkt, mit einer demonstrativen Verwendung des Handys noch Eindruck schinden zu wollen.

Um Teil des Alltags zu werden, muss ein Medium nicht nur in einem technischen Sinne adäquat verwendet werden (in gewisser Hinsicht ‚*bedient*' werden, indem man sich den technischen Zwängen unterwirft), es muss vielmehr auch in einem sozialen Sinne verwendet werden (‚*beherrscht*' werden, indem man es sich für seine Zwecke nützlich macht). Die Diffusion eines Mediums meint somit nicht nur die bloße Verbreitung eines Artefakts, sondern auch die von sozial adäquaten Gebrauchsweisen, die bei all den technischen Vorgaben dem Medium (und der Technik allgemein) nicht immanent sind. So kommt ein Medium in einem doppelten Sinne nicht voraussetzungslos in den Alltag, einerseits was die technischen und andererseits was die sozialen Erfordernisse angeht. Sieht man von ökonomischen Voraussetzungen ab (man muss sich Technik, zumal in ihren Anfangsphasen, leisten können), so sind vor allem die sozio-psychischen Voraussetzungen von besonderem Belang: Wie und zu welchem Zweck wird das Medium ‚richtig' (eben sozial adäquat) verwendet? Diese Frage stellt sich nachgerade, weil die bisherigen sozialen Praktiken nicht mehr ausreichen und neue Praktiken erforderlich sind. So kommt es häufig dazu (die Geschichte der Medien macht dies immer wieder deutlich), dass die vorausgehenden Medien eine Art Schablone darstellen, in die die Nachfolgemedien erst einmal eingepasst werden und auf die man zurückgreift, weil man dem Neuen (noch) nicht traut (etwa, indem man anruft, ob die Email angekommen ist oder indem man Verwendungsweisen präferiert, die man von den Vorgängermedien kennt – eine Email, die wie ein klassischer Brief aufgebaut ist zum Beispiel). Dies hat bereits McLuhan

(2001: 9f.) vermerkt: „Aber es ist immer so: Jedes Medium wird zuerst einmal in der Funktion des alten Mediums eingesetzt ... Zuerst erfüllt es eine alte Aufgabe." Allerdings ist die Frage nach den Funktionen nicht so einfach zu beantworten. Medien sind insofern eine bedeutungsvolle soziale Angelegenheit, dass sie sowohl Bedeutungen vermitteln als auch selbst Bedeutung haben. Zugrunde liegen hier zwei Arten von Regeln: Prozedurale Regeln geben vor, wie ein Medium zu benutzen ist, ‚Medienregeln' geben vor, wozu es verwendet wird (vgl. weiter: Höflich 1996: 81ff.). Man könnte von einer Art Medienetikette sprechen, die jedes Medium für sich verlangt. Das Telefon ist hier keine Ausnahme, unbeschadet dessen, dass die Regeln in Abhängigkeit vom sozialen und kulturellen Kontext variieren. Was das Telefon angeht, schreiben etwa Nardi und O'Day (1999: 21):

> „There is an etiquette to placing calls, answering the phone, taking turns in conversation, and saying good-by, which is so clear to us that we can teach it to our children. There are implicit rules about the privacy of telephone conversations; we learn not to eavesdrop on others and to ignore what we may accidentally overhear. These conversations and practices are not "designed in" and they do not spring up overnight. They were established by people who used telephones over time, as they discovered what telephones were good for, learned how it felt to use them, and committed social gaffes with them."

Die Regeln sind so selbstverständlich, dass sie oftmals erst bewusst werden, wenn gegen sie verstoßen wird. Sind diese Regeln erst einmal sozial und individuell absorbiert, so bringt dies wiederum mit sich, dass die etablierten (und durch den Gebrauch gelernten) Praktiken ein Hindernis sein können, Neues anzunehmen. Doch sind nicht nur neue Praktiken erforderlich, es ändern sich auch bisherige Praktiken und (sozial definierte) Funktionalitäten bisheriger Medien. Dies ist unter dem Vorzeichen des ‚Riepelschen Gesetzes' (Riepl 1913: 5) bekannt. So gesehen hat mit dem Hinzukommen neuer Medien selbst das Lernen der ‚alten' Medien nicht aufgehört.

Kommt ein Medium hinzu, dann führt dies zu *Eruptionen*, ja, nahezu einem anarchischen Zustand (der bei näherem Besehen aber eher ein Zustand der Ungewissheit als der einer medialen Anarchie ist), denn bisherige Regeln gelten nicht mehr und neue haben sich noch nicht etabliert und durchgesetzt. So ist denn mit jedem neuen Medium immer auch ein Diskurs um eine neue Medienetikette festzustellen, der insbesondere wiederum in den Medien – den Massenmedien mitsamt dem Internet – ausgetragen und weitergetragen wird. Und so wie die Menschen nicht genau wissen, wo der neue mediale Weg hinführt, so haben auch die sogenannten Experten ihre gute Not damit. Während die einen die Entwicklungen überschätzen, machen andere geradezu das Gegenteil. Interessant ist, dass in einer solchen Phase mediendeterministische Vermutungen bevorzugt werden (vgl. auch: Nardi/O'Day 1999: 20): Was machen die Medien (wieder einmal) mit uns? Beim Mobiltelefon steht vor allem die Veränderung des Verhältnisses von Privatem und Öffentlichem und damit auch die Frage im

Vordergrund, wie eine öffentliche Kommunikationsordnung durcheinander gebracht wird, in der gerade nicht ohne Scheu intime Details vor einem unbekannten Publikum thematisiert werden. Dazu gehört auch eine Veränderung der akustischen Umwelt durch Klingeln und lautes Sprechen, ja durch das Sprechen überhaupt. Schließlich musste das uns geläufige Schweigen im Zusammensein mit Fremden erst einmal gelernt werden (vgl. Simmel 1995: 727). Jetzt wird dort gesprochen, wo vorher geschwiegen wurde. Agar (2003: 71) beschreibt diese Entwicklung für England, doch trifft dies auch hierzulande zu: „In the early 1990s, something exeedingly disturbing was happening on trains accross Britain. People were talking. Loudly. The anger generated among unwilling eavesdroppers and aimed at the mobile owners cheerfully declaring that an invisible social boundary had been transgressed." Dies kann so weit gehen, dass man den anderen gar keine Chance gibt wegzuhören, weil zu viel Lautraum (vgl. Goffman 1974: 77) in Anspruch genommen wird. Allerdings muss man nicht besonders laut sein, um Irritationen zu erzeugen. Mit dem mobilen Telefonieren wird gleichsam immer auch eine Anteilnahme, die gerade bei einer Teilhabe im öffentlichen Raum erwartet wird, entzogen. Folglich wird Aufmerksamkeit durch den Mediengebrauch nicht nur erzeugt, sondern auch absorbiert. Dazu kann bereits das Lesen und erst recht das Schreiben einer SMS genügen. Die Menschen werden (temporär) zu kommunikativ isolierten Inseln. Sie sind da und nicht da zugleich (vgl. Gergen 2002) und entziehen sich der Möglichkeit, angesprochen zu werden. Dies sind nur einige Beispiele, die später noch weiter aufgegriffen werden. Kurz gesagt: Es steht eine besondere Medienetikette, eine m-Etikette oder mobile Etikette zur Diskussion, als „the collection of rules that establish the public use of mobile telephony" (Castell u.a. 2007: 94), die durchaus kulturspezifisch variieren kann, von einer eher lockeren Handhabe bis hin zu rigiden Regelungen, wie sie etwa in Japan vorzufinden sind. Im Land der aufgehenden Sonne ist in öffentlichen Transportmitteln eine Nutzung des Mobiltelefons, vor allem das Telefonieren, breitflächig verpönt, ja gleich verboten.

Solche eruptiven Phasen einer öffentlichen Kommunikationsordnung sind ein temporäres Phänomen – mit der Zeit setzt die Phase einer *Normalisierung* ein. Der Weg bisheriger Medien in den kommunikativen Alltag der Menschen gibt zumindest Anlass für eine solche Annahme. Und so ergibt sich auch beim Handy eine gewisse routinisierte Praxis und damit einhergehende Arrangements des Gebrauchs (vgl. auch: Ling 2002: 83). Mit der Normalisierung ist gewissermaßen ein standardisierter, geregelter Gebrauch, als ‚normaler' Technikgebrauch, „Ergebnis eines längerfristigen und oft konfliktreichen Prozesses der gesellschaftlichen Aneignung und Aushandlung ..., in dessen Verlauf sich eine Gesellschaft über Technikform und -verwendung verständigt" (Weber 2008: 12), gemeint.

Medienaneignung und die Bedeutung von Medien

Die ‚Domestizierungsforschung' beschäftigt sich mit dem Prozess, in dem Medien Teil unseres Alltags werden. *Domestizierung* verweist auf den Haushalt, aber in einem weiteren Sinne auch darauf, die Medien zu bändigen – „taming the wild", wie es Haddon (2004: 4) nennt – wobei die Medien nicht notwendigerweise so ‚wild' sein müssen. Besser wäre es wohl, um bei der Tiermetapher zu bleiben, von einem ‚an- und umdressieren' zu sprechen, denn Technik kommt nicht ungeprägt (und damit völlig ‚wild') ins Haus. Schon wenn sie auf den Markt kommt, so gibt es den Gebrauch präformierender Nutzungsideen seitens der Produzenten, nur dass diese von den Konsumenten nicht notwendigerweise einfach so übernommen werden. Aneignung beginnt üblicherweise mit dem Kauf bzw. der Anschaffung (vgl. Silverstone/Hirsch/Moreley 1992: 20). Genau genommen nimmt dieser Prozess jedoch schon früher seinen Anfang. Schließlich ist die Entscheidung für den Erwerb schon mit einer vorherigen Auseinandersetzung mit dem Medium verbunden, es bestehen bestimmte Nutzungserwartungen, die erfüllt oder enttäuscht werden – und nicht zuletzt zeigen sich bereits im Vorfeld Distinktionsinteressen (Bourdieu 1987) und Intentionen eines demonstrativen Konsums (Veblen 1989). „Machines and services do not come into the household naked. They are packed, certainly, but they are also 'packed' by the erstwhile purchaser and user, with dreams and fantasies, holes and anxieties: the imaginaries of modern consumer society" (Silverstone 2006: 234). Nach der Anschaffung wird, folgt man Silverstone, Hirsch und Morley (1992: 19ff.), das Medium einem Ort im Haushalt zugewiesen (Objektivierung), gefolgt von einem Einbauen in die Struktur des Alltags (Inkorporation), mit der gleichsam auch manifest wird, wie Medien, gegebenenfalls anders, als sich dies deren Designer vorstellten, gebraucht werden. So wurde das Festnetztelefon meist in der Diele platziert, um bei einem ankommenden Anruf von allen Orten der Wohnung möglichst schnell Zugriff zu haben. Und schlussendlich ändert sich, als externer Aspekt, die (kommunikative, soziale) Einbindung des Haushalts in seine Umwelt (Konversion).

Mit dem Mobiltelefon geht es indessen nicht mehr um ein häusliches Medium und um den Haushalt. Er bleibt zwar weiter ein Ort, auf den mediale Kontakte Bezug nehmen, sei es, daß das Mobiltelefon eine Erweiterung des Haushalts und der Haushaltsbeziehungen in den öffentlichen Raum eröffnet. Es ermöglicht aber auch laufende Rückkopplungen, die den Haushalt in der Tat zu einem Anker machen, an dem sich die Beziehungen der Haushaltsmitglieder festmachen (vgl. auch: Rössler 2007: 27). Allerdings deckt die häusliche Sphäre nur einen Teil der (medialen) Alltagspraktiken ab. Das Mobiltelefon macht die Domestizierungsforschung somit zwar nicht grundlegend obsolet, wenngleich sich Domestizierung von den damit assoziierten Bedeutungen lösen muss. War es der Haushalt, der die Referenz und den Kontext des Gebrauchs darstellte, so kommt nun der öffentliche Raum und insbesondere das Moment des Dritten hinzu: Es ist immer mit anderen Menschen zu rechnen, Bekannte wie Fremde, die auf den Gebrauch des Mediums Einfluss nehmen, aber auch durch den Gebrauch tangiert werden. Doch ist der öffentliche Raum selbst im Wandel, ja, Moment einer Domestizierung als Privatisierung. Gemeint ist damit, dass wir im öffentlichen Raum Verhaltensweisen und Emotionen zeigen, die an sich mit dem privaten Bereich, insbesondere den eigenen vier Wänden, assoziiert werden (vgl. Kumar/Makarova 2008). Fasst man Domestizierung in einem solch weiten Sinne, dann sind es zwar zum einen die Medien (gleichwohl: nicht ausschließlich!), die eine solche Entwicklung forcieren, zugleich werden sie aber in einem solchen Prozess der Domestizierung des öffentlichen Raums miterfasst und ‚häuslich' gemacht.

Ein sich zu Eigen machen eines Mediums ist kein finaler Prozess in dem Sinne, dass der Gebrauch und die Bedeutung eines Mediums ein für allemal festgelegt sind. Sei es biographisch im Lebensverlauf oder von jeder Generation erneut: Ein Medium wird immer wieder neu erfunden – und damit auch das gesamte Medienrepertoire. Aneignung ist überdies kein Einbahnstraßeneffekt, in dem die Technik an die Menschen angepasst wird. Die Aneignung eines Mediums ist zugleich inkorporiert in einen Prozess der Mediensozialisation, als eine Sozialisation in eine Medienwelt und eine Sozialisation durch Medien in all ihrer Vielfalt, die nachgerade auf ein Geprägtsein durch Medien verweist. Hierzu vermerkt etwa Krotz (2007: 33):

„Besitzerinnen oder Besitzer eines Tamagotchis, eines entertainment-orientierten Roboterhundes AIBO, eines Home-Stereo-Dolby-Breitband-Kinos oder einer Multimedia-PC-Anlage im Wohnzimmer verändern sich durch die Domestizierung dieser Medien auch in ihrem Bewusstsein und ihrer sozialen Gestalt und ihrer Rolle den Bekannten und Freunden gegenüber, kurz, in ihrer Identität und ihrer Selbstbehauptung."

Menschen sind den Medien ‚ausgesetzt', werden durch sie geprägt – allerdings nicht in einer mediendeterministisch verkürzten Art und Weise. Dies sollte man und gerade mit Blick auf das Mobiltelefon nicht aus dem Auge verlieren. Das Handy ist dabei nicht nur in einem konkreten Nutzungskontext zu sehen, sondern insbesondere im Kontext einer umfassenden und sich ändernden Medienlandschaft und schließlich als Moment einer umfassenden Mediatisierung des Alltags, die gleichwohl den Mensch nicht als passives Anhängsel von Technik reduziert. Die Bedeutung von Medien ergibt sich daraus, was die Menschen damit machen. Es geht also um die Aktivitäten – um ein tagtägliches Machen (ein ‚doing'). Hierzu auch Hörning und Reuter (2004: 10):

„Ganz gleich, ob der Umgang mit dem Computer im Betrieb oder dem Auto im Alltag, die Rezeption von Fernsehsendungen oder wissenschaftlichen Texten, der Prozess der Identifikation oder Repräsentation von Personen, oder auch nur die Art und Weise, wie üblicherweise Fahrstuhl gefahren, Geschlecht praktiziert oder Wissen gewusst wird – es handelt sich um das Praktizieren von Kultur. Und: Die gesellschaftliche Wirklichkeit ist keine ‚objektive Tatsache', sondern eine ‚interaktive Sache des Tuns'."

Mit Silverstone (2007: 19) ließe sich zugleich anfügen:

„Wir müssen erkennen, dass unser Leben eine andauernde Leistung ist, dass es unsere aktive Teilnahme erfordert, auch wenn wir oft unter Umständen agieren, die wir uns nicht aussuchen können, und unter denen uns nichts anderes übrigbleibt, als dafür zu sorgen, dass es irgendwie weiter geht."

Zu dieser Aktivität gehören immer auch die Anderen, so dass die Bedeutung eines Mediums, wie von allen Objekten überhaupt, auf den Interaktionen der Menschen und Prozessen des gegenseitigen Anzeigens gründet (vgl. Blumer 1981: 90). Objekte sind, folgt man einer interaktionistischen Perspektive, alles, was angezeigt werden kann, auf das man hinweisen und auf das man sich beziehen kann. So ist auch Technik und ein (technisches) Medium ein Objekt. Die Beschaffenheit eines Objekts wiederum ‚besteht' aus der Bedeutung, die wiederum darauf gründet, wie eine Person ihr oder anderen gegenüber das Objekt definiert, wobei aus einem solchen ‚*Prozess gegenseitigen Anzeigens*' gemeinsame Objekte hervorgehen, deren Bedeutung von einer gegebenen Gruppe von Personen geteilt wird und die von ihnen auf ähnliche Art und Weise gesehen werden respektive in Bezug auf sie handeln. Bedeutung ist, profan formuliert, das, was Menschen ‚im Kopf' haben, doch in dem hier gemeinten Sinne ist dies nicht nur eine kognitive, sondern auch eine soziale Angelegenheit. „Denn Technologien sind soziale Artefakte. Sie sind symbolisch aufgeladen und anfällig für die ewigen Paradoxien und Widersprüche der Gesellschaft" (Silverstone 2007: 61). Bedeutung basiert auf einem System von Konzepten und Vorstellungen, die für etwas stehen, etwas ‚repräsentieren' und uns damit in die Lage versetzen, uns auf etwas in und außerhalb unseres Kopfes zu beziehen (vgl. Hall 1997: 17). Und derartige Repräsentationen von Medien (als ein Moment der Repräsentationen von Welt) sind, um bei diesem Begriff zu bleiben, eben immer auch soziale Repräsentationen.

Jede Gesellschaft hat eine eigene Medienwelt, in der die Menschen leben, handeln und ‚die Medien lernen', sprich: sich ein Wissen über diese Medien aneignen, sie zu gewissen Zwecken auf eine gewisse Art und Weise nutzen und ihnen damit Bedeutung zuweisen. Dazu vermerken Kagelmann und Vitouch (1996: 410):

„Der alltägliche, in den verschiedenen Kontexten sich vollziehende Umgang mit Medien müsste als eine von vielen Formen der täglichen Auseinandersetzung des Menschen mit seiner sozialen Umwelt betrachtet ... werden. Jedes Individuum entwickelt aus seiner individuellen Lerngeschichte (Sozialisation) und den direkt und/oder medial vermittelten Umweltfaktoren einen persönlichen Stil der Interaktion mit dem sozialen und physischen Umfeld, innerhalb dessen die Mediennutzung ein gewichtiger Teilaspekt ist."

So gesehen hat eine Mediatisierung des kommunikativen Handelns eine kognitive Seite: Die Menschen haben eine Vorstellung/Repräsentation nicht nur von dem, was sie mit einem Medium anfangen sollen, sondern auch, wie dies in Relation zu anderen Medien – oder auch in Konkurrenz dazu – und in Beziehung zu anderen Menschen geschieht (vgl. auch: Höflich 2010). All dies ist keine rein individuell-kognitive Angelegenheit, wie dies mit Blick auf die Perspektive des Symbolischen Interaktionismus schon angedeutet wurde.

„The persons' epistemic relationship to an object is defined and mediated by his or her relevant others. The group, through its system of representations elaborated in discourse and in the service of communication, sources the individuals's understanding of, and interaction with, the world." (Wagner/Hayes 2005: 119)

Dies wurde bereits unter dem Vorzeichen eines gegenseitigen Anzeigens festgestellt. Und mit Jochvelovitch (2007: 34) kann ergänzt werden: „Representations are communicative action." Für die Autorin sind Repräsentationen abhängig von verschiedenen Faktoren, hiermit meint sie das Zusammenspiel von Subjekt, Anderen, Objekt, kommunikativem Handeln, Projekt, Zeit und Kontext als grundlegende Kategorien.² *Soziale Repräsentationen* helfen uns, Sinn in unsere Welt zu bringen und mit anderen interagieren zu können (vgl. Voelklein/Howard 2005: 434).

Die Theorie der sozialen Repräsentationen (vgl. etwa Moscovici 2001) liefert sinnvolle Bezüge, um die Momente einer Mediatisierung zu erklären. Sie benennt Gründe für das Verharren in Gewohnheiten bei medialen Veränderungen, weil sie in gewisser Weise konservativ geprägt sind. Das neue Aushandeln von Bedeutungen ist nämlich mit einer Anstrengung verbunden, die der Trägheit des Menschen entgegensteht. Kulturelle Eruptionen stellen Lücken im System der Repräsentationen dar, die durch neue Repräsentationen aufgefüllt werden müssen:

„In other words, at these points of cleavage there is a lack of meaning, a point where the unfamiliar appears, and just as nature abhors a vacuum, so culture abhors an absence of meaning, setting in train some kind of representational work to familiarize the unfamiliarity as a source of social representations." (Duveen 2001: 8; vgl. auch: Moscovici 2001: 37)

Moscovici (2001: 164) spricht von einem Rahmen, in dem alles, was abläuft, einen unproblematischen Charakter hat. Das gilt analog für die Medien, so dass Medienrahmen gleichsam soziale Repräsentationen sind. Solche Medienrahmen ermöglichen eine Orientierung in einer sozialen, materiellen und mediatisierten Welt und sie ermöglichen Kommunikation, indem sie Kodes zum gegenseitigen Austausch sowie Kodes zur Bezeichnung und Klassifizierung der Welt zur Verfügung stellen. Doch sind sie zugleich ein Produkt von Kommunikation.

---

2 Formal ausgedrückt: R (S, O, Ob, CA, P, T, C), wobei R für Repräsentation steht, als Funktion von S = Selbst; O = Anderer; Ob = Objekt; CA = kommunikative Handlung; P = Projekt; T = Zeit, C = Kontext.

Zusammengefasst: Mit einer Normalisierung des Mediengebrauchs geht die Ausbildung eines Systems (medialer) Repräsentationen einher; Eruptionen wiederum entstehen dann, wenn etwas Neues, Unvertrautes (ein neues Medium) hinzu kommt; Bedeutungslücken entstehen, weil ein Medium und mediale Praktiken in einem System von Repräsentationen noch nicht eingebunden sind. Normalisierung verweist auf den Alltag, der gerade mit Blick auf die Effekte von Medien durchaus folgenreich ist. „Gerade im normalen Alltag entfalten die Medien ihre entscheidende Wirkung" (Silverstone 2007: 19). Medien sind Momente eines Systems sozialer Repräsentationen, der ‚normale' Gang der Dinge ist nicht gefährdet. So wie Studien in einer frühen Phase eines Mediums gerade auf die Prozesse verweisen, in denen ein Medium seinen bedeutungsvollen Platz im Alltag der Menschen zugewiesen bekommt und kognitiv verankert wird, wird gerade die Untersuchung des Alltäglichen zu einer besonderen wissenschaftlichen Aufgabe. Hier geht es um die (alltägliche) Herstellung von Normalität durch den Gebrauch eingedenk eines gegenseitigen Anzeigens, aber auch um die Reaktionen, die sich dann zeigen, wenn diese Normalität gestört wird. Das bedeutet keine Statik. Soziale Repräsentationen von Medien ändern sich, wenn sich die Praktiken ändern (vgl. Haddon/Vincent 2005: 238). Eine Dynamik ergibt sich nicht zuletzt dadurch, dass soziale Repräsentationen nicht homogen sind. Sie sind gruppenspezifisch, ebenso kann ein und dasselbe Individuum unterschiedlichen sozialen Anlässen unterschiedliche Repräsentationen zu Grunde legen (vgl. Doise 1993: 158). Damit wird der Kontext, in dem Handeln und Medienhandeln stattfindet, von Belang.

Die Theorie der sozialen Repräsentationen fand Niederschlag in der Analyse von Technik im Allgemeinen und von technologischem Wandel im Besonderen (vgl. z.B. Flick 1996), ebenso aber auch bezogen auf spezielle Medien. So haben beispielsweise Fortunati und Contarello (2002) vor diesem Hintergrund das Mobiltelefon analysiert und so, wie die Autorinnen feststellen, die Beziehungen des Mobiltelefons zu einer „facettenreichen Welt der Kommunikation" deutlicher machen können. Allerdings darf man hier nicht bei der Analyse eines einzelnen Mediums verharren. Es ist immer Teil einer Medien- wie auch einer physischen, sozialen und kulturellen Umwelt, Teil einer umfassenden Ökologie (sozial, kulturell, medial), die es sowohl kognitiv zu erfassen wie durch soziales Handeln zu meistern gilt. Dies bezieht sich nicht zuletzt für den öffentlichen Raum als Umwelt und dessen mediale Durchdringung, der hier unter dem Vorzeichen eines Mediums – dem Handy – empirisch betrachtet wird. Doch meint dies nicht, dass ein singuläres Medium losgelöst von anderen Medien betrachtet werden kann. Das Mobiltelefon ist nicht nur ein Vehikel in einem Prozess einer umfassenden Mediatisierung des Alltags, es ist auch ein Medium im Gesamt einer umfassenden Medienökologie.

Mobiletelefon und Medienökologie

Das Handy ist ein Hybridmedium, das mehrere kommunikative Modi in sich vereint, die fließend ineinander übergehen – gewissermaßen von der SMS-Nachricht bis zum Telefonat, von der Fotoaufnahme bis zum Musikhören. Schon unter diesem Vorzeichen gebietet es sich, danach zu fragen, wie die Menschen mit den unterschiedlichen Kommunikationsmodi umgehen und wie sie sie miteinander verknüpfen. Zudem sind die Medien miteinander verbunden. Ein Telefonat via Handy wird mit dem häuslichen Telefon weitergeführt, während des Fernsehens wird eine SMS verschickt – und nicht zuletzt ist an eine zunehmende Verquickung von Internet und Mobiltelefon zu denken, nicht nur, dass Handy und häuslicher Computer miteinander verquickt werden, ja, das Handy selbst, als Computer, wird zu einem Internetmedium. Das Handy ist Teil des Medienrepertoires (vgl. z.B. Hasebrink/Popp 2006) und hat so nicht nur einen ‚bedeutungsvollen Platz' im Alltag der Menschen, sondern im Gefüge medialer und nicht-medialer Praktiken insgesamt. Medienhandeln ist grundsätzlich mit Medienwahlen verbunden, sei es, dass es darum geht, Medien kommunikativ und sozial adäquat zu verwenden oder strategisch unter Machtaspekten zu verwenden (wer hat die Chance, das Medium seiner Wahl gegenüber einem anderen durchzusetzen?). So wie die Bedeutung eines Mediums eine soziale Angelegenheit ist, so gilt dies erst recht für die Wahl eines Mediums. Diese ist immer von anderen abhängig. Was nützt es, wenn ich einen potenziellen medialen Gegenüber anrufen will und der nicht ans Telefon geht? Medienhandeln ist sozial normiertes Handeln. Vor diesem Hintergrund meint ein Medienwandel den Wandel sozialer Praktiken und damit auch den Wandel der normativen Basis des Medienhandelns. Das bezieht sich schließlich auf die mehr oder weniger exklusive Verwendung einzelner Medien. Galt (und gilt) beim Brief noch eine einmediale Reziprozitätsnorm – ein Brief darf an sich nur mit einem Brief beantwortet werden (vgl. Höflich 2003b) – so hat sich diese Norm mit Blick auf elektronische Medien weitgehend aufgelöst. Man kann eine SMS mit einem Telefonat oder eine Mail mit einer SMS beantworten, ohne eine grundlegende Medienregel zu verletzten. Da Medien in ihrer Verwendung immer mehr miteinander verwoben sind, ist dies ein Grund mehr, Medien im Gesamt zu sehen, als Teil einer umfassenden Mediatisierung des kommunikativen Handelns (Krotz 2001/2007), ja aller Lebensbereiche. Mediatisierung verweist nicht nur auf eine Medienvielfalt, sondern zudem darauf, dass Medien Teil einer Medienumwelt, einer umfassenden Medienökologie bzw. Kommunikationsökologie sind: „media are environments" (Strate 2008: 134).

Mit den Begriffen Kommunikations- und Medienökologie wird eine Umweltmetapher benutzt, die auf eine Rahmung des Geschehens – einen Kontext verweist: „The ecology of communication refers to the communication process in context" (Altheide 1995: 9). Zudem werden damit Interdependenzen angesprochen. Die Veränderung eines Elements führt zu einer Veränderung eines anderen und damit des Ganzen. In den Worten von Postman (1992: 26):

„Technologischer Wandel ist weder additiv noch subtraktiv. Er ist ökologisch. Ich benutze das Wort ‚ökologisch' in dem gleichen Sinne wie die Umweltforscher. Eine einzige Veränderung zieht eine vollständige Veränderung nach sich. ... Genauso funktioniert auch die Medienökologie. Eine neue Technologie fügt nicht hinzu und zieht nichts ab. Sie verändert vielmehr alles."

Medien sind dergestalt Umwelt in dem Sinne, dass mit jedem Medium die gesamte Medienumwelt – und damit das Gefüge medialer Praktiken – sich verändert, wobei alte Medien, wie bereits mit Verweis auf Riepl (1913: 5) angemerkt wurde, nicht notwendigerweise verschwinden, sondern ihre Funktionalitäten ändern – neu erfunden werden. Medienökologie verweist indessen über die Medien hinaus. Medien sind Teil einer sozialen/kulturellen Umwelt, die die Medien prägt aber ebenso durch Medien verändert wird. Um noch einmal Postman (2000: 11) anzuführen:

„We put the word ‚media' in front of the word ‚ecology' to suggest that we were not simply interested in media, but in the ways in which the interaction between media and human beings give a culture its character and, one might say, help a culture to maintain a symbolic balance."

Sieht man davon ab, dass Postman hier auch ein gewisses Gleichgewicht (als symbolische Balance der Kultur) anspricht (vgl. auch: Mettler-Meibom 1987), so wird insbesondere auf ein *rekursives Moment* verwiesen: ein Element präformiert ein anderes und wird zugleich durch dieses verändert. Ein Verständnis von Medien als Umwelt verträgt sich so gesehen nicht mit einem Mediendeterminismus, ist vielmehr ein Antipode von Ursache-Wirkungsannahmen (vgl. Strate 2008: 135).

Bezugnehmend auf Lum (2006: 28ff.) sind solche Medienumwelten sowohl sensorische als auch symbolische Umwelten. Im ersten Fall ist die (medienspezifische) Art und Weise des Erfassens von Welt gemeint: Medien als Erweiterung der Sinne aber auch als Prägung des Blicks auf die Welt. Medien als symbolische Umwelt verweist nun nachgerade darauf, dass wir nicht außerhalb einer Medienwelt leben, sondern in einer bedeutungsvollen Welt, die von den Menschen geschaffen wurde. Allerdings sind beide Momente der medialen Umwelt miteinander verwoben. Deren Zusammenwirken und deren Manifestation in der sozialen Konstruktion der Umwelt sind von Belang, indem unsere Sinne oder bestimmte Sinne in einem aktiven, aufeinander bezogenen symbolischen Handeln der Akteure angesprochen werden. Dabei kann man, Lum weiter folgend, entweder ein Medium für sich oder eine umfassende Medienumwelt respektive das einzelne Medium als Teil einer umfassenden Medienumwelt betrachten. Allein schon die mediale Entwicklung macht die zweite Perspektive zwingend. Nimmt man etwa das Internet, dann bleibt es unverstanden, wenn man das Schreiben im Netz, Bilder, Sounds oder Videos, die Möglichkeiten des Internettelefonierens oder was auch immer gesondert betrachtet. Ähnlich ist es mit dem Mobiltelefon als Hybridmedium, das eben auch weit mehr ist als ein Medium zum Telefonieren. Schließlich gibt es noch einen Aspekt, den Lum anführt. Dabei sind für ihn Medien Umwelt, aber auch die Umwelt ist Medium, in dem Sinne, dass die bedeutungsvolle Welt um uns herum die menschlichen Interaktionen und die Produktion von Kultur präformiert. In dessen Worten: „From this angle, we may conceptualize such social-symbolic environments as movie theaters, places or worships, social clubs or bedrooms as media for communication" (Lum 2006: 31). Und in diesem Sinne stehen wir nicht außerhalb der Medien, sondern immer mitten drin.

Nun muss hier der Medienbegriff nicht weiter inflationiert werden. Gemeint ist im Sinne einer medienökologischen Perspektive zusammenfassend, dass die Umwelt als Rahmen für Medien, Medienhandeln und der Prägung des Menschen mitzudenken ist, dass sich ein solcher Rahmen auf das Medienhandeln auswirkt, aber auch dadurch geprägt wird. Im Weiteren soll dies unter dem Vorzeichen von Kontext weiter berücksichtigt werden, da wir Teil einer Medienwelt sind: „we are situated within the symbolic structures of media, that is, we are ‚engaging in' the media for our communication purposes" (Lum 2006: 31).

Kapitel 2

Das Mobiltelefon als Gegenstand der Forschung

Anfänge der Forschung

Medien der zwischenmenschlichen Kommunikation stehen nicht unbedingt im Zentrum des kommunikationswissenschaftlichen Interesses. Das gilt nicht zuletzt für das ‚gute alte Telefon'. Widmet man sich diesem Medium, dann scheint es beinahe zu den Eröffnungsritualen zu gehören, darauf hinzuweisen, dass das Telefon eben ein kommunikationswissenschaftlich unbeachtetes Medium sei (und hierbei nicht zuletzt bezugnehmend auf Fielding/Hartley 1989: 126). Eine solche Zurückhaltung gilt nicht nur den Medien, sondern der interpersonalen Kommunikation insgesamt, die zugunsten einer Erforschung der Massenkommunikation und ihrer Medien marginalisiert und eher zu einer Residualkategorie abgestempelt wurde. In gewisser Hinsicht trifft eine solche zurückhaltende Annäherung der Forschung auch auf das Mobiltelefon zu. ‚In gewisser Hinsicht' soll meinen, dass dieses Medium durchaus Gegenstand der Forschung, aber nicht unbedingt einer kommunikationswissenschaftlichen Forschung im engeren Sinne, zumal im deutschen Sprachraum, ist. So finden sich für die früheren Phasen eher Vorstudien im Zuge der Diffusion des Mediums – aus einer Zeit, wo noch von ‚Mobilfunk' gesprochen wurde (vgl. Schenk/Dahm/Šonje 1996). Die Forschung vermochte allerdings der Diffusion des Mediums nicht zu folgen. Auffällig ist darüber hinaus, dass unter den (international gesehen) ersten Publikationen kaum deutsche Beiträge zu finden sind. Das gilt ebenso für internationale Tagungen. Dabei ist die Forschung interdisziplinär geprägt und durchaus international und wird vor allem in einem beachtlichen Maße von europäischen Forschern und Forscherinnen bestritten. US-amerikanische sowie die meisten deutschen Studien wenden sich eher dem Internet zu:

> „… Academic attention has focused more on the internet than on mobile communications – even if, certainly, on a day-to-day basis, the latter have more visibly affected the way we go about life and are used by more people than use the internet." (Green/Haddon 2009: 9)

Doch das bedeutet nicht, dass forschungsseitig überhaupt nichts geschehen wäre. Ganz im Gegenteil. Im Folgenden soll die Forschung kurz in groben Zügen dargestellt werden. Ein vollständiger Überblick ist hier kaum zu bewerkstelligen, schon weil die Forschung mittlerweile doch recht ausdifferenziert ist. Es soll jedoch insbesondere für jene, die mit diesem Forschungsfeld (noch) nicht so vertraut sind, einen ersten Einblick eröffnen.[3]

---

3 Erste Einblicke in die Forschung finden sich auch in: Green/Haddon (2009) sowie in Goggin (2006). An dieser Stelle bliebe zu erwähnen, dass die Einschätzung von For-

Im europäischen Zusammenhang war es vor allem die COST-Gruppe (European Cooperation in the Field of Scientific and Technical Research), ein Netzwerk von (europäischen) Forschern, die recht früh den kommunikationswissenschaftlichen Diskurs über das Mobiltelefon angeregt hat (vgl. insbesondere Haddon 1997[4]). Eine Reihe bedeutender Publikationen, auf die im Folgenden immer wieder zurückgegriffen wird, sind in diesem Kontext entstanden. Konferenzen sind ein Ankerpunkt wie auch ein Vehikel zur Verbreitung wissenschaftlicher Erkenntnisse, zumal wenn sie in Publikationen einmünden. Das trifft auch und gerade für das Feld der Mobilen Kommunikation zu. Einen Meilenstein bilden dabei die Konferenzen und Publikationen von Kristóf Nyíri, die unter der Überschrift ‚Kommunikation im 21. Jahrhundert' ediert worden sind und internationale Forscher seit Beginn des Jahres 2000 zusammenführen (vgl. etwa: Nyíri 2002; 2003; 2005; 2007; 2009).

Offenkundig geht die Forschung mit der kommunikationstechnologischen Entwicklung und Diffusion des Mediums in den 1990er Jahren einher. So hat auch die institutionelle Förderung der Forschung gerade in den Anfangsjahren einen erkennbaren Einfluss gehabt. Das war etwa in Frankreich die France Telekom, in Norwegen der Mobildiensteanbieter Telenor oder in England die British Telecom und nicht zuletzt das Digital World Research Centre. Trotz eines interessengeleiteten Anschubs hatte die Forschung jedoch durchaus Züge einer Grundlagenforschung. Auffällig ist, dass gerade von nordischen Ländern, insbesondere von Finnland und Norwegen, Forschungsimpulse ausgingen (vgl. z.B. auch: Green/Haddon 2009: 9ff.). Einen gewissen Pionierstatus hat dabei die Arbeit ‚The City in your Pocket' des finnischen Wissenschaftlers Timo Kopomaa (2000), die schon zentrale Momente der Mobilkommunikation vorwegnimmt (auch wenn die empirischen Wege der mitunter durch Nokia geförderten Arbeit unerschlossen bleiben). Erstaunlicherweise beginnt dessen Buch mit dem Satz: „Mobile communication is not a serious matter." Wenn man das Spielerische an einem Handy damit meint, so stimmt das auch heute noch – selbst wenn manche Menschen das mobile Medium zu ernst nehmen.

Finnland verdiente sich vor allem durch die Arbeiten der Forschergruppe an der Universität Tampere einen Namen in der Wissenschaft. Dies demonstriert gleichzeitig die Vorreiterrolle Finnlands als Land des Mobiltelefons. So vermerkt Eija-Liisa Kasesniemi (2003) in ihrem Buch ‚Mobile Messages': „In the 2000s, the mobile phone, as the Finns like to call it, känny or kännykkä (dimunitive for ‚hand' and its derivative), seems to have pervaded every inch of Finnish territory" (Kasesniemi 2003: 25). Die Forschung ist stark qualitativ, mikroperspektivisch und in ihrem Selbstverständnis ethnographisch orientiert – und ging

---

schung gerade im Rahmen von (internationalen) Tagungen nicht zuletzt von Kontakten abhängt und so immer auch dadurch geprägt ist.
4 Der Bericht ist seit Kurzem nicht mehr unter der bisherigen Domäne zu finden und so momentan nicht greifbar.

in der Folge über das Thema der Jugendlichen und die SMS hinaus. Eine Mikroperspektive findet sich jedoch auch weiterhin. Was die multimedialen Möglichkeiten des Mobiltelefons angeht, so beschreitet beispielsweise neuerdings Koskinnen (2007) ethnomethodologische Wege der Forschung.

Norwegen ist als zweites nordisches Land zu nennen und hier wiederum besonders die Arbeiten von Rich Ling (im Überblick: www.richardling.com) in Verbindung mit Telenor. Empfehlenswert ist dessen Buch ‚The Mobile Connection' (Ling 2004), das eine hervorragende Einführung in das Themenfeld bietet. Ferner ist eine Arbeit über die Beziehungsdimension mobiler Kommunikation im Kontext ritueller Kommunikation hervorzuheben (Ling 2008). Hier weist er darauf hin, dass das Mobiltelefon ein Katalysator für soziale Kohäsion sei, d.h. dass die sozialen Beziehungen enger werden und die Menschen näher zusammenrücken. Dieser Prozess geht jedoch gleichzeitig zu Lasten der ‚realen' Beziehungen im Hier und Jetzt einher. Eines seiner aktuellen Bücher (Ling/ Campbell 2009) hat zum Thema, wie mobile Kommunikation das Empfinden von Raum und Zeit verändert.

Als ein Land des Mobiltelefons gilt auch Italien, wo das Handy liebevoll als ‚telefonino' bezeichnet wird. Insbesondere die Arbeiten von Leopoldina Fortunati sind international vertreten. Ihre editierten Bücher behandeln zum Beispiel das Thema, wie Körper und Technik miteinander interagieren (vgl. Fortunati/Katz/Riccini 2003), oder wie Informations- und Kommunikationsmedien mit menschlichen Emotionen verknüpft sind (vgl. Vincent/Fortunati 2009).

In England haben die Arbeiten von Richard Harper (z.B. Brown/Green/ Harper 2002; zuletzt 2010 mit einer Analyse, wie Mobiltechnologie Interaktion und Kooperation zwischen Menschen verändert) und von Jane Vincent (z.B. Vincent/Fortunati 2009) Ansehen erlangt. Sie sind in Verbindung mit dem Digital World Research Center in Surrey entstanden.

Erkennbar nimmt die amerikanische Forschung zu, wobei vor allem die Arbeiten von James Katz stimulierend waren und sind. Eine der basalen Arbeiten auf dem Gebiet der Mobilen Kommunikation ist das von ihm und Aakhus edierte Buch ‚Perpetual Contact' aus dem Jahre 2002, das eine Reihe von Studien respektive Erfahrungen aus verschiedenen Ländern zusammenträgt, von Finnland bis Bulgarien, Israel bis Korea – allerdings fehlt Deutschland! Die im Buch präsentierten Arbeiten haben bei den Herausgebern nicht zuletzt die These nahegelegt, dass es so etwas wie eine universelle Tendenz der medialen Entwicklung gibt, die sie unter das Vorzeichen eines ‚Apparatgeists' gefasst haben – „to suggest the spirit of the machine that influences both the designs of the technology as well as the initial and subsequent significance accorded them by users, non-users and anti-users" (Katz/Aakhus 2002: 305). Eine solche Annahme universalistischer, kulturübergreifender Merkmale von Technik evoziert indessen zugleich die Frage nach einer Oberflächen- und Tiefenstruktur, so dass vermeintlich ähnliche Muster, die einem Apparatgeist zugeschrieben werden, dennoch ganz unterschiedlich in eine jeweilige Kultur eingekerbt sind. So mag man etwa feststellen, dass sich – überkulturell – eine neue Kultur des (medialen) Verabredens ausformt. Doch bei näherem Besehen sind die Treffen von Jungen und Mädchen in Spanien, Japan oder den Philippinen unterschiedlich mit Bedeutung geladen. Der Terminus des Apparatgeists verweist zudem auf inhärente spirituelle Qualitäten unbelebter Objekte (worüber man durchaus diskutieren kann). Nicht ganz von ungefähr lautet denn auch der Titel eines weiteren Buches von James Katz (2006) ‚Magic in the Air', in dem auch die Idee eines Apparatgeists weiter verfolgt wird. Aktuell sind außerdem das von Katz 2008 herausgegebene ‚Handbook of Mobile Communication Studies' und die unter seiner Regie durchgeführte Konferenz zum Thema Mobile Communication and Social Policy, die 2009 in New Brunswick stattfand, zu nennen. Hier ergänzen die Studien von Mitsuko Ito (besonders und exemplarisch: Ito/Okabe/Matsuda 2005) den Blick auf den Umgang mit dem Mobiltelefon– zumal das Handy in Japan nachgerade als ein Kontrast zu einer Nutzung etwa in Italien oder Spanien betrachtet werden kann. Allemal wird damit unterstrichen, dass sich naive technikdeterministische und kulturuniversalistische Annahmen verbieten.

Das Interessante an den Anfängen einer Erforschung mobiler Kommunikation ist, dass sie in ihrer internationalen Ausrichtung über die Fachgrenzen hinausgeht, aber auch fachbezogen stimulierend ist. Dass die wissenschaftlichen Diskurse quer zu einzelnen Fächern liegen, bringt durchaus Vorteile – und ist so auch dem Thema im besonderen Maße angemessen, weil sie sich nicht gegen eine Mainstreamorientierung eines Faches (zumal hier: der Kommunikationswissenschaft) behaupten müssen. Allerdings kann dies dazu führen, dass Auseinandersetzungen von einem Fach ‚ausgelagert' werden bzw. nicht in das Fach eindringen. Dies scheint hierzulande eher der Fall zu sein. Eingedenk der medialen Entwicklungen, die mobile Medien nicht nur als Medien der interpersonalen Kommunikation ausweisen, kann eigentlich nur eine Verbesserung in dieser Hinsicht erwartet werden.

Bereiche der Forschung

Mobile Kommunikation ist ein prosperierendes, aber aufgrund der Anknüpfung an verschiedenste Disziplinen und Forschungstraditionen auch ein heterogenes Forschungsfeld. Im Weiteren sollen insbesondere jene Forschungsterrains angesprochen werden, die die interpersonale Kommunikation betreffen. Das soll nicht zuletzt auch dazu dienen, die in den weiteren Kapiteln präsentierten Studien in einem Gesamtzusammenhang und als Teil umfassenderer Forschungsbemühungen zu verstehen. Notgedrungen wird, wie im vorigen Abschnitt, die Darstellung relevanter Literatur unvollständig bleiben.[5] Die Forschung hat sich dem Thema vor dem Hintergrund der Diffusion wie auch der sich entwickelnden Märkte angenähert. Von einer klaren Forschungslinie ist dabei nicht unbedingt zu sprechen. So auch Green und Haddon (2009: 11): „The very first studies from the mid to late 1990s were somewhat diverse – for example, charting early experiences of this new technology ... or tracing the growth of mobile phone market." Dabei gibt es Länder, für die das Handy, wenn man so sagen darf, geradezu geschaffen ist – oder in die es sich vortrefflich einfügt. Der Gebrauch des Handys in Israel zeichnet sich dadurch aus, dass besonders lange telefoniert wird (vgl. Schejter/Cohen 2002). In Korea wiederum, um ein weiteres Beispiel zu nennen, fügt sich das Mobiltelefon in eine Verabredungskultur mit durchaus eigenen Zügen ein. Nach der täglichen Arbeit ist ein geselliges Zusammensein üblich – und häufig endet dies in einem ausgeprägten Trinkgelage, das Geld, Energie und Zeit kostet. Bei einer ausgeprägten Autoritätsorientierung der Koreaner müssen bereits festgelegte Termine flexibel gehandhabt werden, wenn der Chef ein solches Zusammensein ‚vorschlägt'. Hierfür eignet sich das Mobiltelefon als ein Medium der Mikrokoordinierung besonders gut (vgl. Kim 2002).

Darüber hinaus sind die Ergebnisse der Analyse von Stereotypen der Mobilkommunikation lohnenswerte Lektüre. Ein Land wie Italien gilt als Eldorado der Mobilkommunikation – und entsprechend sind die Vorstellungen von kommunikationsfreudigen Italienern. Ein empirischer Blick zeigt hingegen ein gänzlich anderes Bild: Die Vorstellung, dass nämlich ‚die' Italiener – zumal in der Öffentlichkeit – gerne und viel reden, finden sich so gar nicht bestätigt. Studien zeigen, dass sie sich eher fürchten, vor einer größeren Gruppe zu reden – und geben auch an, dass sie Problemen hätten, eine Konversation zu beginnen. So ist die stereotype Erklärung des Erfolgs des Mobiletefons in Italien nicht haltbar (und man müsste sich besonders wundern, dass das Handy gerade in Finnland ein Erfolgsmodell ist, in einem Land, von dem man sagt, dass dessen Einwohner eher schweigsam wären). Auch eine besondere Technologieoffenheit der Italiener ist nicht dafür verantwortlich zu machen. Gerade das Gegenteil ist der Fall. Dafür wiederum gilt es als effektives, persönliches Medium und als besonderes Modeaccessoire (vgl. Fortunati 2002). Dies sind nur einige Beispiele der – zum Teil eher illustrativen – Beiträge aus dem bereits angeführten Buch von Katz und Aakhus (2002), das gerade aufgrund dieses ersten Einblickes in die Frühphase des Mediums geradezu einen dokumentarischen Charakter hat. Wie schon erwähnt, zeigen sich hier (Stichwort: Apparatgeist) kulturübergreifende Gemeinsamkeiten, aber auch ausgeprägte kulturelle Prägungen (die die weitere Forschung immer wieder bestimmen).

---

5 Als Einführungen sind in Erweiterung dessen zu empfehlen: Green/Haddon (2009) und Ling (2004).

Blickt man weiter auf einzelne Länder, so kann man dem Diffusionsverlauf folgend zusätzliche Besonderheiten herauskristallisieren. Ein Beispiel liefert Bulgarien, wo sich neben den Neureichen (die durch ihr Geld vermeintlich wichtig geworden sind bzw. sich für wichtig halten) die Gruppe der frühen Übernehmer hauptsächlich aus ehemaligen (bekannten) Boxern, Gewichthebern und Ringern zusammensetzt. Nach ihren Erfolgen bei Europäischen Meisterschaften und Olympischen Spielen verdienten sie ihren Lebensunterhalt später häufig als Bodyguards in Banken, Privatunternehmen, Versicherungen oder Sicherheitsunternehmen. Und in diesen Berufen war ein Mobiltelefon von Vorteil. Das Ansehen der ‚Ringer' (bulgarisch: ‚boretz' – das auch Kämpfer meint), war jedoch trotz ihrer prägenden Rolle als frühe Übernehmer nicht sehr hoch, da das schon in sehr jungen Jahren notwendige Training seinen Tribut dahingehend forderte, dass kaum Zeit für eine sorgfältige und umfassende Bildung zur Verfügung stand. Zudem war das Mobiltelefon unter Kriminellen verbreitet, ja, sogar Bandenkämpfe wurden unter einer mobiltelefonischen Anleitung ausgetragen (vgl. Varbanov 2002).

Jugendliche, Handy und SMS sind ein Themenfeld, dem man sich schon recht früh gewidmet hat (vgl. weiter: Höflich 2007), zumal man nachgerade bei diesem sozialen Segment erhoffte, einen Blick in die Zukunft der mobilen Kommunikation zu werfen, denn die Jugendlichen von heute sind ja die erwachsenen Nutzer von morgen. Ausgeprägte Verstörungen hat wohl das Verschicken von Kurzmitteilungen ausgelöst, glaubte man doch (oder zumindest manche), dass damit die Kommunikationsfähigkeit einer ganzen Generation beeinträchtigt werden würde. Dies sieht man mittlerweile differenzierter, ja, die SMS ist von ihrem Vorwurf der Kulturzerstörung frei gesprochen worden (vgl. z.B. Crystal 2009). Vielmehr würde man von einer neuen Schreibkultur respektive Kultur schriftlicher Kommunikation sprechen, der durchaus kreative Züge zugeschrieben werden, denkt man nur an das Abkürzungsvokabular von HDL (= Hab Dich Lieb) bis CU (= See You) oder die Bilder, die durch den bloßen Einsatz der Schriftzeichen entwickelt wurden.

Daneben interessierte die Forscher die neue Kultur der Verabredung, die besonders bei Jugendlichen zu finden ist – die Zeit wird flexibel gehandhabt, Warten durch das Handy überbrückt. Dabei ist die Nutzung des Handys mitsamt der SMS nicht nur eine individuelle, sondern eine kollektive Angelegenheit: man macht es zusammen mit anderen (vgl. auch Caron/Caronia 2007) und demonstriert damit zugleich seine Gruppenzugehörigkeit. Das Handy ist gerade für Jugendliche ein zentraler Identitätsmarker (vgl. Schulz 2010) und ein fester Bestandteil des Alltags. In der öffentlichen Diskussion dominieren indessen die kritischen Aspekte. Waren es zunächst der Verfall einer Schriftkultur und eine Handysucht, so folgten dem (zumal in Verbindung mit dessen Möglichkeiten, Fotos und Videos zu machen) das Thema Gewalt und Handy – insbesondere das sogenannte Happy Slapping (kurz gesagt: eine via Handy dokumentierte Körperverletzung oder Bloßstellung anderer), Snuff-Videos (als vorgetäuschte Gewalttat), Sexting (i.S. erotischer Textnachrichten und Pornos) und das sogenannte Mobile Bullying (als Synonym für Mobbing) (vgl. auch Goggin 2006. 117ff.; Rhein/Clausen/Muradian 2007). Diese Phänomene allein auf das Handy zurückzuführen, wäre jedoch sicherlich zu einfach. Vielmehr sind sie in einem umfassenden Zusammenhang zu sehen. Konsequenterweise ist auch das Mobiltelefon Gegenstand einer Medienpädagogik wie auch Thema in der Schule. Einmal mehr verweist dies auf die interdisziplinären Momente der Erforschung – hier auf den pädagogischen Bereich (vgl. z.B. Döring 2005a; Anfang u.a. 2008). Die Forschung auf dem Gebiet von Jugendlichen und Handy ist zurückgegangen. Und allemal ist zu beachten, dass die Studien der ersten Jahre vor dem Hintergrund der rasanten Entwicklungen der Technik zu relativieren sind, zumal sich auch der (mediale) Alltag der Jugendlichen verändert. Doch sind die bisherigen Studien schon deshalb noch relevant, weil sie auch und gerade als Vergleich mit den heutigen Verhältnissen herangezogen werden können: Was macht eine Generation mit dem Medium, die bereits zehn Jahre und mehr damit vertraut ist? Und vor allem: Jede neue Generation hat einen je eigenen Zugang zur Welt der Medien, nicht nur, dass immer neue Medien respektive mediale Möglichkeiten dazu kommen. Mit der Aneignung von neuen Medien werden die ‚bisherigen' immer wieder neu erfunden, so dass ‚alte' Medien immer auch etwas Neues haben. So gesehen ist die Forschung hier noch lange nicht abgehakt, ein neuer Hype ist durchaus möglich.

Bei der Untersuchung ausgewählter Nutzergruppen standen, wie gesagt, die Jugendlichen im Vordergrund. Hingegen ist den älteren Menschen und deren Nutzungsverhalten weniger Aufmerksamkeit geschenkt worden (vgl. z.B. Oksman/Rautiainen 2005). Dafür geht es eher um medizinische/gesundheitliche Aspekte. Gemeint ist hier allerdings nicht allein die Diskussion der Frage, ob das Mobiltelefon eingedenk der Strahlenbelastung krank macht (vgl. z.B. Silny 2005), sondern, dass es in die Therapie eingebaut werden kann (vgl. z.B. Leisring 2007) und damit zur Genesung beiträgt (Stichwort: M-Health = Mobile Gesundheit), bis hin zu einer Veränderung der medizinischen Praxis durch eine verbesserte Kommunikation (vgl. z.B. Rushkin 2007). Über konkrete Hilfen und Therapien hinaus steht das Mobiltelefon sowohl für Beweglichkeit und Sicherheit im Alter als auch für besondere Gruppen mit Einschränkungen. Blinden ermöglicht es ein Navigieren im Raum – und allemal ist das Telefon für sie ein hilfreiches Instrument. Für Taube eröffnet es den Zugang zum Telefon via SMS, der ihnen ansonsten verschlossen geblieben wäre (vgl. auch: Goggin 2006: 89ff.).

Zusammenfassend ist deutlich geworden, dass, ohne den Kontext der Nutzung zu kennen, der Gebrauch des Mobiltelefons unverstanden bleibt. Dies gilt auch und gerade für die Beziehungen der Kommunikationspartner untereinander, seien sie anwesend oder seien es die ‚virtuellen' Gegenüber. Der Gebrauch ist durch die Beziehungen bestimmt, wird aber auch davon geprägt. Von besonderer Bedeutung – zumal im Zusammenhang mit der Nutzung des Mobiltelefons durch Jugendliche – ist die Familie (vgl. z.b. Feldhaus 2004). Dazu kommen engere Beziehungen mitsamt der Partnerschaft und Intimbeziehungen (vgl. z. B. Höflich/Linke 2011). Allerdings halten Medien Beziehungen nicht nur zusammen. Sie können dazu dienen, die Trennung einzuleiten – zu betrügen, aber auch den Betrug zu entdecken (vgl. z.b. Ellwood-Clayton 2006). Werden Beziehungsbande mit dem Mobiltelefon enger, so nehmen gleichzeitig die Kontrollmöglichkeiten zu, sodass sich durchaus eine Ambivalenz von Nähe und Distanz ergibt. Das wird an einer Studie deutlich, die Rich Ling (2006) durchgeführt hat. Ihm ging es darum, zu untersuchen, wie sich getrennt lebende ehemalige Partner via Mobiltelefon begegnen. Wie sich zeigt, bevorzugen Frauen die SMS-Nachricht, um ihre Ehemaligen auf Distanz zu halten. Dies unterstreicht eine geschlechtsspezifische Affinität zu gewissen Medien respektive medialen Modi, hier: zur Schriftlichkeit (vgl. z.b. Höflich 2003b). Männer wiederum bevorzugen, so die Studie, den telefonischen Modus, gewissermaßen um ‚direkt ins Ohr zu kommen'. Medienwahl ist also strategische Medienwahl und auch Ausdruck von Macht. Wer die Macht hat, kann sein Medium und den Modus durchsetzen oder anders herum: Mit der Durchsetzung eines Mediums zeigt sich, wer die Macht hat. Die Erforschung von Gemeinsamkeiten und Unterschieden in Bezug auf mobile Kommunikation und Geschlecht hat allerdings gerade erst begonnen (vgl. auch: Fortunati 2009).

Ein dominantes Forschungsfeld ist das Mobiltelefon im öffentlichen Raum – und auch Gegenstand dieser Arbeit. An dieser Stelle werden nur einige Stichworte angeführt, denn viele Aspekte werden im Folgenden aufgegriffen und vertieft. Als Klassiker in der Erkundung des öffentlichen Raums lassen sich die Arbeiten von Erving Goffman anführen, die nachgerade im Zusammenhang mit der Erforschung des Mobiltelefons aktuell geworden sind. Besondere Aktualität hat auch, aus naheliegenden Gründen, die Methode der Beobachtung. Was die Veränderungen angeht, so erscheint das Handy als Störfaktor, sei es durch die Klingeltöne, durch lautes Reden oder durch einen demonstrativen Rückzug auf kommunikative Inseln. Auch wird angesprochen, dass es deshalb zu Konfusion kommt, weil nur die Hälfte des Gesprächs (mit-)gehört werden kann. Empirische Eindeutigkeiten gibt es hier jedoch (noch) nicht, auch wenn jüngst eine Studie wieder darauf aufmerksam macht und sogar neuronale Gründe dafür angibt, dass durch solche Gespräche die Aufmerksamkeit von Mithörern abgelenkt wird (vgl. Emberson u.a. 2010).

Unverkennbar hat indessen das Mobiltelefon das gesamte Stadtbild verändert. Menschen, mit Geräten am Ohr, gehen durch die Stadt oder verweilen in Nischen oder sprechen ‚vor sich hin', einen Knopf im Ohr. Schließlich scheint sich eine neue Verabredungskultur herauszubilden, bei der heute auf Pünktlichkeit und lange vorher fest vereinbarte Termine weniger Wert gelegt wird

(Stichwort: Mikrokoordinierung (Ling/Yttri 2002)) – man kann ja per Handy Bescheid geben. Im weitesten Sinne hat sich durch das Mobiltelefon ein neues Verhältnis zurzeit inklusive der Überbrückung von Wartezeiten etabliert. Durch die Telematisierung scheint sich eine Entwicklung hin zu einer Unmittelbarkeit anzudeuten: „Speed without progress, arrival without departure" (Tomlinson 2007: 89). Unmittelbarkeit steht hier für das Schließen von räumlichen und zeitlichen Lücken im Tagesablauf (Warten auf den Bus; der Weg zur Arbeit etc.).

> „The condition of immediacy – the closure of these intervals – therefore embraces the experience of the abolition that is a central characteristic of globalization, and of a future which seems, in the rapidity of cultural-technological change, to rush upon us." (Tomlinson 2007: 98)

Das Mobiltelefon wird zunehmend zu einem ‚Multitasking-Instrument'. Es dient dazu, mehrere Dinge gleichzeitig oder zumindest dicht zusammen zu erledigen und immer mehr Dinge in vermeintlich tote Zeit (etwa beim Warten) zu packen. Dabei zeigt sich ein paradox anmutendes Moment. Mit der Absicht, eigenes Warten zu vermeiden oder konstruktiv zu nutzen, geht einher, dass gerade andere wiederum warten müssen, die ihrerseits dann die Situation (mit dem Handy) zu bewältigen haben.

Mit dem Mobiltelefon sind bereits aktuell laufende Privatheitsdiskurse weiter entflammt. Dabei geht es in einem weiten Sinne um das Private im öffentlichen Raum, ja dessen Privatisierung, indem eben gerade das, was ehemals häuslich war, in die Öffentlichkeit getragen wird. Das Handy ist allerdings auch Teil umfassender Privatheitsdiskurse, angefangen von einer Internetkommunikation und deren Datenspuren, bis hin zum Diskurs einer Überwachungsgesellschaft mit Vorratsdatenspeicherung und Lokalisierungssystemen, die nicht nur die Kommunikationsnetze der Menschen, sondern auch deren Aufenthaltsorte erfassen. Die Diskussion wird unter dem Vorzeichen von Grenzverschiebungen diskutiert. Doch genau genommen geht es um mehr, nämlich um ein laufendes Aushandeln des Privaten im Öffentlichen und des Verhältnisses zwischen beiden, das auch und gerade in einem medialen Gesamtzusammenhang zu sehen ist. Es geht nicht so sehr um eine ‚Rettung' des Privaten, sondern darum, dass die Grenzen zwischen dem Privaten und dem Öffentlichen (einmal mehr) mit Blick auf jeweilige Handlungssituationen ausgehandelt werden: „There is, indeed, great complexity and variabililty in the privacy constraints people expect to hold over the flow of information, but these expectations are systematically related to characteristics of the background social situation" (Nissenbaum 2010: 129).

Mit dem Mobiltelefon ändern sich die Arrangements im öffentlichen Raum und mit dessen Umgang auch dessen Leseweisen: Was bedeutet es, wenn ich das Handy benutze und was bedeutet das Handy als Medium? So müssen beispielsweise die Privatheitsbezugungen der Handynutzer als solche verstanden (und respektiert) werden, indem man als Dritter etwa Abstand hält oder weghört.

Das Handy kann aber auch gezielt als Vehikel der Selbstpräsentation eingesetzt werden. Neben dem telefonischen Gegenüber sind zwangsläufig immer auch andere Mitanwesende angesprochen. Das kann intendiert sein, indem man sie am Telefonat teilhaben lässt oder auch nur für andere so tut als würde man telefonieren. Schließlich ist das Handy ein Modeaccessoire und Element einer Präsentation des Selbst (vgl. z.B. Fortunati 2005; Fortunati/Cianchi 2006; Sugiyama 2010), das nicht zuletzt auch eine emotionale Seite hat (vgl. Vincent/Fortunati 2009). Das wirft ein Licht auf die symbolische Dimension des Mediums. Das Handy ‚lesen' zu können bedeutet entsprechend, dass es nicht nur ein Medium zur Kommunikation mit anderen, sondern selbst Kommunikation (und somit Metakommunikation) ist.

Das Mobiltelefon ist im öffentlichen Raum nicht nur ein Medium im Kontext der Mobilität, sondern auch ein Medium der Mobilisierung. Es wird damit zu einem gesellschaftlichen Träger für Engagement, Partizipation, Macht und Gegenmacht. Ein Beispiel ist dessen Verwendung auf den Philippinen, wo der Einsatz von SMS schließlich zum Sturz von Präsident Joseph Estrada im Jahr 2001 geführt hat (vgl. z.B. Rheingold 2003: 157; Ling/Donner 2009: 113ff.): Die einfache SMS-Botschaft „Go 2EDSA Wear black" ermunterte die Demonstranten dazu, sich mit schwarzer Kleidung auf einem Platz in Manila (Epifanio de los Santos Avenue, kurz Edsa) zu versammeln, um den Widerstand gegen den ehemaligen Filmstar Estrada zum Ausdruck zu bringen, dem nachgerade Korruption vorgeworfen wurde. Zwar hat die SMS den Protest nicht unbedingt ausgelöst, aber doch katalysiert. In der Tat versammelten sich viele schwarz gekleidete Menschen auf dem Platz. Die Ära Estrada war beendet.

Ein anderes Beispiel wird von Santiago Lorente (2006), der sich auf den schrecklichen Terroranschlag in Madrid am 11. März 2004 mit 192 Toten und über 2000 Verletzenden bezieht, erörtert. Er zeigt dabei die multiple Funktionalität des Mobilefons: Es begann schon damit, dass die Bomben via Mobiltelefon gezündet worden sind. Lorente spricht von einer „detonierenden Rolle des Mobiltelefons" – eine Verwendungsweise, die eigentlich nicht vorgesehen war. Hinzu kam allerdings auch die ‚Rettungsorientierung', wobei das Mobiltelefon eine schnellstmögliche Reaktion eröffnet hat, indem durch einen mobilen Anruf Hilfe organisiert werden konnte. Zudem diente es zur Rückbestätigung für Freunde und Verwandte, dass einem ‚selbst nichts geschehen sei'. Und schließlich übernahm das Mobiltelefon eine massenmediale Aufgabe. Es sorgte so vor allem für eine schnelle Verbreitung von Informationen und für eine Mobilisierung gegen die damalige Regierung Aznar. Deren Befürwortung einer spanischen Unterstützung des Irak-Krieges fand nicht unbedingt Widerhall in der Bevölkerung und es wurde glattweg als Lüge der Regierung gesehen, den Anschlag mit baskischen Separatisten (der ETA) in Verbindung zu bringen und nicht mit dem Al-Kaida-Terror. Das hat das Fass zum Überlaufen gebracht. Vor allem junge Menschen wurden angesprochen und zur Wahl motiviert. Aznar wurde abgewählt. Fazit: Auch wenn das Mobiltelefon nicht unbedingt Mehrheiten mobilisieren kann, so war es doch ein Medium, das dazu verwendet wurde, dass eine Minderheit den Lauf der Dinge entscheidend beeinflusste.

Abschließend sei noch ein Forschungsfeld angesprochen, das nachgerade in der letzten Zeit an Bedeutung zu gewinnen scheint: Das Handy und die Entwicklung der dritten Welt. Mit dem Handy ist das Telefon zu Menschen in jene Länder gekommen, die vorher keinen oder nur schweren Zugriff auf technische Kommunikationsmittel besaßen. Das gilt besonders für Afrika, aber auch darüber hinaus (vgl. z.B. Horst/Miller 2006; Bruijn/Nyamnjoh/Brinkman 2009). Dazu kommt die beachtliche Entwicklung der mobilen Kommunikation im asiatischen Raum. Insbesondere Prepaid-Handys haben deren Verbreitung begünstigt (vgl. Donnovan/Donner 2010). Dabei haben sich beispielsweise ausgeprägte innovative Verwendungsweisen entwickelt, die nicht zuletzt der ökonomischen Situation geschuldet sind. So bildeten sich etwa differenzierte Codes eines ‚Anklingelns' aus, in dem man dem anderen eine Botschaft dadurch schickt, in dem man das Handy nur klingeln lässt (vgl. Donner 2007). Hinzu kommen kollektive Verwendungsweisen, die das Handy zu mehr als einem persönlichen Medium machen (vgl. z.B. Steenson/Donner 2010). Das Handy dient zur Organisation des (ökonomischen Alltags), indem beispielsweise Fischer im indischen Kerala den Verkauf ihrer Fänge via Mobiltelefon koordinieren. So gelingt es, die richtige Fischmenge an die richtigen Märkte zu bringen und so bessere und stabilere Preise zu erzielen als vorher (vgl. Jensen 2007; vgl. auch: Ling/Bashir 2009).

Zukunft der Forschung

Die Erforschung mobiler Kommunikation hat gerade erst angefangen. Mittlerweile existieren beachtenswerte Vorarbeiten. Doch gibt es noch einiges zu tun. Diese Einschätzung teilt auch Goggin (2006: 5):

„My assessment of work on cell phones is that we do have substantial discussions, if still largely fragmentary and incomplete, of how existing and new social structures, relationships and behaviours have incorporated and been changed by cell phones."

Das Handy ist heute mehr als ein Telefon, es ist vielmehr ein Hybridmedium. Deshalb lässt es sich weder der interpersonalen noch der Massenkommunikation eindeutig zuordnen. So ist das Telefonieren oder SMS-Verschicken nur noch ein Teil dessen, was früher medial möglich war. Zudem ist das Mobiltelefon schon lange fester Bestandteil einer umfassenden Medien- und Technikwelt und muss auch in einem solchem umfassenden Zusammenhang gesehen werden. All dies erfordert – und einmal mehr – eine interdisziplinäre Annäherung. Eine kommunikationswissenschaftliche, psychologische (vgl. z.B. Döring 2005), soziologische (vgl. Geser 2005; McGuigan 2005) und kulturelle Perspektive (Goggin

2006) machen erst in ihrem Zusammenspiel möglich, das Phänomen Handy in seiner Breite zu verstehen.

Bei einer Analyse muss man neben der Interdisziplinarität stets den Kontext berücksichtigen. Das Handy ist durch seine Eigenschaft, mobile Kommunikation zu ermöglichen, immer in Bezug auf den öffentlichen Raum zu sehen. Medien prägen die Kommunikation im öffentlichen Raum, allerdings wird in einem rekursiven Sinne die Kommunikation durch die Medien selbst beeinflusst. Das Mobiltelefon ist gewissermaßen der Prototyp, um dies zu erforschen, nur dass die Forschung hier eben nicht stehen bleiben kann.

Neben einer solchen integrativen Perspektive werden zukünftig bestimmte Nutzergruppen stärker in den Mittelpunkt rücken. Gemeint sind vor allem ältere Menschen und deren Medienwahl und -gebrauch. Allein schon ein Blick auf eine sich ändernde Altersstruktur der Gesellschaft mitsamt den ökonomischen Zwängen (von der Gesundheitsversorgung bis zur Pflege), die damit verbunden sind, zeigt die sozialpolitische Relevanz des Themas.

Was die Zukunft einer mobilen Kommunikation angeht, so ist vieles offen. Womöglich wird man sich irgendwann einmal fragen, was das damals für seltsame Geräte waren, die die Menschen benutzt und an ihr Ohr gehalten haben. Allemal ist das Mobiltelefon für viele schon zu einer Art Körperteil geworden (vgl. Oksman/Rautiainen 2003). So ist es nur noch ein kleiner Schritt bis es zum Implantat wird. Solche Visionen lösen heutzutage allerdings noch eher ein Schaudern aus. Schließlich ist unser Alltag bereits heute durch Medien geprägt. Doch das alles wird eine Allgegenwart von Medien, zumal als Medien mobiler Kommunikation, nicht aus der Welt schaffen. Die Frage ist nur, was wir damit machen.

Bei all dem darf eine Theoriearbeit nicht ausbleiben. Gerade eingedenk der weltweiten Verbreitung und Erforschung mobiler Kommunikation ist zu prüfen, ob die bisherigen Theorien ausreichen. Bei der rasanten Entwicklung, zumal auf dem Gebiet der mobilen Kommunikation, wird man ohne eine theoretische Fundierung kaum weiterkommen. Es fehlt immer noch eine Theorie mediatisierter interpersonaler Kommunikation, die zum einen den Kontext von Kommunikation aber auch das gesamte Medienrepertoire der Menschen mitdenkt.

Kapitel 3

Mobile Kommunikation im Kontext: Kommunikation und Medien im öffentlichen Raum

Kommunikation im öffentlichen Raum

Medienhandeln, wie kommunikatives Handeln überhaupt, bleibt ohne den Kontext unverständlich. Birdwhistell (1970: 96) hebt etwa hervor:

„Meaning is not immanent in particular symbols, words, sentences, or acts of whatever duration in the behaviour elicited by the *presence* or *absence* of behaviour in particular contexts. The derivation and comprehension of social meaning thus rests equally upon comprehension of the code and of the context which selects from the possibilities provided by the code structure."

Ähnlich stellt Hall (1984: 59) fest, dass die Bedeutung von Worten und Sätzen vom jeweiligen Kontext abhängig sei, ja: Jede Kommunikation sei abhängig vom Kontext und jedwede Bedeutung habe eine kontextuelle Komponente. Nicht nur, dass der Kontext gewissermaßen den Deutungshintergrund für (verbale wie nonverbale) Kommunikation darstellt. Er verweist gleichsam auch darauf, worauf sich unsere Aufmerksamkeit bezieht – oder auch nicht (vgl. auch: Hall 1976: 90).

So trivial solche Feststellungen sein mögen, so wenig eindeutig ist eigentlich das, was den Kontext ausmacht. Er reicht sozusagen von der kulturellen Rahmung des Kommunikationsgeschehens bis hin zu psychischen Zuständen der Akteure. Kontext wird nicht selten mit der Situation gleichgesetzt. Doch hat die Diskussion um einen Situationsbegriff gezeigt, dass es damit auch nicht einfacher wird (vgl. etwa Bahrdt 1996; Buba 1980). Nicht alle situativen Handlungskontexte sind immer bekannt, und zudem greifen Kontexte ineinander über (vgl. Ang 1997: 92). Dabei unterscheidet man einen umfassenden Kontext oder eine umfassende Situation von einem partikulären Kontext bzw. einer partikulären Situation. Das erstere bezieht sich auf eine Kennzeichnung von Typen von Kontexten respektive Situationen, das letztere bezeichnet die unmittelbaren Handlungskontexte respektive -situationen. Diese Differenzierung verweist darauf, dass der Kontext nicht auf die unmittelbare Umwelt allein zu reduzieren ist (vgl. Mortensen 1972: 20).

Im Weiteren soll es gleichwohl um die konkreten Umwelten, um die direkte Umgebung gehen. So schreibt etwa Mortensen (1972: 290):

„Situational elements define matters both of mood and atmosphere, of content and relationship. Contextual factors also help to define the exact physical orientation that people maintain toward each other. Moreover, the physical distance established by the interactants serves as a constraint on the number of people who can comfortably engage in communication at any given point. In short, the impact of man's surroundings is so pervasive that the meaning of any message is dependent upon the total influences at work in a dynamic, ever-changing setting."

Eine solche Rahmung des Kommunikationsgeschehens bezeichnet er als ‚*situative Geographie*'. Als eine solche ‚situative Geographie' soll auch der Raum verstanden werden, in dem Medien verwendet werden, wobei die Funktionen und Bedeutungen des Mobiltelefons wie auch der Kommunikation an sich erst in einem solchen Kontext, also dem (öffentlichen) Raum des Gebrauchs, virulent werden: „Devices are already constitutive of space" (Coyne 2010: 4). Dies gilt in einem rekursiven Sinne. Der Gebrauch (etwa ein mobiles Telefonat) ist nicht nur durch den Raum geprägt, sondern prägt auch den Raum:

„… The function, role meaning and norms of the space in which the call is made or taken are also particulary important contextualizing factors. Whenever a new communication technology is taken up, it changes the spaces in which it is located – and the spaces in which it is located change our potential uses of the technologies." (Green/Haddon 2009: 54)

Auch wenn das Mobiltelefon mehr von zu Hause aus benutzt wird, so ist doch das kommunikativ Besondere, wenn in der Öffentlichkeit als einem distinkten Kontext telefoniert wird. Dieser Kontext unterscheidet sich von den ansonsten üblichen (Rezeptions- und Nutzungs-)Kontexten des häuslichen Umfeldes allerdings markant. Dabei hat man es einmal mit besonderen physischen Gegebenheiten zu tun, sei es, dass es sich um eine natürliche oder um eine bebaute Umwelt mit Häusern, Straßen und Plätzen handelt, die wiederum in Abhängigkeit von Zeitstrukturen, insbesondere Tages- und Nachtzeiten, von Sommer und Winter, von Sonne und Schatten (vgl. weiter Whyte 2009) jeweils anders mit Leben erfüllt sind. Dies wird uns im Laufe der präsentierten Studien wieder begegnen, ebenso wie die Tatsache, dass unsere Umwelt immer auch akustisches Territorium (Labelle 2010), eine akustische Umwelt ist – „the environment can be considered as a reservoir of sound possibilities, an instrumentarium used to give substance and shape to human relations and the everyday management of urban space" (Augoyard/Torgue 2009: 8). Schafer (2010) bezeichnet die Umwelt deshalb als ‚*Soundscape*', in der man akustische Erfahrungen („sonic experience" nach Augoyard und Torgue 2009) macht.

Die physische Basis des öffentlichen Raums darf jedoch nicht über dessen soziale Seite hinwegtäuschen. Raum, Zeit und Akustik beinhalten nämlich stets eine psychische und soziale Seite – und der öffentliche Raum als sozialer Raum verweist darauf, dass es sich um einen sozial normierten Raum handelt: „Body is ‚lived body' and space is humanly constructed space" (Tuan 2008: 35). Für Lofland (1989: 11) sind öffentliche Räume nicht einfach physische, sondern soziale Territorien. Soziale Räume zeichnen sich nicht zuletzt dadurch aus, dass man es mit bedeutungsvollen Räumen zu tun hat (vgl. auch: Wilson 1980). Deren Bedeutung gründet darauf, was die Menschen in diesen Räumen machen und welche Regeln dem zu Grunde liegen. Darauf bezieht sich eine ‚soziale Ordnung' im Sinne von Erving Goffman, die auf jene Regeln verweist, die festlegen, wie die Menschen mit anderen Mitanwesenden umzugehen haben, insbesondere „die Reglementierung der unmittelbaren Interaktion zwischen jenen Mitgliedern einer Gemeinschaft, die nicht so sehr vertraut miteinander sind, als die Interaktion, welche sich an privaten, eingehegten Orten abspielt, wo meist nur Bekannte zusammentreffen" (Goffman 2009: 25). Der öffentliche Raum macht, im Vergleich zum privaten, das Verhalten zugänglich und beobachtbar. Der Wechsel vom Privaten zum Öffentlichen erfordert dabei eine gewisse Vorbereitung. Bevor man die eigenen vier Wände verlässt, wird erst noch einmal ein Blick in den Spiegel geworfen: Bin ich bereit, mich nach draußen zu begeben und mich den Blicken anderer auszusetzen? Bin ich an einem öffentlichen Ort, so muss ich damit rechnen, von jedem, der sich gerade dort aufhält, beobachtet zu werden, „das heißt von Leuten, die ich nicht persönlich kenne und die nicht notwendig schon ihr ausdrückliches Einvernehmen dazu gegeben haben in einen engeren Kontakt zu mir zu treten" (Geuss 2002: 34). Und kaum, dass man sich in der Öffentlichkeit befindet, ist dies durchaus folgenreich:

> „Wenn Alter wahrnimmt, dass er wahrgenommen wird und dass auch sein Wahrnehmen des Wahrgenommenen wahrgenommen wird, muss er davon ausgehen, dass sein Verhalten als darauf eingestellt interpretiert wird; es wird dann, ob es ihm paßt oder nicht, als Kommunikation aufgefasst, und das zwingt ihn fast unausweichlich, es auch als Kommunikation zu kontrollieren." (Luhmann 1999: 561f.)

Spätestens hier kommt klar zum Ausdruck, was Watzlawick, Beavin und Jackson (2000: 50f.) formulierten – dass man nämlich nicht nicht kommunizieren könne!

So prägt der Raum eben nicht nur unsere Wahrnehmung. Als sozialer Raum ist es immer auch ein Ort, an dem man wahrgenommen wird. Gerade diese Dimensionen des Wahrnehmens und Wahrgenommenwerdens macht die – subjektive und kollektive – Bedeutung jeweiliger öffentlicher Räume erst aus (vgl. Klamt 2007: 44). Dadurch, dass das Handeln im öffentlichen Raum normativ vorgezeichnet ist, schließt dies eine soziale Kontrolle mit ein. Erst Aktivitäten im Öffentlichen ermöglichen gleichsam das, was Arendt (2007: 62 ff.) als das ‚Gemeinsame' bezeichnet:

> „Die Gegenwart anderer, die sehen, was wir sehen, und hören, was wir hören, versichert uns der Realität der Welt und unserer selbst; und wenn auch die vollentwickelte Intimität des privaten Innenlebens, die wir der Neuzeit und dem Niedergang des Öffentlichen zu danken haben, die Skala subjektiven Fühlens und privaten Empfindens aufs höchste gesteigert und bereichert hat, so konnte doch diese Intensivierung naturgemäß nur auf Kosten des Vertrauens in die Wirklichkeit der Welt und der in ihr erscheinenden Menschen zustande kommen." (S. 63)

Bei den öffentlichen Plätzen sind besonders Marktplätze, und hier speziell die italienische Piazza, Beispiele für Räume der Kommunikation und der, zumindest potentiellen, Kontaktnahme. Plätze sind Orte der Kommunikation, die allen zugänglich sind und damit die Möglichkeit von Begegnungen zwischen Menschen ohne vorgegebene Zusammengehörigkeit eröffnen. Ein Platz ist auch ein Ort, an dem es keiner Legitimation zum Verweilen bedarf und an dem die Individuen, im Gegensatz zu manch anderen Orten, prinzipielle Ansprechbarkeit signalisieren. Dies alles erfolgt innerhalb normierter Grenzen, in dem der Platz eine Szene ist, „in der die Distanz zwischen den Handelnden mit Hilfe von Blicken und Worten gekennzeichnet ist, die eine höfliche Verfügbarkeit gegenüber anderen zeigen, in den von der Anonymität jeder Person gekennzeichneten Grenzen" (Korosec-Serfaty 1996: 537). Solche Begegnungen der Individuen als Individuen sind, folgt man Hans Paul Bahrdt (1969: 64), dort möglich, wo es sich um eine unvollständige Integration handelt, d.h. wo die Bindungen nicht durchgehend und lückenlos sind, wo sich ständig (meist einander fremde) Menschen begegnen, miteinander in Kontakt treten und sich hierbei arrangieren müssen, ohne dass die Menschen in einer gemeinsamen Ordnung eindeutig verortet sind. Das Spektrum der Interaktionen reicht, in der Terminologie von Erving Goffman, von der bloßen Anwesenheit anderer (als nicht-zentrierte Interaktion[6]) bis hin zum sich Einlassen auf andere (als zentrierte Interaktion), wobei die Menschen allein oder in Gesellschaft mit anderen sein können. Die Kontakte können dabei sehr unterschiedlich ausfallen (vgl. Lofland 1998: 51ff.). Meistens sind sie von kurzer Dauer und nicht zwingend verbal („fleeting relationships"). Lofland (1998: 53) fasst zusammen:

> „Typically then, in the public realm large numbers of persons, alone or in small groups, find themselves in copresence with large numbers of other persons, also alone or in small groups and have, somehow, to manage that situation".

Beziehungen bekommen einen routinierten Charakter, wenn man sich auf kategorial bekannte Andere einlässt, wie im Falle einer Verkäufer-Käufer- oder einer Busfahrer-Fahrgast-Beziehung. Kommt eine emotionale Komponente hinzu, dann kann von zwei Arten von Beziehungen gesprochen werden. „Quasi-Primary Relationships" sind „emotionally colored relationships of ‚transitory sociability', which takes place in public space" (Lofland 1998: 55). Solche Beziehungen mit „emotional infusion" sind in der Regel recht kurz (wie im Falle eines Gesprächs zwischen Hundebesitzern oder eines Gesprächs zwischen Personen, die gemeinsam ein Kunstwerk bewundern oder kritisieren). Allerdings müssen solche Beziehungen nicht notwendigerweise immer positiv sein, wenn man einmal das Beispiel eines reklamierenden Kunden heranzieht. Bei den so genannten „Intimate-Secondary Relationships" spielt zwar ebenso die emotionale Komponente eine Rolle, doch sind die Beziehungen länger andauernd (Bei-

---

6 In den Worten Goffmans (2009: 40) handelt es sich bei einer nicht-zentrierten Interaktion um „jene Art Kommunikation, die praktiziert wird, wenn jemand sich eine Information über einen anderen Anwesenden verschafft, indem er, und sei es nur für den kurzen Moment, da ihm der andere ins Blickfeld gerät, ihn anscheinend beiläufig wahrnimmt."

spiel: ältere Menschen, die sich regelmäßig in einem Restaurant oder Kaffeehaus treffen oder die ‚Gemeinschaft' von Pendlern – als eine „community of wheels"). Plätze liefern hierzu wiederum den Rahmen, unter dem diese Kontakte zustande kommen. Sie können (als „memorized locales") eine besondere (biographische wie kulturelle) Wertschätzung erfahren, sie können aber auch nur Teil der alltäglichen Wege und Runden sein („familiar locales") oder sie können als jene Orte fungieren, auf denen man sich einfach nur aufhält oder ‚rumhängt' (vgl. Lofland 1998: 65ff.).

Öffentliche Räume sind Orte der potentiellen Kontakte, doch – und nachgerade in der Großstadt – erfordern sie eine besondere Arrangiertheit. Zumal wir unter dem Vorzeichen des Lebens in der Großstadt alltäglich damit konfrontiert sind, Distanz trotz oder gerade wegen der Bedingungen von Nähe herzustellen. So vermerkt der Soziologe Hans Paul Bahrdt in seinem 1961 erschienenen Buch ‚Die moderne Großstadt':

> „Die der Öffentlichkeit eigene Distanz zwischen den Individuen bzw. zwischen Individuum und Gesamtheit ist nicht nur eine negative Voraussetzung, die die Integrationsformen der Öffentlichkeit notwendig macht, sondern auch ein konstitutives Moment. Ihr verdankt das öffentliche Leben seine spezifische Spannung, Lebendigkeit, Variabilität und Bewusstheit." (S. 79)

Und mit Blick auf die Persönlichkeit schreibt er an einer anderen Stelle:

> „Die sorgfältig gepflegte Distanz hat zur Folge, dass nur ein kleiner, zufälliger, abstrakter Ausschnitt der Persönlichkeit sichtbar wird. Will man sich keine Blöße geben, so wird man bemüht sein, Persönliches, das für die Offenheit sozialer Kontakte zu empfindlich ist, abzudecken, zu privatisieren." (S. 66)

Georg Simmel spricht in seinem vielbeachteten Aufsatz über ‚Die Großstädte und das Geistesleben' aus dem Jahre 1903 von einer Reserviertheit, die dem Stadtbewohner eigen sei, die „Distanzen und Abwendungen (bewirke; d.V.), ohne die diese Art des Lebens (in der Großstadt; d.V.) nicht geführt werden könnte" (S. 123). Und was „unmittelbar als Dissoziierung" erscheine, sei in Wirklichkeit nur eine der elementaren Sozialisierungsformen der großstädtischen Lebensgestaltung. Knapp fünfzig Jahre später schreibt Hellpach (1952: 74) von einer „sensuellen Vigilanz bei emotionaler Indifferenz":

> „Mit einem Schlagwort ausgedrückt, ist es die ‚Kaltschnäuzigkeit' des Großstadtmenschen, die sich als sozialpsychologisches Resultat seiner Lebensform herausbildet: eine charakteristische und geradezu charakterologische Form der dissozialen Existenz (bis zur schließlich eigentlich ‚asozialen' hin), das Zusammensein mit vielen (im Vergleich zu Land und Kleinstadt ungeheuer vielen) *äußerlich nahen innerlich fernen* Mitmenschen, ein Dasein mit immer weniger Nahestehenden."

Im Rahmen von Nähe-Distanz-Arrangements haben wir beispielsweise gelernt, uns an eine Situation der Anwesenheit ohne Kommunikation (vgl. auch: Berger 1995) zu gewöhnen. Diese setzt eine, wie Erving Goffman es nennt, „Disziplinierung der Blicke" (Goffman 1974: 75) voraus – man kann andere nicht beliebig lange, intensiv oder bedeutsam anschauen – und ebenso eine Disziplin, andere nicht ohne Grund anzusprechen, wenn man sich nicht „in einer gegenseitig ratifizierenden Unterhaltung befindet" (S. 77). Eine uns allen bekannte Extremsituation ist in dieser Hinsicht die gemeinsame Fahrt mit dem Fahrstuhl und die damit verbundenen Verhaltensweisen, um mit dieser Situation der äußersten Enge zu Recht zu kommen (vgl. Hirschauer 1999). Wer kennt nicht das Starren auf die Leuchtanzeige des gerade erreichten Stockwerks, um ja nicht dem Blickkontakt mit anderen ausgesetzt zu sein? Die ‚Kunst' des Schweigens in der Gesellschaft Anderer reicht nicht einmal allzu weit zurück. Gemäß Georg Simmel hat dies nämlich die folgende Grundlage: „Vor der Ausbildung der Omnibusse, Eisenbahnen und Straßenbahnen im 19. Jahrhundert waren die Menschen überhaupt nicht in der Lage, sich minuten- bis stundenlang gegenseitig anblicken zu können oder zu müssen, ohne miteinander zu sprechen" (Simmel 1995: 727; vgl. auch: Schievelbusch 2000, insbesondere S. 70ff.). Dazu gehört auch das, was Richard Sennett ‚Zivilisiertheit' nennt. Darunter versteht er: „... ein Verhalten, das die Menschen voreinander schützt und es ihnen zugleich ermöglicht, an der Gesellschaft anderer Gefallen zu finden .... Zivilisiertheit zielt darauf, die anderen mit der Last des eigenen Selbst zu verschonen" (Sennett 1990: 335). Ihr Antipode ist die Unzivilisiertheit. „Unzivilisiert ist es, andere mit dem eigenen Selbst zu belasten ... Jeder kennt Menschen, die in diesem Sinne unzivilisiert sind: jene ‚Freunde', die stets darauf aus sind, anderen Einlaß in die traumatische Sphäre ihrer alltäglichen Innenwelt zu gewähren, die am anderen nur ein einziges Interesse haben, daß er ihren Geständnissen sein Ohr verleiht" (S. 336).

Doch es geht nicht nur darum, dass wir andere nicht belästigen, sondern auch darum, dass wir mit deren Nähe adäquat umgehen. Der diesbezügliche Mechanismus wird von Goffman ‚höfliche Gleichgültigkeit' („civil inattention") genannt. Gemeint ist damit keine Ignoranz, sondern eine Haltung, als ob der andere einem gleichgültig wäre, nachdem man ihm ein angemessenes Maß an Aufmerksamkeit entgegengebracht hat. Goffman (2009: 89) formuliert dies so:

> „... Dass man der anderen Person deutliche Hinweise darauf gibt, dass man ihre Anwesenheit bemerkt (man gibt offen zu verstehen, man habe sie gesehen), um im nächsten Moment diese Aufmerksamkeit bereits wieder zurückzunehmen und damit zu dokumentieren, dass sie kein Ziel besonderer Neugier oder spezieller Absichten ist." (Goffman 2009: 89)[7]

Dazu gehört aber auch, dass ich dem anderen keinen Anlass gebe, dieses Prinzip zu verletzen. Sprich: Es gehört ein gewisses Maß an Zurückhaltung dazu. „Mit anderen Worten, ich habe dem anderen, dem ich möglicherweise begegne, zu

---

7   Vgl. auch: Goffman (1974: 294): „Das Organisationsprinzip einer gewöhnlichen Unterhaltung von Angesicht zu Angesicht besteht darin, dass Personen, die das Gespräch mit anhören können, die aber keine anerkannten Teilnehmer des Gesprächs sind, höflich weghören, und dass Personen, die anerkannte Teilnehmer des Gesprächs sind, sich offen und in gleichem Maße der Unterhaltung widmen." Vgl. auch: Goffman (1994: 153).

gestatten, mich unbeachtet zu lassen und mit den Beschäftigungen fortzufahren, die er oder sie hat, ohne von mir Notiz nehmen zu müssen. Ich habe mich niemandes Aufmerksamkeit aufzudrängen" (Geuss 2002: 35).

Mediatisierung des öffentlichen Raums

Öffentliche Orte wandeln sich im Laufe der Zeit, auch wenn dies oftmals zunächst als Bedrohung alter ‚bewährter' Handlungspraktiken wahrgenommen wird. Wird, nachgerade außerhalb einer Stadtsoziologie, einmal die Bedrohung des Privaten gesehen, so wird im Rahmen einer Stadtsoziologie die Gefährdung des öffentlichen Raums zum Thema, eine Gefährdung, die durch eine zunehmende Ausdehnung und Invasion des Privaten in den öffentlichen Bereich stattfindet (vgl. Schroer 2006: 232). Man denke nicht zuletzt an die Verortung einer „Tyrannei der Intimität" (Sennett 1990), die die Nähe-Distanz-Reglements einer öffentlichen Kommunikationsordnung durcheinander bringt. Wie immer man den Wandel öffentlicher Orte auch einschätzen mag, so scheint sich „ein Wandel des öffentlichen Lebens im Sinne eines öffentlich beobachtbaren Verhaltens vollzogen zu haben und zu vollziehen. Dabei werden nunmehr im öffentlichen Raum Verhaltensweisen gezeigt, die früher nur im Privaten vollzogen wurden, was den vorliegend behandelten Konnex von öffentlichen Räumen, Normen und Verhalten deutlich aufzeigt" (Klamt 2007: 55). Ja, die Trennung von Vorder- und Hinterbühne (vgl. Goffman 1976: 99ff.) scheint, auch wenn sie nicht gänzlich verschwunden ist, an Trennschärfe verloren zu haben. Das, was sonst nur in einer „hinteren Region" (S. 104) in Erscheinung trat, spielt sich nun auf der Vorderbühne ab. Damit werden sogleich Vertrautheiten genommen: So meint Schubert (2000: 61):

> „Der öffentliche Raum der Stadt ist nicht mehr für die Regeln des Anstands reserviert; dort wird vermehrt intimes Hinterbühnen-Verhalten gezeigt. Die Zahl der Menschen, die in der Anonymität des öffentlichen Raume regressiv aus der Rolle fallen und dadurch intersubjektiv Unsicherheit verbreiten, hat sich beträchtlich erhöht."

Zu solchen Verschiebungen trägt ein geändertes Medienverhalten bei. Zahlreiche Beispiele wie die frühen Jahre des Fernsehens mit seinen „Stuben" oder das Telefon mit seinen „Telefonhäuschen"[8] verdeutlichen dies. Man denke auch an eine Zeitungs- oder Buchlektüre im öffentlichen Raum bis hin zu aktuellen gemeinschaftlichen Nutzungen von Fernsehen oder Video in nicht-

---

8 Und zuvor noch, in den frühesten Jahren des Telefons, an die „Coin-in-the-Slot"-Theatrophone in Paris, die ein Mithören von Vorstellungen im Théatre Français, dem Odeon oder verschiedenen Varietes erlaubten, sowie das, nach deren Vorbild 1891 auch in London installierte, sogenannte Electrophone mit Opern- und Theaterverbindungen im noblen Savoy Hotel (vgl. Höflich 1998: 191).

industrialisierten Gesellschaften.[9] In der Anfangsphase noch Medien, die im Öffentlichen genutzt wurden und öffentliche Kommunikation beinhalteten, wurden Fernseher, Telefon und Printmedien privatisiert, im engeren Sinne des Wortes ‚domestiziert'. Doch in der Folge zeichneten sich andere Wege ab. So hat eben gerade die Telefonkommunikation in Form eines mobilen kleinen Geräts das häusliche Umfeld wieder verlassen und ist in den öffentlichen Raum zurückgekehrt. Dies gilt jedoch nicht nur für das Mobiltelefon (Stichwort: Public Viewing bei der Fußball-WM).

Bezogen auf die Massenmedien, von der Zeitung bis zum Autoradio, hat man es mit einer Kommunikation „vom stationären zum mobilen Rezipienten" (Wilke 2005) zu tun. Denkt man etwa an das mobile Internet und natürlich das Mobiltelefon und dessen immer vielfältiger werdende Nutzungsmöglichkeiten (Stichwort: Konvergenz), dann handelt es sich allerdings um einen Menschen, der nicht nur mobil Medien ‚rezipiert', sondern in einem umfassenden Sinne mobil mittels und mit Medien kommuniziert, in dem er medial mit anderen in Kontakt tritt oder in mobile Computerspielwelten eintaucht. So gesehen ist das Mobiltelefon Teil einer umfassenden Entwicklung und genau genommen vor einem solchen Hintergrund erst zu verstehen, denn es beinhaltet Verhaltensänderungen, die sich schon vor dem Handy durchgesetzt haben. Verlassen Medien das häuslich-private Umfeld und kommen in den öffentlichen Raum, dann ist dies durchaus folgenreich: Einerseits wird deren Gebrauch durch die jeweiligen öffentlichen Einflüsse – von der räumlichen Struktur bis hin zur Anwesenheit anderer – geprägt, andererseits prägt dieser aber auch den öffentlichen Raum. Das heißt nicht zuletzt, dass eine bislang vertraute öffentliche Kommunikationsordnung und deren Regeln tangiert werden. Gerade eingedenk der medialen Konvergenz wird das Phänomen der Mediennutzung im öffentlichen Raum an Bedeutung gewinnen. Damit ändert sich jedoch der Nutzungskontext markant: Statt von der Familie und vertrauten Personen ist man nun von Fremden umgeben. Allemal hat man damit einen besonderen Rahmen der interpersonalen Kommunikation, in einem interaktionsermöglichenden wie auch -hemmenden Sinne. Hier zeigen sich sowohl Gemeinsamkeiten als auch Differenzen von Medien in dem Maße, wie sie eine öffentliche Kommunikationsordnung beeinflussen. Allemal eröffnet dieses Phänomen spannende Lektionen mit Blick auf die Nutzungsdimensionen von Medien und die damit einhergehenden sozialen Arrangiertheiten über die Familie hinaus – von dem Erzeugen von Störungen einer öffentlichen Kommunikationsordnung bis hin zur Eröffnung neuer Kommunikationen. Das Phänomen ist indessen nicht neu. An zwei Beispielen sollen,

---

9 Dazu gehören beispielsweise die so genannten ‚video parlors' in den ländlichen Gebieten Indiens, wo gegen Eintritt in einem öffentlichen Wohnzimmer gemeinsam Videos, auch solche mit softpornographischem Inhalt, angesehen werden (vgl. Johnson 2000: 159ff.). Dabei kommt es nicht zuletzt zur Interaktion zwischen Personen, die ansonsten keinen Kontakt gefunden hätten.

über das Mobiltelefon hinaus, mögliche Veränderungen einer öffentlichen Kommunikationsordnung – aber auch mit dem Gebrauch von Medien verbundene Eruptionen – veranschaulicht werden. Die Analyse soll hier nicht in die Tiefe gehen, sondern vielmehr darauf verweisen, dass Problemlagen, die auf den ersten Blick mit dem Mobiltelefon assoziiert werden, bereits – in der einen oder anderen Spielart – bei anderen Medien im öffentlichen Raum virulent werden respektive geworden sind.

Fernsehen auf öffentlichen Plätzen

Das erste Beispiel bezieht sich auf das Fernsehen im öffentlichen Raum. Unter dem besonderen Vorzeichen einer kollektiven Emotionalisierung durch die Fussballweltmeisterschaft im Jahre 2006 wurde es in Deutschland unter dem Begriff des ‚Public Viewing' bekannt. Betrachtet man die weitere Entwicklung des Public Viewing, dann scheint es Teil einer öffentlichen Medienkultur – zumindest aber einer Sport-Medien-Kultur – geworden zu sein. Bezogen auf das Fernsehen hat man es so gesehen mit einem Wiedererscheinen dieses Mediums im öffentlichen Raum zu tun (Krotz/Eastman 1999: 5). Eine der wenigen Studien auf diesem Gebiet stammt von Lemish (1982). Während beim häuslichen Fernsehen der Kontext des Familienlebens, die persönlichen Beziehungen und die häuslichen Kommunikationsmuster im Vordergrund stehen, so müsse nun der besondere Kontext einer Kommunikation im öffentlichen Raum untersucht werden (vgl. Lemish 1982: 785). Nachgerade geht es darum, ob und wie sich das Medium bzw. dessen Nutzung in die Kommunikationsordnung des öffentlichen Raums und seiner Regeln einfügt – oder Widerstände erzeugt. Lemish geht davon aus, dass Ersteres der Fall ist: „Viewers were expected to fit in, not to be too obtrusive, or too noticeable" (Lemish 1982: 763). Dies wird auch empirisch bestätigt. Eine etwas neuere Studie (vgl. Krotz 2002; Krotz/Eastman 1999) bestätigt eine solche Passung zwischen der Nutzung des Fernsehens auf öffentlichen Plätzen und der öffentlichen Kommunikationsordnung:

> „Bei der Nutzung wird die Priorität des sozialen Ortes gewahrt. Fernsehen wird meist einfach nur zur Kenntnis genommen, die Besucher der entsprechenden Orte wählen die Möbelstück-Option. Die Orientierungsoption, also orientierende Blicke sind neben dem Ignorieren die am häufigsten beobachtbaren Verhaltensweisen. Meistens ziehen nur besondere Events Blicke auf sich und führen zu einer Nutzungsoption. Selbst wenn die Leute das Fernsehen beachten, dann tun sie dies in einer Weise, die sich an die Gegebenheiten des Ortes anpasst." (Krotz 2002: 159)

Doch es gibt nicht nur eine Anpassung an die öffentliche Kommunikationsordnung. Der Mediengebrauch hat in einem rekursiven Sinne Einfluss auf die öffentliche Kommunikationsordnung. An sich gehört es sich nicht, andere einfach anzusprechen. Dies ist bei einer öffentlichen Nutzung des Fernsehens anders.

Das Fernsehen fungiert als ein interaktionsstimulierendes Medium (vgl. Lemish 1982: 778). In diesem Sinne ändert sich die Natur öffentlicher Plätze. Orte, die an sich dafür gedacht sind, um etwas zu verkaufen und einzukaufen, um zu essen oder zu trinken, werden nun zu Fernseh- und Gesprächsorten („viewing-television-and-talking places'). Und statt einer höflichen Zurückhaltung Fremden gegenüber, die sonst für eine öffentliche Kommunikationsordnung üblich ist, gibt es eine gewisse Offenheit für Interaktion und soziales Engagement. So hat das Fernsehen im öffentlichen Raum den Spielraum akzeptablen Verhaltens verändert. Damit ist das Fernsehen im öffentlichen Raum zugleich ein Exempel für eine Dualität der Effekte: hier im Sinne eines Einfügens in eine Kommunikationsordnung, die dadurch allerdings zugleich verändert wird. Es zeigt sich aber auch ein Moment, das beim Mobiltelefon erst recht deutlich hervortritt: das Management zwischen Mediennutzern und Anwesenden:

> „When two people sit at a table facing each other, with TV-screens positioned behind each person's head, the arrangements afford an opportunity for easy switching between two roles – conversationalist and spectator – often requiring no more than a redirection of the gaze, not even a repositioning of the body. The effect of this impolite triangulation of conversation, making interlocutors compete with the image for each other's attention, is often a disconcerting split focus between distant spectacle and intimate talk in which neither experience is very satisfactory. We watch each other watching the screen as we converse, and we watch each other struggling not to watch; if the screens are in synch, then we are virtually mirror images of each other's spectatorship, participant-observers in the production and consumption of a spectacle of distraction. ... Serial spectacles on overhead screens both symbolically join spaces together in long-distance communication and fragment the social atmosphere of their immediate environments. The connotations of public address that come with the convention of overhead screen placement suture the conversing spectator into (at least) two places at once. We hesitate between two modes of spatiality – distance and proximity – so that mediated images can see more "live" than the person with whom we are sitting" (McCarthy 2001: 124).

Zumindest wird der Andere, der (mit)anwesende Dritte mitgedacht, ja, sogar, wenn man Lemish folgt, in die Kommunikation einbezogen. Dies ist bei anderen Medien nicht zwingend der Fall, auch wenn, wie beim Mobiltelefon, kollektive Nutzungen (gemeinsames Lesen von SMS, gemeinsames Telefonieren, Weiterreichen des Telefons an andere, so dass sie das Gespräch fortführen können) durchaus stattfindet.

Mobiler Sound – ‚Kofferradio', Walkman und iPod

Das mobile Hören von Musik begann nicht erst mit dem Walkman. Nach ersten Modellen in den 1930er Jahren wurde nach dem Zweiten Weltkrieg die Produktion von portablen Radiogeräten wieder aufgenommen: dem ‚Kofferradio', das seinen Namen schon deshalb bekam – und verdiente – weil es mit seinem Tragegriff durchaus ein „kofferförmiges Design" (Weber 2007: 130) besaß. Vielleicht durch die Sperrigkeit und das Gewicht bedingt, setzten sie sich noch nicht als ‚persönliche Radios' und mobile Begleiter des Alltags durch. Doch machten sie deutlich, dass sich neue Medien, sobald sie in den öffentlichen Raum eindringen, durchaus eine Phase des Widerstands durchmachen. Für Unruhe sorgte im wahrsten Sinne des Wortes die von vielen empfundene akustische Belästigung. Mit öffentlicher Musik musste das Umfeld zunächst erst einmal umgehen lernen, bis sie irgendwann zu einem Teil „der urbanen Lautkulisse" (Weber 2007: 135) wurde. Das mobile Radio fand zwar allgemein Akzeptanz, der Gebrauch wurde allerdings mit sozialen Regeln versehen. „Ungeschriebene Verhaltensnormen verbannten die Radionutzung aus manchen Räumen" (Weber 2007: 135). Und (auch) hier waren es Jugendliche, die mittels dieses Mediums, durchaus mit einer gewissen renitenten Absicht, den öffentlichen Raum für sich in Besitz genommen haben. Die musikalische Begleitung des Alltags ist seitdem zwar nicht verschwunden, doch hat sich die Erscheinungsweise geändert: sie ist durch die Verwendung eines Kopfhörers und dem Wunsch eines persönlichen Musikerlebnisses weniger hörbar geworden (sieht man einmal von einer kurzen Phase eines sogenannten Ghettoblasters ab, wie auch davon, dass für Manche das Hören von Musik via Handy-Lautsprecher zu ihrem Gang durch die Stadt gehört).

Als ein Massenphänomen trat dann der Walkman auf, den die Firma Sony 1979 als erstes persönliches Stereogerät und als erste wirklich mobile Konsumententechnologie (vgl. Bull 2000: 1) auf den Markt brachte. Zwar hat der Kassetten-Walkman an Bedeutung verloren, doch mobiles Musikhören scheint nach wie vor (oder erst recht wieder) in Gestalt des MP3-Players und, als deren Designstück, des iPods von Apple aktuell. Bereits mit dem Walkman begann ein Diskurs um die durch ihn verursachte öffentliche Eruption, gerade weil damit das privatisierte Vergnügen in die Öffentlichkeit gelangt ist und die öffentliche Kommunikationsordnung durcheinander gebracht wurde. So vermerken du Gay u.a. (2003: 113):

> „The fear soon arose that if everyone was doing their own thing in the public sphere, to what extend was that sphere any longer public? What would those people share with another? Wouldn't society be reduced to little more than the aggregate of atomized individuals living in a particular geographical space?"

So scheint doch der Walkman im ‚falschen' Kontext lokalisiert. Er zeigt sich deshalb als Störenfried, weil er das private Hören nun in den öffentlichen Raum hineinträgt und damit in etwas hineinragt, was bislang materiell wie symbolisch nicht davon betroffen war. Konsequenz: Der Walkman führe zu so etwas wie einer ‚moralischen Panik', indem mit ihm bislang vertraute Grenzen überschritten wurden (vgl. du Gay u.a. 2003: 116). Und nicht zuletzt symbolisiert der „autistische Walkman" (Gransow 1995) einen Rückzug aus dem Öffentlichen schon dadurch, dass einer öffentlichen Stimmung eine eigene Stimmungslage (quasi eine eigene musikalische Begleitung zum Film des Lebens da draußen) entgegengehalten wird. Der Walkman demonstriert klar einen Entzug von Engagement – man will von anderen nichts wissen und will (und kann) von anderen nicht angesprochen werden (vgl. auch Bull 2001: 189). Öffnet das Sehen im öffentlichen Raum eine Kommunikationsordnung hin zu einer legitimierten Ansprache anderer, so schließt dies der Walkman aus. Dieses Muster scheint sich bis heute erhalten zu haben, auch wenn durch neue technische Möglichkeiten an die Stelle des Walkmans der iPod getreten ist. Er zeigt einmal mehr, dass es sich um isolierte Menschen handelt. „In iPod culture", so stellt Bull (2007: 5) in seiner anregenden Studie fest, „we have overpowering resources to construct urban spaces to our liking as we move through them, enclosed in our pleasurable and privatised sound bubbles. Today, such an ethnography of solitude must be one to technologically mediated solitude – we are increasingly alone together." Die mediatisierte Isolation, so stellt Bull fest, wird zur individuellen Kontrolle über die Räume einer städtischen Kultur, in dem sich das Selbst (das ‚minimal self') in eine Welt zurückzieht, die gerade groß genug ist, dass Kontrolle über sie besteht. Dazu gehört, dass iPod-Nutzer, während sie ihr Gerät in der Öffentlichkeit benutzen, keinesfalls freiwillig mit anderen interagieren wollen und damit auch den öffentlichen Raum neutralisieren respektive zu privaten (Sound-)Enklaven machen, deren Bedeutung gewissermaßen auf der Playlist ihres iPods gründet.

> „For many iPod users the pleasure of the city comes from not interacting with others who 'disrupt' and 'distract' their energy but rather from listening to music, which may remind them of what it is to live in a city. A mediated cosmopolitican is encased in the user's iPod." (Bull 2007: 37)

Fernsehen im öffentlichen Raum und mobiles Hören, nachgerade in Gestalt des iPods, machen das Spektrum deutlich, in dem sich Medien in den öffentlichen Raum einfügen, Kommunikationen eröffnen oder blockieren. Beiden ist gemein, dass andere bei der Rezeption anwesend sind – und dass zumindest prinzipiell mit ihnen zu rechnen ist.[10] Ganz offenkundig wird so etwas auch und gerade mit Blick auf das Mobiltelefon virulent – zwischen Integration in den Alltag einer öffentlichen Kommunikation und der Bildung kommunikativer Enklaven. Das Beispiel des iPods macht noch einen weiteren Punkt deutlich: Dass sich Medien nicht ausschließen. Einerseits wird mit dem Handy als konvergentem Medium das Hören von Musik mit ein und demselben Gerät möglich (so wie auch das

---

10 Auch wenn dies der einzelne Nutzer zunächst so nicht wahrnimmt. In der Zeit, als dieser Beitrag verfasst worden ist, ereignete sich Folgendes: Gerade auf dem Weg zur Arbeitsstätte ging der Autor (noch) guten Mutes voran. Plötzlich durchzuckte ihn ein Schmerz: Ein von hinten sich auf dem Gehweg annähernder Fahrradfahrer fuhr geradewegs und ohne Vorwarnung in dessen Beine. Der Fahrradfahrer hatte ihn, mit laufendem MP3-Player und die Kopfhörer noch am Ohr, bis zum Aufprall gar nicht zur Kenntnis genommen – dann aber schon...

Schreiben von Textnachrichten, das Fotografieren oder das Versenden dieser Fotos). Es zeigt aber auch, wie das eine Medium das andere ergänzt. Nutzer des iPods sind in der Regel zusätzlich Besitzer eines Mobiltelefons, auch wenn die beiden Medien durchaus in einem Spannungsverhältnis zueinander stehen: Während das eine Abgeschlossenheit anzeigt, verlangt das andere eine kommunikative Erreichbarkeit. Dazu noch einmal Bull (2007: 69):

> „A central motiv of iPod use is to block out external interruptions whenever and wherever possible. The experience and desire for continuous and interrupted auditory experience becomes an issue of control, whilst the use of the mobile phone is perceived to threaten that control."

Die Verbindung eines Isolationsmediums mit einem Medium der Kontaktaufnahme führt zu einer speziellen Abhängigkeit. So wird das Mobiltelefon zu einer Art digitalem Sherpa, der einem hilft, durch die Räume und Zeiten des städtischen Lebens zu navigieren, indem es Kontakt zur ‚Außenwelt' eröffnet.

Das Handy im öffentlichen Raum

iPod und Handy sind, laut Bull (2007: 72), intime Technologien. Doch mit dem Handy verliert das Telefonieren seine Intimität, wenn es nicht mehr nur im privaten Umfeld benutzt wird (vgl. Burkart 2000: 218). Damit wird es zu einem Testfall für Arrangements einer öffentlichen Kommunikation.[11] Ein besonderes Moment der Konfusion ergibt sich daraus, dass man zwischen zwei Orten manövrieren muss – dem Ort des physischen Aufenthalts und dem Ort, an dem man nicht anwesend ist – dem virtuellen Konversationsraum. Man befindet sich gewissermaßen „an zwei Orten zugleich" (Höflich 2003a; 2005). Das gilt eigentlich für jede Mediennutzung. Doch im Falle einer Nutzung im öffentlichen Raum, erst recht bei der Nutzung des Mobiltelefons, ist mit anwesenden Dritten immer zu rechnen. Schließlich kommt es mit dem Mobiltelefon zu einer „Interferenz zweier Regelsysteme" (Burkart 2000: 219): Wem soll man es recht machen? Wem soll die Aufmerksamkeit geschenkt werden – den Anwenden oder dem telefonischen Gegenüber? Häufig werden diese Fragen zu Ungunsten des oder der Anwesenden beantwortet. Zumal, wenn durch solche neue Situationen Regeln in Konflikt geraten respektive Unklarheiten über gültige Verhaltensstandards bestehen, ergibt sich die Notwendigkeit einer neuen Arrangiertheit von Kommunikation im öffentlichen Raum (vgl. Ling 2004: 130).[12] Abgesehen da-

---

11 „Within such a setting, a sudden phone call breaks up the social order founded on civil indifference, intrudes on the personal space of surrounding travellers and may become a source of embarrassment and even a potential offense" (Licoppe/Heurtin 2002: 98).
12 In diesem Sinne vermerkt Wilke (2005: 46), gleichwohl über das Handy hinaus: „Ein Bedarf solcher Normierung resultiert daraus, dass ... die mobile Kommunikation häufig öffentlich stattfindet und von anderen bemerkt und mit wahrgenommen wird (bzw. werden

von, dass ‚stille Medienrezeptionen', wie das öffentliche Zeitungslesen, als Störfaktor in Erscheinung treten können (man muss nur an die Zeitungslektüre im Zug denken, die schon aufgrund des beengten Platzes ein Problem darstellt), so führt gerade das Mobiltelefon – genau genommen: die Art und Weise des Gebrauchs – zu einer Eruption in der öffentlichen Kommunikationsordnung. „Users thus indavertently deny others the privacy they selfishly appropriate for their own uses", so der finnische Forscher Timo Kompomaa (2000: 92f.). Nicht zuletzt stellt jedes Telefonat eine Herausforderung an das Gebot des höflichen Überhörens bzw. der höflichen Gleichgültigkeit dar, denn notgedrungen muss man die Gespräche mit anhören – man wird zu einem unfreiwilligen Publikum, dessen Privatheit der Angerufene zugunsten seiner Privatheit negiert. Wer würde nicht zuhören, wenn jemand bei der Zugfahrt einen Brief laut vorliest?

All dies bedeutet nicht zwingend eine – kulturkritisch gerne geäußerte – Verlustigkeit des Öffentlichen zugunsten einer radikalen Priviatisierung des öffentlichen Raums, nur das Entweder-Oder wird nicht mehr so streng gehandhabt.

> „Privatheit und Öffentlichkeit verlieren ihre strenge Geschiedenheit und ihre Dauerhaftigkeit, sodass Räume nun jeweils vorübergehend privat und öffentlich sein können. So können sich private Räume in öffentliche verwandeln, indem der Fernseher eingeschaltet wird und Nachrichten empfangen werden. Umgekehrt können sich öffentliche in private Räume verwandeln, etwa wenn auf einem öffentlichen Platz das Handy benutzt wird. Dann entsteht eine kleine private Insel inmitten des Öffentlichen – es sei denn, der Handynutzer legt es darauf an, die umstehenden Passanten zu unfreiwilligen Zuhörern einer Veröffentlichung des Privaten zu machen. Privat hieße in diesem Sinne, sich temporär unsichtbar machen zu können, sich vor den Blicken und Ohren der Anderen zumindest vorübergehend schützen zu können, während öffentlich stets bedeutet, potentiell für jedermann sicht- und hörbar zu sein." (Schroer 2006: 234f.)

Mit dem Mobiltelefon gelangen einmal mehr Bereiche des Privaten – „bubbles" – in den öffentlichen Bereich, d.h. „there is a thin layer of private space around the bodies of the people with whom we are sharing nonprivate space" (Lofland 1998: 12).

Das Verhalten im öffentlichen Raum ist nicht nur geprägt durch Arrangements von Nähe und Distanz, sondern auch durch eine Teilhabe am öffentlichen Geschehen oder ein, wie es laut Goffman bezeichnet werden könnte, Engagement. „Engagement meint", so Goffman (2009: 59), „die Fähigkeit des Einzelnen, seine gesammelte Aufmerksamkeit einer gerade stattfindenden Aktivität zu widmen oder sie ihr vorzuenthalten. ... Engagement impliziert eine gewisse eingestandene Nähe zwischen dem Einzelnen und dem Gegenstand seines Enga-

---

muss). Damit ist der Schutz der Privatsphäre berührt, der eigenen wie derjenigen der anderen. Bezogen auf die gedruckte Presse stellt dies kein Problem dar, da deren Rezeption sich still vollzieht. Anders dagegen bei den Audiomedien und bei der Mobiltelefonie: Hier kann man die Ohren nicht verschließen und wird auch ungewollt zu (Ohren-)Zeugen von Kommunikationsvorgängen."

gements, einen Grad an offener Beteiligung auf Seiten dessen, der engagiert ist – einer Einzelaufgabe, einer Unterhaltung, einer gemeinsamen Arbeitsanstrengung."

Das Telefonieren im öffentlichen Raum stellt dabei – mehr oder minder – immer einen Entzug des Engagements dar, der gleichwohl und wie gesehen durch Medien wie den iPod übertroffen wird. Das Handy ist dergestalt ein Eindringling. Denn: „Wer bei Anwesenheit anderer mobil telefoniert, verletzt Höflichkeitsregeln, insbesondere die Regel ‚Aufmerksamkeit und Priorität für Anwesende'" (Burkart 2000: 219). Allein schon das Hantieren mit dem Handy kann dabei als Entzug von Engagement aufgefasst werden, so wie das Hören von Musik via Kopfhörer als Affront gegenüber den Anwesenden betrachtet werden kann. Dabei lassen sich situative Gegebenheiten mit je unterschiedlich gefordertem Engagement unterscheiden (je nachdem, welches Engagement dominant oder untergeordnet ist) – wobei die Grenzen fließend sind. Denn das, was heute als dominantes Engagement definiert wird, kann morgen schon als untergeordnetes festgelegt sein (vgl. Goffman 2009: 619). Goffman führt hier das Beispiel amerikanischer Jugendlicher an, die sich mit Blick auf das informelle Verhalten an öffentlichen Orten weitaus ungezwungener bewegen würden als vorherige Generationen. Nicht zuletzt zeige sich dies bei der Verwendung „tragbarer Transistorgeräte", die die Möglichkeit geben, „untergeordnetes Engagement zu konzentrieren und zu absorbieren" (Goffman 2009: 65).

Wie sich eine Kommunikation im öffentlichen Raum durch den Gebrauch von Medien und hier insbesondere dem Mobiltelefon verändert, ist allemal eine empirische Frage, der die nachfolgenden Studien in einzelnen Facetten nachgehen. Die Bedeutung des öffentlichen Raums bzw. eines Platzes ergibt sich daraus, was die Menschen auf ihm machen – gleichwohl im Rahmen normativer Vorgaben, sprich: der jeweiligen ‚Benutzungsregeln'. Weil der öffentliche Raum immer auch ein sozial normierter Raum ist, meint eine Orientierung im Raum deswegen immer eine normative Orientierung – was darf ich tun, was nicht? Üblicherweise muss man für Plätze kein Eintrittsgeld entrichten oder den Beweis erbringen, dass man über ein für dessen Nutzung erforderliches kulturelles Wissen verfügt. Stattdessen muss man gemäß den jeweiligen Benutzungsregeln des Ortes handeln (vgl. Korosec-Serfaty 1996: 532). Was geschieht nun, gerade hinsichtlich der bisherigen Nutzungsregeln, wenn das Mobiltelefon im Geschehen im öffentlichen Raum auftaucht? Wie fügt es sich in das soziale Geschehen und die bisherigen Benutzungsregeln ein? Nimmt es auf das Sozialleben Rücksicht? Und anders herum: Wie verändert sich das soziale Geschehen in öffentlichen Raum? Einfache deterministische Annahmen scheinen dem nicht Genüge zu tun. Der Benutzer passt sich durch tägliche Handlungen oder Routinen an den Ort an, aber weil gehandelt wird verändert sich auch die Bedeutung des Ortes (vgl. Korosec-Serfaty 1996: 534). Das betrifft wiederum die Medien. Sie werden durch die Gegebenheiten des öffentlichen Raums und einer öffentlichen Kommunikation präformiert, doch ändern sie zugleich dessen Bedeutung (vgl. auch Lasén 2003: 40; Bull 2007: 83ff.). Man hat es also mit einer durchaus dynamischen Situation zu tun, als deren Teil Medien zu verstehen sind. Dabei wird das Verhältnis von Öffentlichkeit und Privatheit, von Nähe und Distanz, von Öffnung und Schließung, Haupt- und Nebenengagement, laufend neu verhandelt. Die Studien werfen einen Blick auf solche (dynamischen) Entwicklungen, auf den Medienwandel und den damit verbundenen Wandel einer öffentlichen Kommunikationsordnung, aber auch auf die Empfindsamkeiten der Umwelt wie des Nutzers selbst und nicht zuletzt auf die Engagements respektive den Entzug von Engagement durch den Gebrauch des Mobiltelefons. Und immer geht es um die Frage, wie sich durch (neue) Medien die Beziehungen der Menschen, seien diese medial vermittelt oder von Angesicht zu Angesicht, verändern.

Kapitel 4

Studien zum Mobiltelefon – methodische Annäherungen

Das Mobiltelefon ist ‚eigentlich' ein Medium des öffentlichen Raums. Sieht man von der Verwendung einer Telefonzelle ab, dann geschah das Telefonieren im häuslichen Bereich. Heute findet es unter den Augen und Ohren Fremder statt. Was liegt deshalb näher, als ihm forscherisch dadurch nachzugehen, indem man beobachtet, wie die Menschen mit dem Medium und mittels des Mediums mit anderen ‚umgehen'. Ja, die Methode der Beobachtung hat eingedenk des Mobiletelefons geradezu eine Art Renaissance erfahren. Und in der Tat reihen sich die im Weiteren präsentierten empirischen Untersuchungen in die Beobachtungsstudien zur Handynutzung im öffentlichen Raum ein, auch wenn sie hier und da darüber hinaus gehen.

Ein weiterer Bereich der Analyse mobiler Kommunikation sieht sich stark einer ethnographischen Perspektive verpflichtet. Dazu zählen ‚ethnographische Interviews' und (Medien-)Tagebücher, die Zeit, Inhalte und Dauer der Nutzung wie auch die Kontakte und Intensität der Beziehungen zwischen den Kommunikationspartnern erfassen (vgl. z.B. Ito 2005). Die Verwendung mehrerer Methoden – eine „multimethodische Ethnographie" (vgl. z.B. Oksman 2006) – wird propagiert, wobei es sich nachgerade um eine Kombination von Interview und Beobachtung handelt (vgl. z.B. Lasén 2006). Bereits die frühen finnischen Studien zur Nutzung des Mobiltelefons durch Jugendliche gingen solche Wege – wobei man hier auch noch auf eine Selbstkennzeichnung als „angewandte Kulturanthropologie" (Kaesniemi 2003: 15) stößt. Ganz offenkundig ist jedoch bei der Untersuchung dessen, wie Menschen das Mobiltelefon verwenden, die Ethnographie zu einem besonderen empirisch relevanten Bezugspunkt geworden (ohne das, was Ethnographie ist oder sein will, weiter zu problematisieren). Zugestanden, das trifft auch für die hier vorgestellten Studien zu, die in der Zeit von 2003 bis 2010 durchgeführt worden sind. Hier wird durchaus eine Orientierung an ethnographischen Herangehensweisen gesehen, ohne allerdings so überheblich sein zu wollen, von einer ethnographischen Annäherung im engeren Sinne zu sprechen. Statt also einer vorschnellen Selbstetikettierung der hier vorgestellten Studien (die zudem methodisch noch recht unterschiedlich ausgerichtet sind) sollten vielmehr die unterschiedlichen Orientierungen angesprochen werden, die einzelne Etappen der Forschung geleitet haben.

Wie schon erwähnt, gründen die Studien im Kern auf der Methode der Beobachtung. Nun wird eine teilnehmende Beobachtung immer wieder mit einer ethnographischen Herangehensweise gleichgesetzt. Doch: Teilnehmende Beobachtung ‚dringt' nicht in dem Maße in das Feld ein und will auch nicht in dem Maße ein umfassendes Bild wie eine ethnographische Herangehensweise leisten. „Participant observation means simply that the researcher spends time in a setting of interaction in order to observe what goes on" (Maching 2002: 7). Teilnehmende Beobachtung ist ein bedeutender Teil einer Ethnographie, doch ist Ethnographie nicht zwingend nur Beobachtung.

Eine ethnographische Orientierung meint hier eine Orientierung am Alltag, d.h. das Alltägliche wird vor dem Hintergrund des Alltags beleuchtet, ohne diesen jedoch immer tiefer erfassen zu können. Konkret geht es um Orte und das Handeln und Kommunizieren an Orten als Teil der Geschehnisse des Alltags. Versteht man Ethnographie als „way of doing research into what is going on in the social world", dann geht es nicht zuletzt darum, das alltägliche Leben zu verstehen als "arbitrary thing, made negotiable by socially constructed standards, rules and meanings" (Machin 2002: 1). Was die Ethnographie zu einer Ethnographie i.e.S. macht, ist, so Amann und Hirschauer (1997: 16), „ihre Einbettung in den Kontext einer andauernden teilnehmenden Beobachtung." So wird eine Ethnographie zu einer „synchronen Beobachtung lokaler Praxis" (ebd.: 23) und einer „Teilhabe an der Introspektion sozialer Situationen" (ebd.: 24). Eine solche Dauer und die damit verbundenen Einblicke treten bei den hier präsentierten Studien zugunsten häufiger und variierender Blicke auf den Gegenstand einer mobilen Kommunikation im öffentlichen Raum zurück. Das – und genau genommen auch das Gros der sogenannten ethnographischen Studien auf dem Gebiet der mobilen Kommunikation – ist am besten als *„fokussierte Ethnographie"* (Knoblauch 2001) und damit zugleich als eine Praxis soziologischer Ethnographie zu bezeichnen. Bei einer solchen Herangehensweise werden Ausschnitte einer Kultur respektive bestimmte Aspekte davon im Sinne einer Fokussierung betrachtet – und dies nicht mit der in einer ethnographischen Ethnographie anvisierten Dauer und Tiefe des Eintauchens. Ein besonderes Merkmal ist, so Knoblauch (2001: 130), die Verwendung von (technischen) Aufzeichnungsmethoden, die gleichrangig beziehungsweise neben der menschlichen Beobachtung zum Einsatz kommen. Ein weiteres Moment einer ‚fokussierten Ethnographie' ist die intersubjektive Prüfbarkeit von Daten. Neben der Aufzeichnung beobachteter Geschehnisse gehört dazu die Arbeit in Forschergruppen. „Sie fördern auch die Generierung intersubjektiv nachvollziehbarer Interpretationen und verhindern das ‚Verrennen', also die aufwendige Verfolgung von Deutungen, die intersubjektiv nicht plausibilisierbar sind" (ebd.: 131). Eine derartige Vorgehensweise ist sehr intensiv, insbesondere zeitintensiv. Und schließlich geht es bei einer solchen „Mikroethnographie" (ebd.: 135) um die „Analyse von Strukturen und Mustern von Interaktion, Kommunikation und Situationen" (ebd.: 132) und um die Untersuchung von Situationen, „die möglichst wenig von Wissenschaftlern selbst beeinflusst sind" (ebd.: 134). Ersteres gilt nachgerade für die weiter angeführten Studien. Allerdings wird von der Nichtbeeinflussung, wie noch zu sehen sein wird, abgewichen. Stattdessen werden bei einigen Projekten gezielt Provokationen in das Feld eingeführt. Insgesamt lässt sich, was die folgenden Studien angeht, wohl eher von einem ‚ethnographischen Blick' oder, etwas abgeschwächter, einer ethnographischen Intention sprechen (vgl. auch: Höflich/Hartmann 2006), die multimethodisch angelegt ist und sich kreativ gegen einen Methodenzwang (vgl. Feyerabend 1986) richtet.

Die Studien zur mobilen Kommunikation gehen genau genommen auf das Jahr 2000 zurück. Allerdings ging es hier noch um eine besondere Verwendungsweise: die Nutzung des Short Message Services durch Jugendliche. Und hier entstand die erste kommunikationswissenschaftliche Studie im deutschen Sprachraum auf diesem Gebiet (vgl. Höflich/Rössler 2001). Wichtiger ist allerdings in diesem Zusammenhang anzumerken, dass damit ein Fundament für weitere Studien zum Thema der mobilen Kommunikation gelegt wurde. Im Kern beginnen die empirischen Studien zur Nutzung des Mobiltelefons im öffentlichen Raum, auf die im Weiteren Bezug genommen wird, im Jahre 2003, nachdem vorher eine Reihe kleinerer, auch international vergleichender Untersuchungen durchgeführt worden ist. Ohne diese ‚intermediären' Studien wären die nachfolgenden Beobachtungsstudien wohl nicht denkbar gewesen, schon deshalb, weil jedes Teilprojekt immer wieder zu weiteren Fragen und damit zu Folgeprojekten führte.

Die ersten Beobachtungsstudien zur Nutzung des Mobiltelefons im öffentlichen Raum fanden 2003 in Italien statt. Der Weg dorthin war allerdings nicht von Anfang an klar vorgezeichnet und begann erst einmal mit einer didaktischen Absicht. Im Rahmen eines Seminars sollte es vor allem darum gehen, die Methode der Beobachtung näher kennen zu lernen und die Beobachtungsfähigkeit zu schulen – einschließlich der Erarbeitung von methodischen Instrumentarien, die die Beobachtung leiten (wenn auch nicht präformieren) sollten. Eine Reihe von Überlegungen führte dazu, eine Forschungswoche in Italien durchzuführen: Wenn man sich dem Handy zuwendet, so schien es schon beinahe zwingend nach Italien zu gehen, galt und gilt dieses Land doch als ein Eldorado des Mobiltelefons – des ‚telefonino'. Zudem war gerade der ‚fremde' Blick durch ein anderes kulturelles, soziales und geographisches Umfeld eine Herausforderung, weil hierdurch die bisherigen Perzeptionsgewohnheiten – und damit auch das bislang Vertraute – aufgebrochen werden. In gewisser Weise ist dies eine ‚ethnographische Herausforderung', denn es lassen sich so auch „allgemein zugängliche Bereiche der Alltagserfahrung, z.B. städtische Öffentlichkeiten, unter der Prämisse des zu entdeckenden Unbekannten betrachten. Das weitgehend Vertraute wird dann betrachtet *als sei es fremd*, es wird nicht nachvollziehend verstanden, sondern methodisch ‚*befremdet*': es wird auf Distanz zum Beobachter gebracht" (Amann/Hirschauer 1997: 12).

In einem nahezu eine Woche andauernden Prozess wurde Stück für Stück ein Beobachtungsinstrument diskutiert und entwickelt. Die über die Tage hinweg durchgeführten Beobachtungen auf der Piazza Matteotti in Udine wurden am jeweiligen Abend diskutiert und das methodische Instrument elaboriert. So entstand ein Beobachtungsbogen, dessen Aufgabe es war, gewisse Momente nicht ‚aus den Augen zu verlieren', ohne dabei jedoch verschlossen für alles weitere

Wahrgenommene zu sein. Während dieser Zeit entstand eine Skizze der Piazza, auf der für jeden einzelnen Beobachtungsfall die Geh- bzw. Bewegungsrouten eingezeichnet werden konnten; ergänzt durch die Zeit, die mit dem Telefonieren (bzw. allgemein: mit der Beschäftigung mit dem Mobiltelefon) verbracht wurde. Die Beobachtung erfolgte in Zweiergruppen dergestalt, dass ein deutscher Beobachter jeweils eine italienische Ko-Beobachterin (in der Tat war hier kein Mann unter den italienischen Studierenden) zur Seite hatte. Dies ermöglichte, jederzeit Hintergrundfragen zu stellen oder Kontexte herzustellen, die den nicht-einheimischen Beobachtern nicht oder nicht auf Anhieb zugänglich waren.

Schließlich wurde aus einem didaktischen Projekt die Grundlage weiterfolgender Beobachtungsstudien. Innerhalb der Folgestudien wurde ein Problem immer wieder neu diskutiert. Es stellte sich die Frage nach dem Beginn und Ende einer Beobachtungssituation. Wann sollte die Beobachtungseinheit ihren Anfang und ihr Ende haben? Dann, wenn der Beobachter respektive die Beobachterin auf die zu beobachtenden Personen aufmerksam wurde, ins Blickfeld geriet? Oder, wenn die zu beobachtende Person in situ zum Mobiltelefon greift? Und wann endet die Beobachtung? Mit dem Ende eines Telefonats? Und was ist, wenn gleich darauf ein weiteres geführt wurde? Schließlich mussten hier pragmatische Lösungen gefunden werden, wobei am Wichtigsten war, dass sich alle Beobachtungstrupps einheitlich an diese Vorgaben hielten.

Nahezu exakt ein Jahr später, im März 2004, folgte eine zweite Beobachtungsstudie just auf demselben Platz und ebenso über eine Woche hinweg. Das Instrumentarium der vorherigen Studien als Basis wurde neu angepasst – doch blieb es auch hier weitgehend offen, sodass von einem Beobachtungsprotokoll und weniger von einem Codierbogen gesprochen werden kann. Im Vergleich zur ersten Beobachtungseinheit wurde nun vermehrt auf Foto- und Videodokumentationen gesetzt. Dies erfolgte jedoch nicht systematisch – die Intention dahinter war, sobald es die Situation zuließ, mit Medien Abschnitte der Durchführungsphase zu dokumentieren und Einzelfälle zu illustrieren. Eine Idee war, über Videoaufnahmen den gesamten Platz, oder zumindest zentrale Bereiche davon, zu erfassen, um in der Folge eine Protokollierung der Geschehnisse auch über die Hier-und-Jetzt-Situation der Präsenzbeobachtung hinaus und eine größere Intersubjektivität zu ermöglichen. Damit wurde der Vorstellung einer ‚visuellen Kommunikationswissenschaft analog zu der einer 'visuellen Anthroplogie' (vgl. Collier/Collier Jr. 1986; Hockings 2003) gefolgt. Doch Forschung läuft nicht immer so, wie sich die Forscher dies wünschen. Nahezu über die gesamte Beobachtungszeit war das Wetter eher schlecht. Und insbesondere am Tag der Videoaufnahme regnete es kontinuierlich. So gelang es zwar, herausragende Aufnahmen einer Piazza zu machen – nur, dass sich kaum ein Mensch darauf bewegte. Tröstlich ist, dass die Aufnahmen einen gewissen meditativen Charakter haben, weil sie es dem Betrachter ermöglichen, sich einem überwiegend menschenleeren Platz hinzugeben. Für eine wissenschaftliche Verwendung waren sie leider nicht einsetzbar. So blieben nur einzelne Video- und Fotobeispiele zur Illustration. Aufgrund des zeitlich begrenzten Aufenthalts vor Ort konnten systematische Videoaufnahmen auch nicht wiederholt werden, so dass der gute Wille blieb, aber hinter der Realisierung zurücktreten musste.

Zwei Jahre später folgte eine größere Beobachtungsreihe in der Zeit von 2006-2009 auf verschiedenen Plätzen der Stadt Erfurt. Die Studie wurde von der Deutschen Forschungsgemeinschaft (DFG) gefördert. Ein besonderes Merkmal der Erfurter Studien ist, dass eine Folge von Einzelstudien durchgeführt wurden, die sich um einen Kern von wissenschaftlichen Beobachtungen ‚herausgebildet' haben. In einem ersten Schritt mussten jedoch erst einmal die Orte der Beobachtung bestimmt werden, wobei zu definieren war, was öffentliche (Stadt-)Räume ausmacht. Hilfreich war hier die „Typologie gelebter öffentlicher Stadträume", wie sie von Schubert (1999; 2000) vorgeschlagen wird. Nachfolgende Übersicht fasst dessen Typologie zusammen (vgl. Abb. 1; nächste Seite).

Vorweg: Schubert (2000: 59) betont, dass es nicht den öffentlichen Raum an sich als Untersuchungsgegenstand gibt. Er sei eben kein einheitlicher Typus außerräumlicher Gesellschaftsintegration; „die Vielfalt semiotisch entsprechend abgrenzbarer Stadträume impliziert eine *Pluralisierung der öffentlichen Räume*" (Schubert 2000: 59). Von den zwölf verschiedenen „Settings", die sich im Verhältnis von Öffentlichkeit und Privatheit sowie im Grad der Strukturierung unterscheiden, sind insbesondere vier für dieses Forschungsfeld relevant. Verkehrswege und deren Ränder (5b und 6) bilden dynamische Elemente in städtischen Strukturen. Haltestellen etwa sind Orte des Verweilens und des Übergangs. Mobile Transiträume wie im Fahrstuhl, Bus oder in der Eisenbahn sind normalerweise relativ frei zugänglich, stellen in sich aber einen geschlossenen, halböffentlichen Raum dar, der selbst wiederum öffentliche Verkehrswege nutzt. Besonderes Augenmerk liegt auf lokalen Mittelpunkten (9). Dies sind Orte, die man klassischerweise als öffentliche Plätze bezeichnen würde. Ein typisches Beispiel für diese Art von öffentlichen Orten sind große, freie Plätze oder Fußgängerzonen in der Innenstadt. „In diesem *zentralitätsorientierten Grundmuster* werden öffentliche Räume als *Mittelpunkte* und Knoten der Aktivität gestaltet, wie sie in den *Zentrumspatterns* der Innenstädte und deren zentralen Plätzen sowie Promenaden verbreitet sind" (Schubert 2000: 58). Diese Orte werden nicht nur als ‚Herz' und als historische Keimzelle von Städten und Siedlungen inszeniert, sondern auch aktiv so gelebt. Die Piazza ist hier ein herausragendes Beispiel für sehr geringe Zugangsbeschränkungen und eine sehr geringe Zweckgebundenheit des Platzes. Darüber hinaus ist die Kategorie Umfeld von Konsumorten (7) zu nennen. Diese öffentlichen Orte sind hauptsächlich kommerziell geprägt. Es entsteht also eine deutlich zweckgebundenere Situation als bei den lokalen Mittelpunkten (vgl. Schubert 2000: 55ff).

Nr	Setting	Pattern	Beispiele
1	Verteilungspolitische Bereitstellung von Räumen für Öffentlichkeit	Öffentliche Infrastruktur	Freizeitheime, Bürgerhäuser, Bibliotheken, Museen, Theater, Schwimmbäder, Sportplätze, Spielplätze, Stadtteilparkanlagen, naturnahe Erholungsbereiche
2	Religiöse und ethische Orte	Auffallende oder formal abweichende Bauwerke	Kirchen, Mahnmale, Friedhöfe
3	Lokale Räume des Wohnumfeldes	Nahbereich der Wohnstandorte	Hausnahe Spielplätze, Bänke, Sitzgruppen, kleine Plätze, kleine grüne Verweilzonen
4	Halböffentliche Übergangsbereiche	Verbindung privat/öffentlich	Balkone, Terrassen, Wintergärten, Eingangsbereiche, Zufahrten, Werbeplakate
5a	Reservierte Verkehrsplätze	Fahrwege	Ringstraßen, Hauptstraßen, Wohngebietsstraßen, Bahntrassen, Radwege
5b	Ränder von Verkehrswegen	Straßenrand, Kommunikationsinseln	Bürgersteige, Fußwege, Arkaden, Promenaden, Alleebäume, Straßengraben, wegenahe Grünstreifen, Bahndämme, Bahnhöfe, Airports, ÖPNV-Haltestellen, Telefonzellen, Tankstellen, Straßenkioske, Imbissstände, Stadtinformationssäulen
6	Mobile Verkehrsräume	Serielle Sitzordnung	Innenräume von öffentlichen Verkehrsmitteln: Eisenbahn, Stadtbahn, U-Bahn, Bus; Fahrstuhl/Lift, Rolltreppen
7	Umfeld von Konsumorten	Markt, Erlebnis, Dienstleistung	Konsumorientierte Erlebnisorte: Markthallen, Einkaufszentren, Freiluftmärkte, Passagen, Sportarenen, Volksfestplätze; Dienstleistungsorte: Restaurants, Straßencafés, Bars/Clubs, Warteräume
8	Öffentlich zugängliche Orte für private Tätigkeiten	Orte der außerhäuslichen Eigenarbeit	Waschsalons, Autowaschstraßen, Recyclinghöfe, Treffpunkte von Autobastlern
9	Lokale Mittelpunkte	Zentrum, Aktivitätsknoten	Innenstadt, zentrale Plätze, zentrale Promenaden
10	Aufgegebene Flächen	Brachen	Industrie-, Militär- und Verkehrsbrachen
11	Informelle Mittelpunkte von sozialen Beziehungsnetzen	Forum, Runder Tisch	Vereine, Bürgerinitiativen, Versammlungen; Vereinsräume, Treffpunkte öffentlicher Kreise
12	Virtuelle Stadtöffentlichkeit	Internet	Lokale Chatrooms, Stadtinformationssystem

Abbildung 1: Typologie gelebter öffentlicher Stadträume (vgl. Schubert 1999: 21; 2000: 60).

Hilfreich war darüber hinaus eine Typlogisierung von Situationen, wie sie Burkart (2007) mit Blick auf die Störeinflüsse des Mobiltelefons vorgeschlagen hat. Sie ergänzen die vorher skizzierte Einteilung. Zum einen werden Situationen genannt, „die eine spezifische Struktur und eine starke Regelstruktur haben" (ebd.: 85), in denen man den Gebrauch des Mobiltelefons als besonders störend empfindet. Dazu gehören beispielsweise der Konzertsaal und das Theater, die

Schulstunde oder der Gottesdienst. Zum anderen gibt es, so Burkart, Situationen, in denen keine gemeinsame Öffentlichkeit im klassischen Sinne, sondern nur eine amorphe Massenansammlung hergestellt wird. Hier stört das Mobiltelefon weniger oder gar nicht. Dazu gehören städtische Plätze wie der Markt- und Rathausplatz oder die Eingangshallen großer Bahnhöfe. Er hält fest: „Je größer die Personendichte, je höher die Mobilität, je mehr soziale und räumliche Offenheit, desto weniger stört das Handy. Es ist umgekehrt sogar möglich, dass mobiles Telefonieren durch diese Situationsmerkmale erschwert oder gar verunmöglicht wird" (Burkart 2007: 86). Schließlich führt er einen dritten und für ihn besonders interessanten Typus von Situationen an, denen gemein ist, dass sie als ‚Mobilitätsschleußen' dienen. Deren Hauptfunktion ist es, Menschen von einem Ort zum anderen zu transportieren oder Zeiten dazwischen durch Warten zu überbrücken. Hier scheint das Mobiltelefon als Vehikel zur Überbrückung legitim, nicht zuletzt, um Wartezeiten effizienter zu gestalten.

Eine besondere Bedeutung haben Video- und Fotomaterial. Einerseits hatten sie im Rahmen der Projekte insbesondere eine Dokumentationsfunktion, andererseits dienten sie als Basis für Gruppendiskussionen und um eine Befragung herzustellen. Darauf ist gleich nochmals zurückzukommen. Grundlegend stellt sich jedoch eine forschungsethische Frage: Darf man Fotos und Videoaufnahmen von anderen ohne deren Wissen erstellen? Greift man damit nicht in das Private ein?

> „If people *in fact* want privacy, how can we treat them with respect if we don't give them the psychological space to be individuals and to choose when and to whom they will disclose themselves?" (Reece/Siegal 1986: 86)

Ein vorheriges Informieren der Untersuchungssubjekte scheidet aus (Humphreys 2006: 71), denn hier würde quasi das gesamte soziale Geschehen grundlegend verändert werden.

Humphreys, die eine Reihe von Beobachtungsstudien im öffentlichen Raum durchgeführt hat, ging forschungspraktisch in der Weise vor: Zum einen hat sie in eine Gruppe von Menschen hineinfotografiert und die für sie wichtigen Ausschnitte später vergrößert (Humphreys 2006: 65). Zum anderen hat sie einen ‚Lockvogel' verwendet (S. 64ff.), der sich in die Nähe der zu fotografierenden Person stellte und vorgab, selbst für ein Foto in Pose zu stehen, während die Aufmerksamkeit in Wahrheit auf die telefonierende Person gerichtet war. Humphreys sieht zwar die Problematik, argumentiert jedoch damit, dass es sich um ein Verhalten im öffentlichen Raum handeln würde, das allen zugänglich sei. Zudem ginge es um ‚harmloses' Verhalten und nicht um irgendwelche illegalen Praktiken, die weder gezielt gesucht wurden noch aufgedeckt werden sollten. Trotzdem hat sie gegen das ethische ‚Prinzip der ‚informierten Einwilligung' verstoßen (vgl auch Hopf 2004: 591ff.).

Alternativ hätte sie nämlich im Nachhinein die fotografierten Personen nach einer Erlaubnis fragen können, so dass die Beobachteten respektive medial erfassten Personen die Genehmigung für die weitere Verwendung des Materials im Zweifelsfall hätten verweigern können. Dies legt etwa der Ethik-Kodex der Deutschen Gesellschaft für Soziologie und dem Berufsverband deutscher Soziologen aus dem Jahre 1992 nahe:

> „Generell gilt für die Beteiligung an sozialwissenschaftlichen Untersuchungen, dass diese freiwillig ist und auf der Grundlage einer möglichst ausführlichen Information über Ziele und Methoden des entsprechenden Forschungsvorhabens erfolgt. Nicht immer kann das Prinzip der informierten Einwilligung in die Praxis umgesetzt werden, z.B. wenn durch eine umfassende Vorabinformation die Forschungsergebnisse in nicht vertretbarer Weise verzerrt würden. In solchen Fällen muß versucht werden, andere Möglichkeiten der informierten Einwilligung zu nutzen." (Ethik Kodex)

Diesem Prinzip wurde nun dahingehend gefolgt, dass in den Projekten in der Tat die fotografierten respektive über Video erfassten Personen nach deren Erlaubnis gefragt worden sind und ihnen die Vertraulichkeit der erhobenen Daten zugesichert wurde. Eine solche im Nachhinein erfolgende Genehmigung entschärft die forschungsethische Herausforderung, „because our society generally considers privacy right that people can waive" (Reece/Siegal 1986: 90). Hier erweisen sich auch die technischen Möglichkeiten einer Video- bzw. Digitalkamera von Vorteil, weil den betreffenden Personen die Bildaufnahmen sofort gezeigt werden konnten. Die Strategie ging auf. Nahezu alle Befragten gaben ausdrücklich ihre Genehmigung für die Weiterverwendung der Bildaufnahmen.

Die Methode der Beobachtung wird in den Studien jeweils um weitere Methoden ergänzt, um möglichst viele Erkenntnisse für die Beantwortung der Forschungsfrage zu erhalten. Das entspricht zum einen einer flexiblen Forschungsstrategie (vgl. auch: Lüders 2004: 391ff.) und einer Offenheit der Forschung (vgl. z.B. Hopf 1979: 15; Lamnek 1995: 22), zum anderen der Idee, sich nicht den Zwängen eines zu engen Methodenkorsetts auszusetzen. Damit hat man es zugleich mit einer grundlegenden Herausforderung zu tun, die Feyerabend (1986: 34) wie folgt beschreibt:

> „Ein Wissenschaftler, der den empirischen Gehalt seiner Ideen möglichst groß machen und sie möglichst klar verstehen möchte, muß daher andere Ideen einführen; das heißt, er muß eine *pluralistische Methodologie* verwenden."

Hier ging es vor allem darum, weitere Methoden und methodische Schritte immer vor dem Hintergrund der bisherigen Vorgehensweise, Erkenntnisse und neu entstandenen Frage zu wählen. Das erinnert nicht zufällig an eine Methodologie einer Grounded Theory (Glaser/Strauss 1967) und das dort vorgeschlagene „theoretical sampling" (ebd.: 45ff.; vgl. auch: Strübing 2008). Jede neue Erhebung erwächst aus vorangegangenen theoretischen Überlegungen und empirisch erhobenen Daten (vgl. Strauss 2004: 45). Nun sollte eine derartige Offenheit nicht mit einer Theorielosigkeit respektive theoretischen Voraussetzungslosigkeit gleichgesetzt werden. Das entscheidende Merkmal qualitativer Forschung ist vielmehr, dass die in die Forschung eingebrachten Haltungen, Erwartungen und theoretischen Überzeugungen einen offenen Charakter haben sollen. Im Idealfall sollten sie in einem beständigen Austauschprozess zwischen einerseits qualitativ erhobenem Material und andererseits (zumindest am Anfang) noch wenig bestimmtem theoretischen Vorverständnis Stück für Stück präzisiert, verändert oder verworfen werden (vgl. Hopf 1979: 15). Dies erfordert gleichsam eine gewisse „theoretische Sensibilität" (Glaser/Strauss 1967: 46) – aber auch ein Vorwissen, ein „*informiertes Sampling*" (vgl. auch: Knoblauch 2001: 138), oder wie dies Willis (1997) bezeichnet: „*theoretically informed ethnographies*". Je offener man in seiner Herangehensweise ist, desto eher hat man einen Blick für überraschende Erkenntnisse, der durch eine zu enge theoretische Führung eher unterdrückt wird. Und tatsächlich war das Moment der Überraschung, neben einer „explorierenden Felderkundung" (Lamnek 1995: 22) ein zentrales Moment der durchgeführten Studien.

Nach der Vorstellung der in den Studien eingesetzten Methoden und einem Ausflug in die diffizile Angelegenheit der Forschungsethik wird im Weiteren, wie oben schon erwähnt, auf die einzelnen Forschungsschritte eingegangen sowie nachgezeichnet, wie die Einzelstudien aufeinander aufbauen. Greift man die Ideen von Janesick (2003) auf, so könnte in Anlehnung an eine Choreografie des Tanzes geradezu von einer Art Choreografie der qualitativen Forschung gesprochen werden:

> „The qualitative researcher is remarkably like a choreographer at various stages in the design process, in terms of situating and recontextualizing the research projekt within the shared experience of the researcher and the participants in the study. When choreographers are asked what they do, they typically speak of each individual piece, case by case, within the social context of the given choreographic study. This similarity with the work of qualitative researchers is striking." (Janesick 2003: 24)

Ein Beispiel für eine solche prozessuale Vorgehensweise ist die Verwendung von Fotos und Filmdokumenten, die aus der Beobachtungsstudie stammen. Ausgewählte Fotos wurden zu visuell motivierten Interviews bzw. Gruppendiskussionen (vgl. Collier/Collier Jr. 1986: 99 ff.) herangezogen. „Fotos, die im Verlauf des Forschungsprozesses angefertigt werden, dienen somit der Konkretisierung von Erfahrungen, mit deren Hilfe theoretische Annahmen fortlaufend berichtigt werden. Hier trägt das Fotografieren zur Theoriebildung selbst bei" (Harper 2004: 414).

Um die Meinungen von Personen aus ganz unterschiedlichen Lebenssituationen und -phasen berücksichtigen zu können, wurden für die Gruppendiskussion unterschiedliche Altersgruppen ausgewählt. Die jüngsten Teilnehmer waren Schüler im Alter zwischen 16 und 18 Jahren, die ältesten Senioren bis 65 Jahre.

Als Einstieg in die Gruppendiskussionen und als Hinleitung zu dem Thema wurden zu Beginn alle Teilnehmer gebeten, ihr Handy zu präsentieren und über sich selbst sowie ihr Verhältnis zu mobilen Medien zu erzählen. Zusätzlich wurden die Bild- und Filmsequenzen aus der Beobachtungsphase in die Gruppendiskussionen eingebettet und als ‚Diskussionsstimuli' verwendet. Die Teilnehmer konnten nun die zuvor abstrakt hergeleiteten Argumente an konkreten Beispielen nachvollziehen und erneut diskutieren, wobei die ‚Stimulation' nicht ausschließlich durch die anderen Diskussionsteilnehmer, sondern eben auch durch die visuellen Reize ausgelöst wurde. Insgesamt wurden sechs Gruppendiskussionen mit jeweils fünf bis sechs Teilnehmern durchgeführt.

Desweiteren wurden die Beobachtungen durch Befragungen ergänzt. Zum einen folgte in Anschluss an die jeweiligen Einzelbeobachtungen eine Kurzbefragung, um die Hintergründe des mobilen Telefonats der soeben beobachteten Personen zu eruieren (Gesprächspartner, Thema des Telefonats). Eine Beobachtung hinterlässt nämlich grundsätzlich Wissenslücken, da nur das soziale Verhalten erhoben werden kann. Erst recht hier kann Nachfragen notwendig werden, wenn die Situation nicht eindeutig analysierbar war. Darüber hinaus ist man immer mit einem ‚Inferenzproblem' konfrontiert, sprich: die Beurteilung von nicht beobachtbaren oder nicht beobachteten Sacherhalten (innere Zustände, Gedanken, Meinungen) und deren Zusammenhängen untereinander durch Schließen aus wahrnehmbaren Sachverhalten (vgl. Grümer 1974: 91). Die zweite Befragung beinhaltete die bereits in der Gruppendiskussion verwendeten Fotos, die nun dazu dienten, den Personen visuell zu illustrieren, welche Situation sie beurteilen sollen. Um etwa das Distanzverhalten im Kontext der Nutzung des Mobiltelefons zu ergründen, wurden den Befragten Bilder mit unterschiedlichen Distanzen zwischen Anrufern und einer anwesenden dritten Person vorgelegt, wobei eingeschätzt werden sollte, ab welcher Distanz ein gewisses persönliches ‚Unwohlsein' auftritt (vgl. weiter Kapitel 7: Verweilen und Telefonieren). In diesem konkreten Fall wurden, schon um forschungsethischen Erwägungen zu genügen, die Fotoszenen nicht im Original gezeigt, sondern in starker Anlehnung nachgestellt und damit ‚kontrollierbar' gemacht.

Die durchgeführten Beobachtungen zeigten ein im Großen und Ganzen ‚funktionierendes' Miteinander zwischen Telefonierenden und anwesenden Dritten, auch wenn das Klingeln eines Handys im Allgemeinen als Störfaktor bezeichnet wurde. So kam die Frage auf, welche ‚Effekte' Klingeltöne in diesem Kontext im öffentlichen Raum haben. Diese Forschungsfrage konnte nicht allein durch die Beobachtungen beantwortet werden, da zu wenig Variation in den Beobachtungssituationen vorlag, um differenzierte Aussagen machen zu können. Auch in den Gruppendiskussionen wurde eine Ablenkung durch das Telefonieren respektive den Gebrauch des Mobiltelefons im weitesten Sinne angesprochen. Um diesen beiden Aspekten nachzugehen, wurde die Rolle des nicht beeinflussenden Beobachters verlassen und Variationen von ‚Außen' eingeführt. Es wurden, mit anderen Worten, qualitative Experimente durchgeführt und die Reaktionen der Menschen beobachtet, verbunden mit einer kurzen Befragung (vgl. die entsprechenden Kapitel über Klingeltöne und den Entzug von Aufmerksamkeit). Zudem wurden die „Fremdbeobachtungen" durch Selbstbeobachtungen ergänzt (vgl. z.B. Rodriguez/Ryave 2002), um eine Innenansicht eines Telefonierenden zu erhalten, aber auch, um zu doppelten Beobachtungen zu kommen: durch den Telefonierenden als Beobachter der Umwelt, durch externe Beobachter dieser Umwelt – und als Beobachter des Beobachters.

Zusammenfassend war das Ziel der Studien eine ganzheitliche Betrachtung, die theoretisch geleitet und doch methodisch offen und flexibel ist. Sie hatten dabei unterschiedliche Orientierungen, insbesondere an einer Grounded Theory und an einer ethnographischen Forschung. Kreativität und Begeisterung sollten dabei nicht auf der Strecke bleiben, wie dies Anselm Strauss in einem Interview formulierte (Strauss 2004): „Forschung ist harte Arbeit, es ist immer ein Stück Leiden damit verbunden. Deshalb muss es auf der anderen Seite Spaß machen."

Kapitel 5

Menschen und das Mobiltelefon in Bewegung – Aktivitätsmuster und das Gehen als Tanz

Gehen als grundlegendes soziales Geschehen

Die Menschen scheinen nicht mehr zur Ruhe zu kommen. Ja, die ganze Welt ist immer irgendwie unterwegs – und wenn es auch nur im virtuellen Raum des Cyberspace ist. Das ist das Thema von John Urry, der pointiert vermerkt:

> „It sometimes seems as if all the world is on the move … The early retired, international students, terrorists, members of diasporas, holidaymakers, business people, slaves, sport stars, asylum seekers, refugees, backpackers, commuters, young mobile professionals, prostitutes – these and many others – seem to find the contemporary world is their oyster or at least their destiny. Criss-crossing the globe are the routeways of these and many groups intermittently encountering one another in transportation and communication hubs, searching out in real and electronic databases the next coach, message, plane, back of lorry, text, bus, lift, ferry, train, car, website, wifi hot spot and so on." (Urry 2007: 3)

Wie Urry allerdings auch feststellt, verbringen die Menschen insgesamt nicht mehr Zeit damit, sich in Bewegung zu versetzen oder konkret: zu reisen. Auch würden sie zahlenmäßig nicht mehr reisen. Was allerdings anders ist: Sie reisen weiter und schneller. In diesem Unterwegssein spielen Medien eine beachtliche Rolle, sei es, dass sie zu dessen Planung herangezogen werden, oder dass sie das Unterwegssein begleiten, indem sie als Unterhalter dienen oder als Vehikel, um mit denen, die nicht mit unterwegs sind, in Kontakt zu bleiben. Angesprochen sind zuvorderst die sogenannten mobilen Medien, wobei sich zugleich die Frage stellt, wer denn hier eigentlich mobil ist. Zunächst sind es zumindest die Menschen, die ein Medium ‚mitnehmen'. So gesehen ist ein mobiles Medium ein Medium, das von mobilen Menschen mitgeführt und in ihrer ‚Bewegung' verwendet wird. „The mobility of the cellphone ends itself to usage in places where people themselves are mobile", so Humphreys (2004: 46).

Mit den bereits vorhandenen technischen Möglichkeiten ist es möglich, diese Bewegungen anschaulich nachzuvollziehen. Da heute beinahe jeder über ein Mobiltelefon verfügt, kann so ein Bewegungsprofil einer gesamten Stadt erstellt werden. Man erkennt die Stoßzeiten, aber auch einen Verkehrsstau, und man sieht, wo sich die Menschen zum Beispiel bei Feiern an öffentlichen Plätzen hinbewegen oder verweilen (ganz abgesehen davon, dass auch die Möglichkeit bestünde, einzelne ‚Träger' des Mobiltelefons herauszufiltern). Solche Bewegungen zeigt beispielsweise das Real Time Rome Projekt, das als Beitrag des MIT SENSEable City Lab's anlässlich der Biennale in Venedig 2006 durchgeführt worden ist. Die Daten stammen insbesondere von Mobiltelefonen und zeigen das Pulsieren der Stadt, indem die Bewegungen des Mobiltelefons gleichsam die Bewegungen der Menschen widerspiegeln. In dem Projekt wird nachgerade hervorgehoben, dass mobile Technologien neue Dimensionen der Verbindung von Menschen, Plätzen und städtischer Infrastruktur schaffen und dies in Realzeit zu erfassen ist. Dabei eröffnet das Mobiltelefon auch neue Möglichkeiten für die Stadtplanung bis hin zur Verkehrsorganisation. Die nachfolgende Abbildung zeigt beispielhaft die Intensität des Verkehrsflusses der Stadt Rom (Abbildung 2).

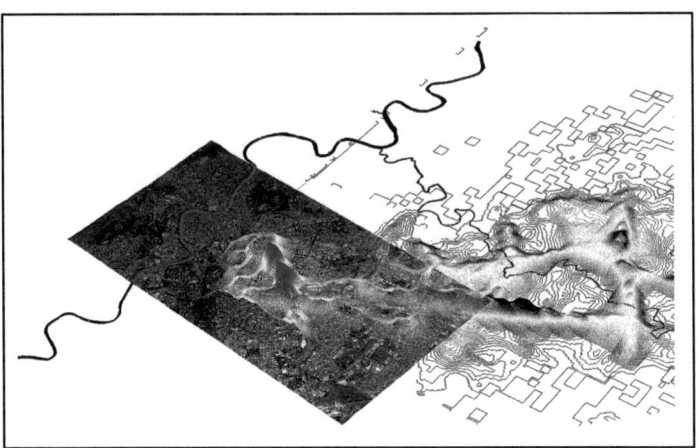

Abbildung 2: Realtime Rome http://senseable.mit.edu/realtimerome/ Intensität des Verkehrsflusses

Was hier noch als Projekt erscheint, ist gleichwohl schon Realität. So sammelt etwa die Firma Sense Networks in New York die geographischen Aufenthaltsdaten zehntausender handybesitzender Personen, um sie für Forschungszwecke zur Verfügung zu stellen. Und es lässt sich ergänzen: „... die meisten Menschen leben in einem recht vorhersehbaren Trott" (Der Spiegel 2010: 64f.).

Im Folgenden soll es nicht um Bewegungen generell gehen, sondern um eine besondere Art der Fortbewegung: *das Gehen*. Gehen scheint eine durchaus triviale Angelegenheit zu sein. Ganz offenkundig gehen wir, ohne uns diesbezüglich viele Gedanken zu machen oder machen zu müssen – bis, ja, bis wir beispielsweise aufgrund gesundheitlicher Einschränkungen am Gehen gehindert sind. Auch wenn uns der Automobilverkehr viele Wege abnimmt oder gar zur Bequemlichkeit (ver)führt und zudem unsere Gesellschaft eine eher ‚sitzende Gesellschaft' (Ingold 2004: 323) ist – genau genommen bewegen wir uns von einer Sitzmöglichkeit zur anderen – so ist doch die Gattung des Fußgängers noch nicht ausgestorben. Die Studie ‚Mobilität in Deutschland' (MiD 2008) zeigt auf der Grundlage einer recht großen Stichprobe von 25.000 Haushalten und bei regionaler Aufstockung sogar von 50.000 befragten Haushalten, dass der dort so bezeichnete motorisierte Individualverkehr (MIV) 43 Prozent der Hauptverkehrsmittel ausmacht, das Fahrrad zehn Prozent, der öffentliche Personenverkehr neun Prozent und die Fußgänger 24 Prozent. In der Studie wird auch angeführt (hier bezogen auf die Daten aus dem Jahr 2003), dass wir zumindest ebenso lange zu Fuß unterwegs sind wie wir mit dem PKW fahren (nämlich 21 Minuten). Im Vergleich dazu kommen zehn Minuten auf die öffentlichen Verkehrsmittel und fünf Minuten auf das Fahrrad. Fußwege erfolgen im Rahmen der Freizeit (34 Prozent), des Einkaufs (32 Prozent), von privaten Erledigungen (14 Prozent), mit Begleitung (acht Prozent) und im Rahmen der Arbeit (fünf Prozent) und Ausbildung (sieben Prozent) (Daten aus dem Jahr 2002). Auch wenn wir weniger gehen, so ist doch jede Bewegung immer auch mit Gehen verbunden, selbst wenn die Wege recht kurz sein können. Unter dem Vorzeichen einer Geschichte der Bewegung ist das Gehen, so vermerkt Urry (2007: 64), immer noch ein Bestandteil nahezu jeder Art der Fortbewegung. Folgerichtig widmet er in seinem Buch ‚Mobilities' ein eigenes Kapitel den ‚Gehwegen und Pfaden' (‚pavements and paths'). Gehen als ursprüngliche Bewegungsform des Menschen meint indessen nicht, dass es eine ‚natürliche' Art des Gehens gibt, die unabhängig von den diversen Umständen, unter denen Menschen aufwachsen und leben, existiert (Ingold 2004: 335). Wie Menschen auch gehen mögen, so bedeutet das Gehen, als ein „Modus des Seins" (Coyne 2010: 158), doch eine besondere Verbundenheit mit der Welt (Ingold 2004: 330). Indem wir ‚auf dem Boden der Tatsachen' stehen und auf andere zugehen, sind wir anderen immer nahe – näher zumindest als bei einer Autofahrt. Entsprechend beginnt für manche Autoren, wie etwa für Ingold (2004: 331), die Wahrnehmung der Welt mit der Bewegung, nicht mit der Kognition (die dem natürlich folgen muss). Ebenso ist für Domnerath und Levinger (2003) das Gehen die Grundlage einer Konstruktion von Welt, so dass sie von „cultural significance of being on foot" (Domnerath/Levinger 2003: 217) und den Fußgängern als „Vehikel der Kultur" (ebd.: 225) sprechen. Und dadurch, dass wir aufrecht durch die Welt gehen, haben wir die Hände frei, um die Welt zu ‚begreifen'. Ohne aufrechten Gang wären wir genau genommen auch nicht in der Lage, das Mobiltelefon, um das es ja gehen soll, beim Gehen zu benutzen (ganz abgesehen davon, dass auch der Daumen mit Blick auf die Handhabung des Mobiltelefons eine anthropologische Neubewertung verdient). Aber nicht nur in diesem Sinne haben Kultur und Gehen etwas miteinander zu tun. Die Kultur spiegelt sich auch in den Gehgeschwindigkeiten. Anschaulich zeigt dies Robert Levin (1999) in seinem Buch ‚Eine Landkarte der Zeit'. Selbst innerhalb von Deutschland unterscheiden sich die Gehgeschwindigkeiten. So wird etwa in Dresden schneller gegangen als in Trier (vgl. ausführlich: Morgenroth 2008: 108ff.; insbesondere zum Überblick: S. 114). Dabei zeigt sich, wie durchaus zu erwarten war, ein Zusammenhang zwischen der Gehgeschwindigkeit und dem Arbeitstempo: „Da, wo man schneller ging, wurde auch schneller gearbeitet. Populationsgröße, Wirtschaftsdynamik und kulturelle Werte konnten als beeinflussende Faktoren bestätigt werden"

(Morgenroth 2008: 130). Zudem deutet sich ein Zusammenhang mit der Sterberate infolge koronarer Herzerkrankungen an, ebenso ein Alterseffekt und schließlich scheinen depressiv gestimmte Menschen langsamer zu gehen. Ähnliches ist im Übrigen schon seit der berühmten Studie über die Arbeitslosen im österreichischen Marienthal bekannt, die Jahoda, Lazarsfeld und Zeisel in den 1930er Jahren durchgeführt haben. Sie vermerken: „Nichts mehr muss schnell gehen, die Menschen haben verlernt, sich zu beeilen" (Jahoda/Lazarsfeld/Zeisel 1975: 83). Gehen ist also ein ausdrucksvolles Verhalten. „Nicht nur, dass wir am Wochenende anders gehen als am Arbeitstag, in den Ferien anders als zu Hause. Diese unterschiedlichen Gangarten sind ein Zeichen dafür, dass wir uns anders fühlen, dass wir zu uns, zum Alltag, zur Welt ein jeweils anderes Verhältnis haben" (Garbrecht 1981: 63).

Dass Gehen eine grundlegende Angelegenheit ist, hat auch schon Honoré de Balzac in seiner ‚Theorie des Gehens' vermerkt. Der Gang, so stellt er fest, sei die „Physiognomie des Körpers" (Balzac 2002: 102), der Ruhezustand das „Schweigen des Körpers" (ebd.: 129). Zumal nun das Gehen eine so elementare Bedeutung hat, so fragt er sich (ebd.: 99), warum wir uns nicht schon längst mit dem Gehen beschäftigt haben:

„Nimmt es nicht tatsächlich wunder zu sehen, dass der Mensch schon so lange geht und sich noch niemand gefragt haben sollte, warum er geht, wie er geht, ob er geht, ob er nicht besser gehen könnte, was er beim Gehen macht, ob es nicht möglich wäre, seinen Gang zu regeln, zu verändern, zu analysieren: Fragen, die sämtliche philosophischen, psychologischen und politischen Systeme betreffen, mit denen sich die Welt beschäftigt."

Das Grundlegende des Gehens ist das eine, das ‚wo' des Gehens eine andere Sache. Wir wandern durch die Natur – und wir gehen in der Stadt, ja, manchmal wird das Gehen gar zum Flanieren. Gerade in der Stadt ist das Gehen keine Marginalie. Bezogen auf das Urbane hat deCerteau (1988) in seiner ‚Kunst des Handelns' das Gehen zum Thema gemacht. Für ihn erscheint es in einer Analogie zur Sprache. Gehen ist der Raum der Äußerung:

„Der Akt des Gehens ist für das urbane System das, was die Äußerung (der Sprechakt) für die Sprache oder für formulierte Aussagen ist. Auf der elementarsten Ebene gibt es in der Tat eine dreifache Funktion der Äußerung: zum einen gibt es den Prozess der *Aneignung* des topographischen Systems durch den Fußgänger (ebenso wie der Sprechende die Sprache übernimmt oder sich aneignet); dann eine räumliche *Realisierung* des Ortes (ebenso wie der Sprechakt eine lautliche Realisierung der Sprache ist); und schließlich beinhaltet er *Beziehungen* zwischen unterschiedlichen Positionen, das heißt pragmatische ‚Übereinkünfte' in Form von Bewegungen (ebenso wie das verbale Aussagen eine ‚Anrede' ist), die den Angesprochenen festlegt und die Übereinkünfte zwischen Mitredenden ins Spiel bringt." (deCertau 1988: 189)

In der Stadt bekommt das Gehen seinen besonderen Rahmen. Man geht selten allein (vgl. Coyne 2010: 159) – und man stößt auf andere, auf Fremde, aber auch auf Bekannte und Freunde. Würden wir nicht unterwegs sein, so würden wir dieser Kontaktmöglichkeiten beraubt. So ist das Gehen für das öffentliche Leben auch heute noch zentral: „Walking maintains the publicness and viability of public structure" (Solnit 2002: 176). Doch das Gehen in der Stadt ist eine durchaus voraussetzungsvolle Angelegenheit. Das beginnt mit dem, dass erst einmal ausgeprägte Koordinationsleistungen erforderlich sind, wie Wolff (1973: 48) vermerkt:

> „While at the immediate and superficial level encounters on the street are hardly noticeable and devoid of pleasantry and warmth, pedestrians do, in fact, communicate and do take into account the qualities and predicaments of others in regulating their behaviour."

Würden wir hier bereits versagen, wie wäre dann gesellschaftliches Leben überhaupt möglich? An dieser Stelle setzt Erving Goffman (1974: 25ff.) an. Für ihn wird der Fußgängerverkehr in der Stadt durch stillschweigende Kommunikation geregelt. So sind die Städte Schauplätze, auf denen beständig gegenseitiges Vertrauen zwischen einander Unbekannten zur Geltung kommt. Ein aufeinander bezogenes Handeln ist die „strukturelle Voraussetzung für eine auf Konvention beruhende Regelung" (Goffman 1974: 41). Fußgänger verfügen ganz offenkundig über ausgeprägte Techniken, um Zusammenstöße mit anderen Fußgängern zu vermeiden. Goffman stellt den Fußgänger quasi als eine Art Pilot dar, „der in eine weiche und empfindliche Schale eingeschlossen ist, nämlich in seine Kleider und seine Haut" (Goffman 1974: 28). Gleich einem Sensor wird das Umfeld ständig abgetastet, wobei, wie Goffman anmerkt, der Abtastbereich nicht den Umriss eines Kreises, sondern eines verlängerten Ovals habe, das sich zu beiden Seiten des Individuums verengt und vor ihm am längsten ist. Kommt jemand in diesen Bereich, so wird er ins Visier genommen – und umgekehrt geschieht dies auch durch die andere Person. Dieses gegenseitige Anblicken spielt sich fast unbewusst ab, es handelt sich um einen Blickwechsel ohne Kontaktnahme. Das Blicken darf indessen nicht in ein Anstarren übergehen. So nimmt man den anderen wahr, zeigt dies auch an, doch wird zugleich eine gewisse Unbeteiligkeit zum Ausdruck gebracht. Hier zeigt sich eine Spielart der „höflichen Gleichgültigkeit", die sich als eine Form des Nähe-Distanz-Arrangements gerade im urbanen Umfeld etabliert hat.[13] Um nun nicht Gefahr eines Kollidierens zu laufen, muss dem anderen nonverbal angezeigt werden, was man vorhat. Das geschieht mittels körperlicher Hinweise (Goffman spricht auch von einer „Externalisierung"), die es anderen ermöglichen, das Verhalten einzuschätzen und zu etwas ‚Durchschaubaren' zu machen. „Während man an den anderen vorbeigeht, schlägt man die Augen nieder, man blendet quasi ab. Wir haben hier vielleicht das geringste interpersonale Ritual und doch zugleich eines, das beständig den

---

13 Zumal wenn sich Menschen auf recht engem Raum aufhalten, wird ein solcher Bewältigungsmechanismus besonders augenfällig. Man denke etwa an die Fahrt mit dem Fahrstuhl und die betretenen Blicke der Passagiere (vgl. z.B. Zuckermann/Miserandino/ Bernieri 2008; vgl. ferner Hirschauer 2005).

sozialen Verkehr zwischen Menschen unserer Gesellschaft regelt" (Goffman 2009: 98).

Um nochmals auf die Koordinationsleistungen der Akteure zurückzukommen: Goffman stellt desweiteren fest, dass dritte Personen die Vorgänge, „deren akkomodative Bewegungen Anlass zu komplizierten Expressionen geben" (Goffman 1974: 37), erschweren. Hier sei zugleich an Simmel erinnert, der auf die besondere Bedeutung des Dritten (die noch mehrfach anzusprechen ist) hinweist. Der Dritte verändert das ‚Spiel' der Dyade, bringt es gar durcheinander, verbindet und trennt (vgl. insbesondere Simmel 1995: 114). So kann sich je nach Situation Person C nicht nur an B anpassen, währenddessen sich B an A anpasst. Befindet sich C hinter B, dann kann es für ihn gegebenenfalls von Vorteil sein, sich an dem Ausweichverhalten von B bezüglich A zu orientieren. Fazit:

> „Es besteht eine freiwillige Koordination der Handlungen, bei der jede der beiden Parteien eine Vorstellung davon hat, wie die Dinge zwischen ihnen gehandhabt werden sollten; bei der die Vorstellungen beider Seiten übereinstimmen; bei der jeder Partner glaubt, dass diese Übereinkunft existiere, und jeder der Überzeugung ist, dass auch der andere in Kenntnis dieser Übereinkunft handle. Kurz, wir entdecken hier die strukturellen Voraussetzungen für eine auf Konvention beruhende Regelung" (Goffman 1974: 41).

In unserem Fall stellt sich nun die Frage, wie sich das Mobiltelefon in das Gehen einfügt: Verändert sich etwas an den mit dem Gehen verbundenen Koordinationsleistungen? Wie manifestiert sich, bezogen auf das Gehen als Kulturleistung, ein Entzug von Engagement, der ja mit jedweder Nutzung des Mobiltelefons verbunden ist? Und nicht zuletzt: Welche Bedeutung hat das Mobiltelefon im Zusammenhang mit unseren Alltagswegen und dem Rhythmus des (städtischen) Lebens? Coyne (2010: XVI) spricht von einer Justierung des Platzes – tuning of place. Diese ergibt sich in Verbindung mit dem Gebrauch von Gerätschaften/Medien, die, ob willentlich oder nicht, die Interaktionen mit anderen beeinflussen. Dabei ist die Nutzung des Mobiltelefons im Sinne einer doppelten Kontextualisierung zu verstehen: Zum einen, Ingold (2004: 336) folgend, kann eine ‚bipedale Lokomotion' nicht isoliert von den realzeitlichen Aktivitäten der vielfältigen Aufgaben der Fußgänger verstanden werden. Umgekehrt ist die Nutzung des Mobiltelefons nicht losgelöst von den Aktivitäten der Menschen – hier: des Gehens in der Stadt – zu verstehen. Gehen ist eine durchaus soziale Angelegenheit und in einen Rahmen eingebunden: „Gehen als Gehen gibt es nicht" (Pöppel 2010: 36). Um dies noch einmal zu unterstreichen, kann mit Weilenmann (2003: 23) zwischen einer Bewegung „as the physical movement of personals or artefacts" und Mobilität als „the social dimensions associated with movement and use of mobile technology" (ebd.: 23) unterschieden werden. Der Titel ihrer Arbeit ist bezeichnender Weise ‚*Doing Mobility*'. Diesem aktiven Moment der Nutzung des Mobiltelefons soll nachgerade Rechnung getragen werden, schon deshalb, weil der kontexuelle Rahmen, in dem diese Nutzung stattfindet, ebenso eine aktive Angelegenheit ist. So sprechen Ryave/Schenkein

(1975) aus einem ethnomethodologischen Blickwinkel von einem „doing walking", welches ein Verständnis von Gehen „as the concerted accomplishment of members of the community involved as a matter of course in its production and recognition" (Ryave/Schenkein 1975: 265) ausdrückt. Menschen beherrschen elaborierte methodische Praktiken des Gehens, als soziales Phänomen im Sinne eines ‚on-going situated accomplishment', wobei vor dem Hintergrund solcher methodischen Praktiken das Alltägliche als vertraut und das Exotische als außergewöhnlich erscheint (ebd.: 265). Die Idee des Durchführens von Handlungen (des ‚doing') meint, dass man beispielsweise nicht nur einfach geht, sondern man ‚tut' gehen, indem man diese Aktivität in einer bestimmten Weise durchführt (vgl. auch Weingarten/Sack 1976: 15). Und dieses ‚doing' bezieht sich nicht nur auf das Gehen, sondern auf das soziale Leben überhaupt, auf ein ‚doing social life' (Lofland 1976). Hierzu zählt auch das mobile Telefonieren: ein ‚doing mobile calls', das innerhalb bestimmter Regeln und Handlungsmuster erfolgt.

Um bei den Fußgängern zu bleiben, muss noch einmal betont werden, dass man es nicht nur mit einfachen Regelbefolgern zu tun hat, denn Fußgänger sind Teil einer Kultur, die sie selbst schaffen. Sie nur auf Regelbefolger oder Regelverletzer zu reduzieren, so, wie es manche Städteplaner tun, würde, wie Demerath und Levinger (2003: 210) anmerken, einer Reduktion zu einem ‚Fahrer zu Fuß' („drives on foot") gleichkommen. Folgt man der Terminologie von Anderson (1990: 210), greift eine bloße „Etikette der Straße" – oder der Plätze – zu kurz. Vielmehr existiert eine „Weisheit der Straße." Sie verweist darauf, dass die Menschen nicht nur starr auf vorgegebene Regeln, die für alle ähnlich gelagerten Probleme gelten, ‚reagieren', sondern aktiv handeln. Neues fügt sich hierbei in gegebene Praktiken ein und verändert diese zugleich. So muss sich auch das Mobiltelefon gewissermaßen gegen das Gehen durchsetzen, in das Gehen einfügen; zugleich verändert es das Gehen damit. Einen solchen Prozess der Veränderung des zu Fuße Gehens hat Norten (2008) am Beispiel des automobilen Verkehrs in den USA untersucht. Der Titel seines Buches lautet ‚Fighting Traffic'. Denkt man an die Probleme, die mit dem Mobiltelefon zumal in seinen frühen Jahren assoziiert wurden, so könnte man daran angelehnt auch von ‚Fighting Mobile' sprechen. Das Amerika der 1920er Jahre, oder genauer: die Fußgänger des Amerikas dieser Zeit, waren auf den automobilen Verkehr nicht unbedingt vorbereitet. Bevor das Auto die Städte eroberte und in der Folge zu automobilen Städten machte, gehörte die Stadt den Fußgängern. Straßen waren, wie öffentliche Parkanlagen, öffentliche Räume, die von jedem genutzt werden konnten, sofern andere keine Schäden davon trugen. So war es Kindern ohne Weiteres möglich, auf der Straße zu spielen. Fußgänger konnten die Straße überqueren, wo und wann immer sie wollten. Autos stellten zwar eine Gefahr dar – doch selbst vorsichtige Autofahrer standen unter Generalverdacht (vgl. Norton 2008: 65). Es war schon eine Besonderheit, wenn in New York die Fußgänger angehalten wurden, sich die Fingernägel nicht unbedingt auf den Schienen der Straßenbahn zu maniküren. Mit der beginnenden Motorisierung der Straßen musste sich bekanntermaßen der Fußgänger Stück für Stück neuen Regeln beugen, schon deshalb, weil mit einem Vehikel zu rechnen war, das eine grundlegende Gefahr bei einem Beibehalten der bisherigen Praktiken bedeutet hätte.

Das Mobiltelefon steht in gewisser Hinsicht vor einer ähnlichen Herausforderung. Nicht nur, dass manche mit ihm eine Gefahr assoziieren, weil es die Aufmerksamkeit bindet und somit das Risiko vergrößert, Opfer eines Verkehrsunfalls zu werden. Es ist insofern eine Herausforderung, weil mit dem mobilen Telefonieren und im weiteren Sinne mit der Nutzung des mobilen Mediums tradierte Praktiken, wie die des geordneten Miteinanders im öffentlichen Raum (auf Gehwegen, Plätzen, in Straßencafes, Restaurants, Kirchen und Opernhäusern), durcheinander gebracht werden. Doch zugleich fügt sich das Mobiltelefon unaufhaltsam ein – wird Teil des Alltagslebens und der damit verbundenen kommunikativen Praktiken.

Die Nutzung des Handys auf einer Piazza

Ein anschauliches Beispiel für die Verwendung des Mobiltelefons im öffentlichen Raum liefert eine italienische Piazza. Gerade die Dichte des kommunikativen Geschehens macht die Piazza als einen zu beobachtenden Ort besonders attraktiv. Marva Karrer hat dies wie folgt formuliert: „Wer über mediterrane Plätze schreibt, den fasziniert immer auch die kommunikative Dichte der sozialen Prozesse" (Karrer 1995: 52). Eine solche Dichte des Geschehens zeigt sich nicht zuletzt beim Gebrauch des Mobiltelefons. Nicht nur, dass das Handy – und zwar in kürzester Zeit – in Italien zu einem nicht mehr wegzudenkenden Medium der Alltagskommunikation geworden ist. Unübersehbar beherrscht es die öffentlichen Orte. Für einen Forscher ist dies eine besonders (auch unter dem Vorzeichen einer Zeitökonomie) gute Gelegenheit, ohne großen Aufwand Nutzer und Nutzerinnen in situ beobachten zu können.[14] Die *Piazza Giacomo Matteotti* in Udine (mit ca. 100.000 Einwohnern) liegt im Herzen der Stadt und liefert geradezu ein Musterbild einer Piazza. Man hat es mit einem geschlossenen Platz zu tun, der von Häuserfronten mit Rundbögen, Cafés mit Bestuhlungen und der

---

14 Zumindest der erste Teil der Studien hatte dabei auch noch einen eher didaktischen Grund. Es galt im Rahmen eines Seminars, Studenten in die Methode der Beobachtung – ja, die Kunst des Beobachtens einzuführen. Eine Exkursion nach Venzone und nach Udine machte allerdings nicht nur dies möglich. Daraus entwickelte sich eine Reihe von Folgestudien, auf die in dieser Arbeit immer wieder Bezug genommen wird. Die erste Phase der Forschung in Italien eröffnete zudem einen bis heute andauernden intensiven Kontakt und Informationsaustausch mit Prof. Dr. Leopoldina Fortunati.

Kirche San Gicacomo (1398) umgeben ist. Kein Autoverkehr stört das atmosphärische Bild (siehe Abb. 3).

Abbildung 3: Die Piazza Matteotti als Bühne mit Brunnen. Im Hintergrund die Kirche San Giacomo (1398).

Die Piazza wird häufig mit einer Bühne verglichen – einer „urbanen Bühne" (Galli/Imorte 2002: 8). Allerdings sind die Rollen nicht festgelegt; Akteure und Publikum wechseln nach Lust und Laune (Lennard/Lennard 1984: 21f.). Das Bild einer Bühne gilt im Besonderen für die untersuchte Piazza: Die Piazza als (Vorder-)Bühne mit den Akteuren, die sie über zwei Stufen betreten, sich auf ihr aufhalten oder sie nur überqueren, und den ‚Zuschauern', die sich um die Bühne herum aufhalten oder auf den sich im Freien befindlichen Stühlen der Straßencafés, die den Platz umgeben, sitzen. Durch die Anordnung der Sitze Richtung ‚Bühne' bietet sich die Zuschauermetapher geradezu an. Zentraler Punkt der Orientierung ist ein Brunnen aus dem Jahre 1543, der als Treff- und Erholungspunkt im städtischen Leben der Menschen dient.

Die empirische Untersuchung besteht aus zwei Beobachtungsabschnitten von jeweils etwa einer Woche in zwei aufeinander folgenden Jahren. Der erste Beobachtungszeitraum war vom 24. bis zum 29. März 2003, der zweite ging vom 21. bis zum 26. März 2004. Insgesamt wurden 207 Beobachtungen durchgeführt. Hierbei lassen sich zwei Beobachtungsbereiche unterscheiden: Das Geschehen auf der Piazza (der Bühne) und dasjenige um die Piazza herum mit seinen Cafés (vgl. weiter: Höflich 2006).

Schon die ersten Beobachtungen zeigten, dass das Mobiltelefon ganz offenkundig zum festen Inventar der Menschen, die sich auf der Piazza und um die Piazza herum aufhalten, gehört. Zwei Drittel aller Beobachtungen bezogen sich denn auch auf die Nutzung des Handys im Zusammenhang mit Bewegungen der Menschen. Raum und Bewegung gehören zusammen, wie Kruse (1996: 314) konstatiert: „Raum als Grundlage und Korrelat menschlichen Verhaltens wird konstituiert durch Bewegungen in bestimmte Richtungen und über bestimmte Distanzen zu Objekten hin oder von ihnen weg."

In zweifacher Hinsicht wird dessen Gebrauch besonders augenfällig: Beim Überqueren und Aufenthalt auf der Piazza. Der erste Aspekt soll hier zunächst ausgeführt werden.

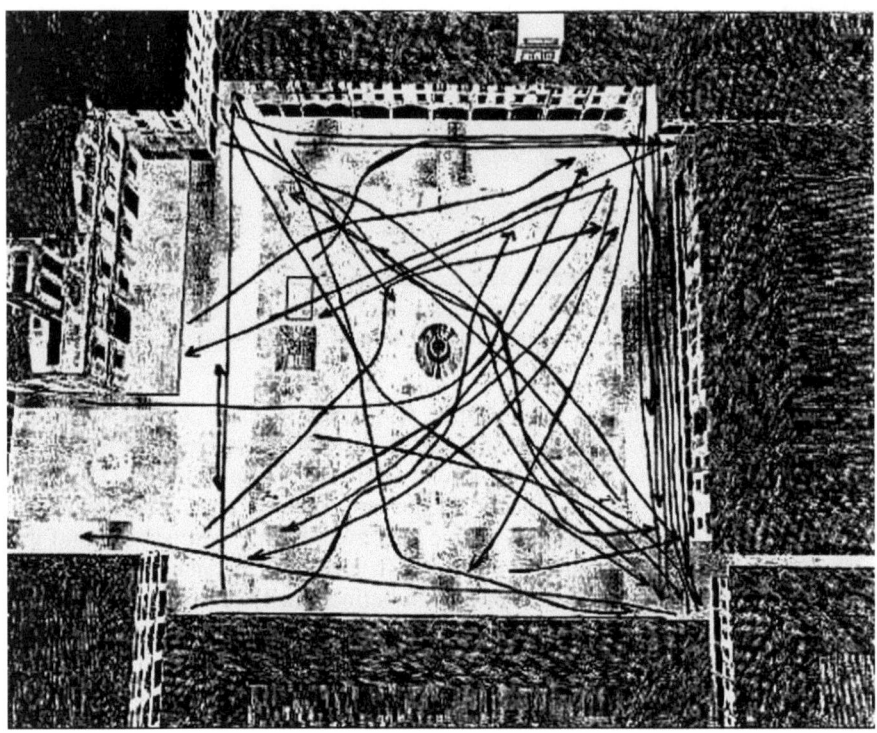

Abbildung 4: Überquerer der Piazza Matteotti (Nachmittag). Zur Orientierung: links die Kirche San Giacomo, in der Mitte der Brunnen.

Abbildung 4 zeigt die Piazza Matteotti von oben. Links ist die Kirche San Giacomo zu erkennen, in der Mitte der Brunnen. Die Linien mit Pfeilen zeigen die Gehrichtungen der beobachteten Handynutzer (hier beispielhaft an einem Nachmittag bei einer Beobachtungszeit von etwa zwei Stunden). Die Menschen kommen aus den vier Zugängen (Gassen) auf die Piazza und verlassen ihn wieder darüber. Auch wenn die Piazza ein Ort des Verweilens ist, so ist sie auch, als Mitte der Stadt, ein Ort, den man auf dem Weg hin zu anderen Orten passiert. Üblicherweise gehen die Menschen, besonders wenn sie es eilig haben, nicht um die Piazza herum, sondern sie überqueren sie diagonal, weil dies der kürzeste

Weg ist. In der Tat nehmen Menschen üblicherweise immer den kürzesten Weg – was etwa an den Trampelpfaden zu sehen ist, die sich durch Rasenflächen oder Parks zum Zwecke der Abkürzung herausbilden, wenn der Architekt sich gegen den Bau eines direkten Wegs entschieden hat. So vermerkt White (2009: 57): „Pedestrians usually take the shortest cut. In some pedestrian malls curving pathways have been outline in the paving. Pedestrians ignore them. They stick to be beeline." Eine solche Geradlinigkeit wird nicht zuletzt mit einer Zielorientierung assoziiert (siehe später unter dem Vorzeichen der Aktiviätsmuster) – und zugleich steht dies gegen kreisförmige Bewegungen (vgl. Kruse/Graumann 1978: 195). So verstanden ist die Piazza statt eines Ortes des Aufenthalts eher ein Hindernis, das es möglichst schnell zu überwinden gilt. Hier wird das Handy auf durchaus doppelt effektive Art und Weise verwendet: Man überwindet ein Hindernis und zugleich wird noch ein Telefonat mit erledigt. Genau genommen ist dies eine Verwendungsweise, die einem mobilen Gerät nachgerade entspricht. Zwei Drittel der Menschen, die bei der Nutzung des Mobiltelefons auf der Piazza beobachtet wurden, haben dies beim Überqueren des Platzes getan. Anders war dies bei schlechtem Wetter, konkret einem regnerischen Tag. Die Menschen gingen unter den Arkaden um den Platz herum, statt ihn zu überqueren. Mit dem schlechten Wetter ging auch eindeutig eine Verkürzung der Gespräche via Mobiltelefon einher. Wer nicht den Schutz der Arkaden beanspruchte, war auf einen Regenschirm angewiesen. Und hier zeigte sich gerade bei Frauen eine ausgesprochene Virtuosität: Den Regenschirm in der einen Hand, in der anderen eine Einkaufstasche oder -tüte und diese noch verbunden mit dem Akt, das Mobiltelefon irgendwie benutzen zu können...

Zusätzlich war ein direktes Überqueren der Piazza an den Vormittagen, an denen ein Markt abgehalten wurde, eingeschränkt. Die Stände befanden sich, nimmt man das obige Bild (Abbildung 4), vorrangig auf der rechten äußeren Seite des Platzes. Neben der Marktsituation wird das Gehen mit erhöhten Kontaktmöglichkeiten assoziiert. Das Mobiltelefon ist hier jedoch ein merklicher Hemmfaktor, indem es das Engagement aus dem Hier und Jetzt zumindest temporär in den virtuellen Konversationsraum des Telefonats verlagert. Menschen, die den Platz mit dem Handy am Ohr überquerten, schienen denn auch nicht besonders an anderen interessiert zu sein. Ja, selbst das Marktgeschehen war für sie, bis auf wenige Ausnahmen,[15] nicht von Interesse. Mehr noch: Andere scheinen sogar ein weiteres Hindernis darzustellen, das es zu umschiffen gilt. Schließlich gelten die gleichen Grunderfordernisse wie das ständige Überwachen des unmittelbar umgebenden Bereichs und die stillschweigende Kommunikation in dem Fall, dass jemand einem so nahe kommt, um Kollisionen mit anderen zu vermeiden. Da ein Telefonat eine durchaus ablenkende Beschäftigung

---

15 Ein Beispiel: Während des Telefonats hat sich ein Mann kurz einer Blumenverkäuferin zugewandt, ging dann aber weiter.

darstellt, ist es nicht überraschend, dass während des Telefonats die Gehgeschwindigkeit reduziert wird oder dass man während des Telefonats stehen bleibt. Dies war jedoch nicht durchgängig der Fall – zumal es doch eine Reihe von Beobachtungen gab, wo die Gehgeschwindigkeit sogar erhöht worden ist. Auch zeigte sich, dass der Blick durchaus offen auf das Umfeld gerichtet worden ist. Allemal werden jedoch durch den Gebrauch des Mobiltelefons die Beziehungen zwischen den Menschen auf der Piazza tangiert.

Die Bewegung beschreibt nur einen Aspekt der Nutzung des Mobiltelefons. Ein weiterer Aspekt ist die den Gebrauch begleitende nonverbale Kommunikation. Damit ist nicht primär gemeint, dass selbst in einer Situation, in der sich Anrufer und Angerufener nicht sehen, Gestik und Mimik, die typisch für die Face-to-Face-Kommunikation sind, das Telefonat begleiten. Vor allem ist hier gemeint, dass man auf nonverbalem Wege den Anwesenden anzeigt, dass man sich, ohne die grundlegende Ordnung des kommunikativen Geschehens gefährden zu wollen, kurz dem Telefonat zuwendet. Zugleich wird eine temporäre Grenzziehung dem Anrufer bzw. Angerufenen und anwesenden Dritten gegenüber angedeutet (vgl. Ling 2002: 64). Ein Abschirmen der Telefonierenden gegenüber ihrer Umwelt wird durch die Körperhaltung und durch einen gesenkten Blick angezeigt, gegebenenfalls verbunden mit einem (eher langsamen) Herumgehen. Damit deutet er zugleich an, dass er sich in einem Telefongespräch befindet und einen gewissen Privatraum für sich beansprucht. Ein solches Verhalten zeigt eine gewisse autistische Abgeschlossenheit. Das Moment des Quasiautistischen (siehe auch Kapitel 6) ist jedoch, so zumindest bei unseren Beobachtungen, nicht so stark ausgeprägt, wie dies gemeinhin immer behauptet wird. Bei dem Großteil unserer Beobachtungen zeigte sich nämlich eine durchaus aufrechte Haltung mit offenem Blick nach vorne. Telefonierende, die den Blick eher nach unten gerichtet haben, hielten sich eher am Rande des Platzes auf. Es scheint fast so zu sein, als könnten sich die Telefonierenden vor der Anmutung des Platzes nicht verschließen.

Zusammengefasst fügt sich die Nutzung des Mobiltelefons in das Geschehen auf der Piazza ein. Es unterscheidet sich bei Marktvormittagen und Nachmittagen, bei gutem (Sonnenschein) und schlechtem (Regen) Wetter. Die Piazza als Ort des Überquerens, Umgehens, aber auch Verweilens (siehe später) war abgeschlossen – eine Bühne ohne automobilen Verkehr und Straßenbahn. Die ‚Piazza-Studie' hatte als eine Art Pilotstudie einen explorativen Charakter und war zugleich der Hintergrund einer umfangreicheren Beobachtungsstudie, die in der Folge in Erfurt durchgeführt werden sollte. Allerdings wurden hier nicht nur Beobachtungen durchgeführt. In einer zweiten Forschungsphase wurden die Beobachtungen zugleich durch Kurzinterviews ergänzt. Zudem kamen in dieser Phase zwei Beobachter zum Einsatz, um damit nicht zuletzt ein intersubjektives Moment einzubeziehen. Abschließend wurden die Beobachtungen durch Gruppendiskussionen ergänzt (vgl. auch: Höflich/Kircher 2010).

Die Erfurt-Studie

Erfurt, die Landeshauptstadt des Bundeslandes und Freistaates Thüringen, hat um die zweihunderttausend Einwohner. Ihr mittelalterlicher Charakter ist immer noch erhalten – oder besser: wieder hergestellt worden. Das spiegelt sich auch auf den öffentlichen Plätzen der Stadt. Im Vergleich zur Piazza Matteotti sind diese jedoch immer Orte des Verkehrs gewesen. Heute werden die Plätze teilweise vom Autoverkehr tangiert und von Straßenbahnen umfahren bzw. beschnitten. Dazu gehören die Straßenbahnhaltestellen, die, was das Bewegen und Verharren der Menschen angeht, für die Nutzung des Mobiltelefons nicht unerheblich sind. Im Rahmen der in Erfurt durchgeführten Studie wurden die Beobachtungen an einer Reihe von öffentlichen Orten durchgeführt, an denen Nutzungen des Mobiltelefons unterstellt und zugleich distinkte (ortsspezifische) Prägungen angenommen werden konnten. Im Jahr 2006 wurden insgesamt 295 und im Jahr 2007 – und zwar aufgrund der Doppelbeobachtungen – zwei mal 103 Beobachtungseinheiten erfasst. Zu den Beobachtungsorten gehörten Haltestellen, der Bahnhof, öffentliche Verkehrsmittel, Einkaufszentren, Cafés, öffentliche Plätze, ein Badesee sowie – und auf den ersten Blick verwunderlich – Telefonzellen.

Die meisten Beobachtungen wurden am Erfurter Anger durchgeführt.[16] Der Anger ist der zentrale Platz Erfurts. Genau genommen trifft die Kennzeichnung als Platz nur begrenzt zu. Zum einen besteht der (architektonisch vielfältige) Anger[17] aus einem platzähnlichen Kern, um den herum eine Reihe von Geschäften, mitsamt der zentralen Post, angesiedelt ist. Markiert wird das eine Ende des Angers durch ein Einkaufszentrum mit etwa 50 Geschäften auf vier Etagen (auf Abbildung 5 etwa in der Mitte im Hintergrund zu erkennen), dessen Haupteingang in den Hauptgeschäftszeiten sogar zu einem Nadelöhr wird, und dem Angerbrunnen von 1890, dessen Figuren – ein Mann (mit einem Hammer) und eine Frau (mit einer Rose in der Hand) – die wichtigen Einnahmequellen der Stadt symbolisieren; nämlich die Industrie und den Gartenbau. Der zentrale Kern des Angers hat fünf Zugänge.

---

16 Im Jahr 2006 waren dies nahezu ein Fünftel aller Beobachtungen, im Jahr 2007 sogar ein Drittel.
17 Anger meint ein (grasbewachsenes) Land, einen Gemeinschaftsbesitz respektive einen Dorfplatz. Die Bezeichnung ‚Anger' für den zentralen Erfurter Platz findet sich erstmalig in einem Schriftstück aus dem Jahre 1196. Lange Zeit wurde dort insbesondere Waid (als pflanzliche Grundlage für die Färberei) gehandelt, so dass in dieser Zeit auch die Begriffe Weidt Anger oder Waydanger zu finden sind.

Abbildung 5: Der Anger in Erfurt

Zum anderen durchtrennt die Straßenbahn den Anger. Mit den Haltestellen finden sich häufig angesteuerte Orte, an denen sich meist größere Menschenmassen aufhalten, weil hier ein Knotenpunkt für alle Straßenbahnlinien der Stadt ist. Neben der Straßenbahn als Schleuse zwischen Straßen- und Fußgängerverkehr fungiert auch das Parkhaus hinter dem großen Kaufhaus als eine solche Schleuse. Außerdem gibt es öffentliche Sitzmöglichkeiten, öffentliche Telefonsäulen, aber auch Stühle und Tische angrenzender Cafés. Der ‚Platz' – der eigentlich ein Platz mit weiterführender Straße ist – ist zeitweise stark frequentiert. Die Menschen strömen den Ein- und Ausgängen zu, steigen aus der Straßenbahn aus und in die Straßenbahn ein, besuchen die Geschäfte oder überqueren einfach nur den Anger, sie warten auf die Straßenbahn oder sitzen auf den öffentlichen Bänken. Kleinere Plätze in Erfurt sind der Fischmarkt (bei dem sich ebenfalls eine Straßenbahnhaltestelle befindet) und der Wenigemarkt (der zwar nicht durch eine Straßenbahn durchtrennt, aber dafür von Autos umfahren wird). Der größte Platz ist der Domplatz, der genau genommen verkehrsfrei ist, aber der dennoch im Halbrund von Straßenbahnen umfahren wird.

Zunächst soll, dem Thema dieses Kapitels folgend, das Gehen in Verbindung mit der Nutzung des Mobiltelefons weiter verfolgt werden. Das Gros der Beobachtungen besteht in der Tat aus Protokollen über Gehenden.[18] Bei den Gehenden gib es grob gesagt zwei Typen. Die einen gehen mit konstanter Geschwindigkeit. In einem Beobachtungsprotokoll ist zu lesen:

---

18 Im Jahr 2006 beziehen sich 78 Prozent der Beobachtungen auf die Nutzung des Mobiltelefons beim Gehen, in der zweiten Beobachtungsphase waren es mehr als 40 Prozent.

> *Die beobachtete Person geht im Vergleich zu den anderen Passanten zügig. Sie hält das Handy vor sich, tippt und schaut dabei leicht nach vorne gebeugt auf das Handy. Während sie so geht, schaut sie nicht nach oben. Da niemand im Weg steht, muss auch niemand ausweichen. Nach ca. 40 Metern steckt sie das Handy in die Hosentasche und geht weiter. Während des Einsteckens und danach geht sie ohne Unterbrechung im gleichen Tempo wie zuvor weiter.*

Gerade jene, die zielgerichtet unterwegs sind, gehen meist unbeirrt voran und überqueren den Platz in raschem Tempo. Sie gehen im Strom anderer mit und scheinen insbesondere darauf zu achten, dass sie freie Flächen benutzen, um so niemandem in die Quere zu kommen. In diesem Sinne scheint zu gelten, was Whyte (2009: 66) bezogen auf das Fußgängerverhalten feststellt: „What one is walking past influences how fast one walks". Die Telefonierenden behalten in diesem Falle trotz der Nutzung des Mobiltelefons ihre Gehgeschwindigkeit bei. Ortswechsel bringen indessen eine Nutzungsänderung mit sich. Häufig wird die Nutzung des Mobiltelefons noch abgeschlossen, bevor eine neue Situation durch eine neue örtliche Gegebenheit eingeleitet wird. Beobachtungen zeigen zum Beispiel, wie eine Person auf dem Weg zur Post nochmals einen Blick auf das Handy wirft und es dann, vor Betreten des Amts, wegsteckt. Eine andere Person, die beim Gehen eine Kurzmitteilung schreibt, bleibt kurz vor dem Betreten eines Geschäftes stehen und packt das Handy wieder in die Tasche zurück. Mobiltelefonnutzer sind sich also durchaus bewusst, wo sie sich aufhalten, indem sie ihr Medienverhalten den (normativen) Erfordernissen der Umwelt anpassen oder gar einstellen. Das entspricht auch der Perspektive von Barker (1968), der beschrieben hat, dass die Menschen eine Veränderung eines ‚Behavior Setting' wahrnehmen und ihr Verhalten entsprechend anpassen. Der Begriff des Behavior Settings bezieht sich darauf, dass sich Menschen nicht vollkommen unvorhersehbar verhalten. Es gibt eine – ortsbezogene – Ordnung des Alltagslebens, die sich nicht zuletzt darin zeigt, dass sich Menschen an die Erfordernisse von Orten anpassen und so gewissermaßen von den Orten ‚eingenommen' werden. Das heißt: „A behavior setting consists of one or more standing patterns of behavior" (Barker 1968: 18). Oder in den Worten von Kaminski (1996: 154):

> „Als Behavior Setting gilt dabei ein raumzeitlich konkret eingrenzbares – oft interaktives – Handlungsgeschehen, das sich in wiederkehrenden Verhaltensmustern (standing patterns of behavior) verwirklicht und dabei in seine physischen Umgebungsbedingungen (das Milieu) eingepasst (‚synomorph' zu ihnen) ist."

Orte legen eine gewisse Form und Geschwindigkeit der Bewegung nahe und schließen andere eher aus. Das Gehen ist in den normativen Rahmen des Settings eingewoben. Nicht nur, was besondere Situationen anbelangt, wie etwa den Besuch einer Oper, sondern auch bezüglich alltäglicher Gegebenheiten haben die Menschen einen Sinn für das, ‚was vor sich geht', sprich: für die Erfordernisse eines jeweiligen Kommunikationsrahmens. Sie haben einen „Sinn für den Ort" (vgl. Höflich 2005). Auch wenn in den Anfangsjahren des Mobiltelefons einige Unsicherheiten, ja Eruptionen festzustellen waren und das Medium erst einmal in den situativen Haushalt der Menschen integriert werden musste, so hat sich hier doch eine gewisse Ordnung (re-)etabliert.

Nicht alle Menschen scheinen indessen immer zielstrebig voranzueilen – oder lassen eine solche Zielstrebigkeit zumindest für den Beobachter nicht eindeutig erschließen. So gibt es Beobachtungsfälle, wo sich Menschen zwar im Raum bewegen, aber kein klares Ziel ihrer Bewegung erkennen lassen. Sei es, dass sie während der gesamten Nutzung des Mobiltelefons herumschlendern, sich sogar in Schlangenlinien um Gegenstände (wie etwa den Brunnen auf der Piazza) bewegen, sich um sich selbst drehen oder sogar kleine Kreise ziehen (hierzu im nächsten Kapitel noch mehr). Selten handelt es sich um ein zielloses Umhergehen, wie Interviews mit entsprechenden Personen zeigten. Aber auch während des Telefonierens wurden Wechsel in der Geschwindigkeit festgestellt. Ein Auszug aus einem Beobachtungsprotokoll:

> *Ein Mann geht telefonierend auf eine Bankreihe zu in Richtung Post bzw. dem Tabakladen in der Post. Hierbei geht er zunächst in einem normalen Tempo (gemessen an der Schrittgeschwindigkeit der anderen Passanten), wird dann jedoch, als er sich dem Ziel nähert, deutlich langsamer. Statt den direkten Weg zu gehen, macht er einen Bogen um die Bänke herum.*

Solch ein Geschwindigkeitswechsel, der manchmal sogar den Modus eines Stop-and-Go einnimmt, findet sich wohl um so eher, wenn die Person entweder kurz vor ihrem Ziel ist und das Telefonat vorher erledigen will, oder wenn sich gewisse Nischen oder Privatheitsterrains zu einem temporären Verweilen anbieten. Allemal zeigt sich hier, dass sich die ‚schlendernden' Nutzer des Mobiltelefons langsamer bewegen und meistens den Blick nach unten richten. Es scheint, dass zumindest temporär das Hier und Jetzt zugunsten der medialen Kontaktaufnahme mit einem Abwesenden zurückzutritt.

Nun konnte nicht bei allen beobachteten Situationen der Beginn der Nutzung erfasst werden, dann etwa, wenn eine bereits telefonierende Person aus einer Straße in das Beobachtungsfeld gelangte. Dementsprechend lässt sich auch nicht eindeutig bestimmen, ob das mobile Telefonieren im öffentlichen Raum in dem Maße wie beobachtet bei eher gleicher Gehgeschwindigkeit erfolgt oder ob es nicht doch häufiger von Tempowechseln begleitet ist. Was indessen festzustellen war, ist in der Regel eine Änderung der Bewegung nach der Nutzung. Bleiben Telefonierende während des Telefonats stehen, so gehen sie dann nach dem Telefonat weiter. Haben sie die Fahrt mit dem Fahrrad zum Zwecke des Telefonierens unterbrochen, so fahren sie danach weiter. Sind sie vorher gegangen, dann setzen sie sich nach dem Telefonat hin (zum Beispiel, indem sie in ein Café gehen und dort Platz nehmen). Oder sie warten vor einem Geschäft, blicken ins Schaufenster und betreten das Geschäft erst nach dem Telefonat. All dies sind Beispiele für Wiedereinstiegsszenarien in das Geschehen des öffentlichen Raums. Ein mobiles Telefonieren entzieht immer zu einem gewissen Grade das Engagement und mag so auch eine kommunikative Offenheit bezüglich anderer begrenzen. Es ließen sich aber keine besonderen Störungen oder gar Kollisionen feststellen. Vielmehr werden gewisse Fähigkeiten der Umweltanpassung nicht suspendiert. Ein weiterer Auszug aus einem Beobachtungsprotokoll illustriert einen solchen Vorgang:

> *Eine junge Frau wird bereits telefonierend wahrgenommen. Sie kommt aus Richtung Angerplatz, hat eine Einkaufstüte in der linken Hand und eine Umhängetasche von Puma; sie telefoniert mit der rechten Hand. Sie bleibt an den Schienen kurz stehen, als ein Auto vorbeifährt, und telefoniert weiter. Sie sieht sich wenig um und läuft weiter geradeaus am Anger 1 vorbei. Sie muss Leuten ausweichen, die ihr entgegenkommen, geht aber relativ zügig und zielstrebig. Sie biegt um die Ecke am Anger 1, überquert wieder die Schienen und geht Richtung Quelle Shop. Sie geht unmittelbar am Schaufenster vom Quelle Shop vorbei, schaut aber nicht hinein. Sie geht extrem nah an der Wand lang, telefoniert weiterhin, schaut sich wenig um und blickt kurz in den Arcor Shop. Sie geht weiter und muss am Zebrastreifen kurz anhalten, sieht sich um, ein Taxi überquert die Straße. Sie bewegt sich dann weiter, nach wie vor telefonierend. Sie muss einer großen Menschengruppe ausweichen und geht sehr nah an einem Auto vorbei, um ihr auszuweichen. Sie telefoniert weiterhin mit der rechten Hand und ist auch fast schon an der Kreuzung am Juri-Gagarin-Ring. Sie läuft weiter und telefoniert, läuft direkt an der Straße lang und muss immer wieder Leuten ausweichen, schaut aber hauptsächlich auf den Boden. Geht inzwischen sehr schnell, immer noch Schritttempo, aber sehr, sehr zügig. Rennt fast, sie scheint's sehr eilig zu haben. Sie ist an der Straßenecke Juri-Gagarin-Ring und Krämpferstraße und hat aufgelegt. Scheint das Handy in die Jackentasche gesteckt zu haben. Sie überquert die Straße.*

Nun sind gewisse Unachtsamkeiten niemals ausgeschlossen. Aber es zeigt sich doch, dass die Koordinationsleistungen von Fußgängern durch das Mobiltelefon nicht ausgeschaltet werden. Ob mit oder ohne Mobiltelefon: Jeder Fußgänger ist dafür verantwortlich, seine Umwelt nicht aus dem Auge zu verlieren und erst recht sich auf andere einzustellen (vgl. auch Wolff 1973: 40). Mit Gergen (2002) hätte man argumentieren können, dass sich die Telefonierenden in einer Situation der *‚abwesenden Anwesenheit'* befinden würden – in dem Sinne, dass sie sich während eines Telefonats mental aus dem Hier und Jetzt verabschieden und sich dem Gespräch mit einer anderen, physisch abwesenden Person in einem virtuellen Konversationsraum zuwenden. Trotz einer solchen Orientierung scheint zumindest genügend Aufmerksamkeit für die Koordinierung und Abstimmung bei der Bewegung erhalten zu bleiben (vgl. Kapitel 6). Und dies kann durchaus bewusst geschehen, wie ein Teilnehmer einer Gruppendiskussion vermerkt:

"... Man stellt dann fest, also man telefoniert und denkt, man blendet das um sich rum aus. Aber ne, man nimmt das wahr, und man nimmt das vielleicht noch stärker wahr, weil ich hab mich mal gefragt, (-) gehst du jetzt über die Straßenbahnlinie und guckst du überhaupt, ob was kommt, ne. Weil es kann ja sein, dass man so in dieses Gespräch involviert ist. Aber du guckst dann bewusst irgendwie noch mal (-) und rechts und links."

Das Telefonieren während des Gehens hat, wie schon angemerkt, eine gewisse kommunikationsökonomische Funktion: Während man geht, kann man gleich schon mal mit anderen telefonieren, sich verabreden, eine Verspätung andeuten oder einfach nur in Kontakt treten. Die Zeit vergeht schneller und man fühlt sich nicht alleine – vor allem in der Nacht. So eine Teilnehmerin einer Gruppendiskussion:

"Ich find es beim Laufen viel angenehmer zu telefonieren als einfach nur zu laufen. Weil dann vergeht auch die Zeit schneller. Und ich hab mir zum Beispiel auch, also was jetzt ne andere Situation ist, halt nicht tagsüber, sondern nachts, wenn ich nachts irgendwie alleine laufe, dann ruf ich grundsätzlich irgendjemanden an, damit ich mich nicht so alleine fühle. Und dass der Weg nach Hause einfach kürzer erscheint."

Beim Gehen kann es sich jedoch auch einfach nur um eine kommunikationsbegleitende Bewegung handeln, wie folgende Zitate nahelegen: *"Also ich laufe immer rum beim Telefonieren eigentlich, kommt schon ganz selten vor, dass ich mal sitze. // Also, wenn möglich lauf ich eigentlich, ist egal wo hin. Hauptsache ich laufe."* Gehen und Handynutzung scheinen, wie Gehen und Denken zusammenzupassen (vgl. Pöppel 2010: 31), sich geradezu zu ergänzen. Dies ist beim Schreiben von SMS-Botschaften schwieriger, zumal man da stärker auf das Handy konzentriert und von der Umwelt abgelenkt ist: *"Also während des Rumlaufens SMS schreiben ist ganz schwierig. // Ich lauf beim Telefonieren immer sehr gerne rum, aber so lesen und so kann ich nicht. Aber ich laufe gerne rum. // SMS schreiben im Laufen kann ich nicht, weil ich Angst habe, dass ich dann hinfalle, wie ich stolpere oder weil vor mir eine Laterne auftaucht oder so..."*

Schließlich fällt man als Telefonierende oder Telefonierender nicht so auf. Aber: *"Wenn man allerdings stehen bleibt, dann gucken vielleicht die Leute schon eher und werden drauf aufmerksam: ‚Aha, da ist einer, der telefoniert.'"* So hat das Telefonieren während des Gehens nicht zuletzt ein Moment der Bewahrung von Privatheit: Andere erkennen so nicht, dass man telefoniert und über was man spricht. Man fühlt sich einerseits durch andere nicht so beeinträchtigt, beeinträchtigt andererseits andere auch nicht so stark.
Der Gehfluss kann insbesondere in dem Fall, wenn man von einem Thema gefangen wird, schnell ins Stocken geraten:

"Man kann eigentlich beides: Man kann laufen und telefonieren, oder, wenn's dann ernsthafter wird, dann bleibt man stehen oder wenn man merkt, hier wird's lauter, also man macht eigentlich beides, aber die Tatsache ist, dass man die Umwelt dann nicht viel wahrnimmt. Man konzentriert sich auf das Gespräch."

Kurz gesagt: Auch wenn das mobile Telefonieren Engagement entzieht, so scheinen doch die Umwelt wie auch andere Menschen wahrgenommen zu werden (so zumindest die erste Vermutung). Selbst stark eingebundene Nutzer weichen anderen aus und vermeiden Kollisionen oder gefährliche Situationen (etwa mit Straßenbahnen). Immer wieder war zu beobachten, dass Personen, die zunächst eher den Eindruck machten, in ein Telefonat vertieft zu sein, regelmäßig auf- bzw. sich umschauten und sich auf dem Platz orientierten. Sie folgten dem Menschenstrom und nutzen zusätzlich freie Flächen. Allerdings braucht es auch hier ‚two to tango'. Nicht nur die mobil Telefonierenden orientieren sich im Raum, auch die mitanwesenden Dritten haben ein Gespür für dessen Orientierung in dem Sinne, wie Goffman (1974: 41) es beschreibt, dass nämlich „jede der beiden Parteien eine Vorstellung davon hat, wie die Dinge zwischen ihnen gehandhabt werden sollten." Dabei ist nicht nur eine gewisse Aufmerksamkeit der Mitmenschen zu unterstellen, sondern auch eine ‚Nachsicht' mit dem Nutzer, so dass weder Eruptionen noch Kollisionen entstehen. Schließlich ist eingedenk der Ubiquität des Mobiltelefons jeder potentiell auch in der Position eines Telefonierenden und muss dann sogleich in einem reziproken Sinne davon ausgehen können, dass es diesmal die anderen sind, die sich auf ihn einstellen müssen. Die Beobachtungen deuten nun zwar nicht auf uniforme Muster der Verquickung des mobilen Telefonierens mit dem Gehen hin, aber doch klar auf Koppelungen in der Weise, dass das Telefonieren mit dem Gehen eng verbunden ist, mit dem Gehen ‚einhergeht' aber auch das Gehen beeinflusst (bis zum Verharren, aber mehr dazu später). Ein zusätzlicher Faktor ist, ob die mediennutzenden Personen alleine gehen oder zusammen mit anderen, zumal mit anderen, die einem bekannt sind. Um diesen Aspekt wird es im Weiteren gehen.

Ob Menschen allein oder zusammen mit anderen gehen, ist auch für die anwesenden Anderen von Belang. Geht man alleine und trifft auf eine Gruppe Anderer, so ist man nachgerade gezwungen, um diese herum zu gehen und vice versa (Ryava/Schenkein 1974: 268). Der Mensch ist allerdings nicht nur eine Bewegungs-, sondern vielmehr eine grundlegende Partizipations- oder Interaktionseinheit des öffentlichen Lebens, die alleine und in Gruppen auftritt. Zu den physischen Aufenthaltsorten des (städtischen) Menschen kommt, bezugnehmend auf Goffman, die soziale Seite hinzu. Ist der Telefonierende mit anderen zusammen, so muss er sich zugleich auf sie einstellen. Dass er dies vollführt, spiegelt sich schon in der Länge des Telefonats wider[19]. Ist der Telefonierende alleine, so ergab sich eine durchschnittliche Dauer des Gesprächs von 3,4 Minuten, war er mit anderen zusammen, so dauerte es durchschnittlich nur 2,5 Minuten. Eine Rücksichtnahme auf andere ist also durchaus gegeben. Um kurz zur Piazza zurückzukommen: Es kommt noch hinzu, dass der Großteil der geführten Telefonate, wie die Piazza-Studie zeigt, nicht von der Person auf der Piazza, sondern

---

19 Die Daten entstammen der ersten Beobachtungsphase der ‚Italienstudie'.

vom nicht anwesenden telefonischen Gegenüber initiiert worden ist (offenkundig wurden sie also angerufen und nicht umgekehrt). Auch dies verweist auf eine gewisse telefonische Zurückhaltung im Beisein Bekannter. Darüber hinaus ist das Verhalten reziprok: nicht nur der Handynutzer nimmt Rücksicht auf die Anwesenden, umgekehrt bekommt er diese auch zurück.

Ein Beobachtungsbeispiel macht dies deutlich: Telefonierende können sich trotz besonderer Konzentration auf das mobile Telefonat durchlavieren, indem sie Assistenz von ihren Begleitern in Form einer Navigation durch den Raum erhalten. Aus einem Beobachtungsprotokoll:

> *Ihr Freund läuft etwas schneller und führt sie ein wenig. Sie schaut geradeaus. Als sie an eine Straße kommen, will sie weiterlaufen, doch ihr Freund stoppt sie.*

Dies ist zugleich auch ein Beispiel für ein kollektives Moment der Nutzung, zu der unter anderem gehört, dass die mitanwesende Person am Gespräch beteiligt wird, gegebenenfalls sogar das Handy übernimmt oder die SMS mitliest. Der Bezug zu den Menschen als Partizipationseinheiten öffnet den Blick, so Goffman (1974: 52), darauf, wie Menschen ihren Tag (sei es allein oder mit anderen) verbringen, und er notiert: „Erst auf dem Hintergrund des Tagesablaufs eines Individuums können wir eine Skizze der Bahn des einzelnen oder des Miteinanders, zu dem er gehört, und der Situationen, in denen sich sein Partizipationsstatus verändert, entwerfen."

Mobile Kommunikation und Aktivitätsmuster

Das Geschehen – mitsamt den Bewegungen der Menschen – ist nicht dem schieren Zufall ausgesetzt, sondern eingetaktet. Schon bevor man die eigenen vier Wände verlässt, wird im Voraus geplant, wie wir ‚vorzugehen' haben (vgl. Garbrecht 1981: 89). Man überlegt sich, wo man hingehen muss, wann man wo zu sein hat bzw. will, ob dann noch etwas Zeit verbleibt, mit wem man sich trifft und natürlich auch, welche Kleidung man anziehen soll und was man mitnehmen muss. Dabei gehört das Mobiltelefon zu den Dingen, die mittlerweile immer mit auf den Weg genommen werden. Jeder hat zwar seine individuellen Ziele und Wege. Und doch gibt es übergreifende Muster unterschiedlicher sozialer Segmente, wie auch Muster, die abhängig sind von externen Einflüssen wie der Tageszeit mit ihren Arbeitszeiten und den Öffnungszeiten der Geschäfte, dem Wetter oder saisonalen Einflüssen. Derartige Regularitäten spiegeln wider, dass sich Menschen in einer gegebenen Population auf eine ähnliche Art und Weise verhalten, jeweils abhängig von deren Lebens- und Arbeitsrhythmus und (davon nicht losgelöst) geschlechtsspezifischen Ausprägungen. Ein Ergebnis feministischer Stadtforschung ist etwa, „dass Frauen im Durchschnitt in ihrem

Alltag viel mehr Wege zurücklegen und viel mehr Orte an einem Tag miteinander verknüpfen als Männer" (Löw 2001: 249) – und andere Verkehrsmittel benutzen. Schematisch könnte dies wie folgt aussehen (Abbildung 6):

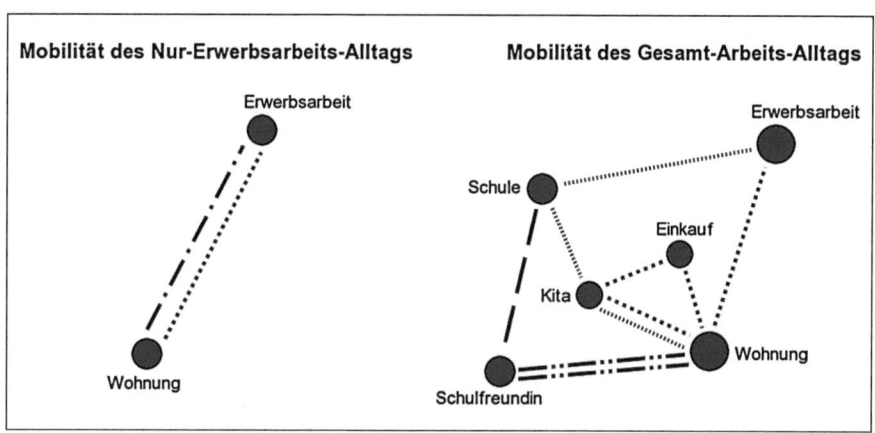

Abbildung 6: Wuppertal Institut für Klima, Umwelt, Energie GmbH, Projektbereich ‚Feministische Ansätze zur Verkehrsvermeidung' in der Abteilung Verkehr: Verbesserung der Mobilitätschancen und der Beteiligung von Frauen. Endbericht. Wuppertal 1994, 70. Erstellung der Grafik: Meike Spitzern, VE-155.1 (nach Löw 2001: 250).

Gemäß Chabin (1974: 11), einem der Pioniere der (städtischen) Aktionsforschung, bezieht sich der Begriff der menschlichen *Aktivitätsmuster* auf „patterned ways aggregates of residents in the metropolitan community go about their daily affairs, that is, how archetypical persons (statistical means) from key socioeconomic segments of this small society pursue their rounds of daily activity." Bei derartig ermittelten Aktivitätsmustern handelt es sich um aggregierte Daten der Bewegungen Einzelner. An diesem Punkt lässt sich zusätzlich auf die Erfassung der Bewegungsströme durch das Mitführen von Mobiltelefonen – das bereits genannte Rom-Beispiel – verweisen. Eigenschaften von Aktivitäten sind, nach Chabin (1974: 37), ihre Dauer, ihre Position in der Zeit (üblicherweise mit einem zeitlichen Anfang), ihr Platz in einer Sequenz von Ereignissen sowie ein fester Ort oder Pfad im Raum. Dabei kann die Aktivität entweder nur vom Subjekt alleine oder zusammen mit anderen – sei es mit der Familie, mit Verwandten, Freunden, Nachbarn, Bekannten oder Fremden – ausgeführt werden.

Die mit den Beobachtungen verbundenen Befragungen zeigen nun, dass das Mobiltelefon zwar individuell in einem konkreten situativen Zusammenhang genutzt wird, zugleich jedoch Situationen verbindet – ein übersituatives Moment entsteht. Das Handy wird meist dann verwendet, wenn die eigenen *Aktivitäten unfreiwillig unterbrochen* wurden (etwa, weil man die Straßenbahn versäumt hat). So kann eine mögliche Verspätung zumindest dahingehend abgepuffert werden, indem man die anderen davon unterrichten kann. Ein mobiles Telefonat kann aber auch dazu dienen, die Zeit zwischen zwei *Aktivitäten zu überbrücken*. Mit Hulme und Truch (2006) könnte man von einem ‚Zwischen-Raum' (einem „Interspace") sprechen, einem Zeitraum zwischen zwei getrennten, aber aufeinander bezogenen, spezifisch in Raum und Zeit verorteten Ereignissen (ebd.: 159). Konkret meinen sie hier die Räume zwischen Arbeitsplatz, Wohnung und sozialen Aktivitäten. Gemäß den Autoren hat man es allerdings nicht nur mit einer Übergangszone zwischen zwei Ereignissen zu tun, sondern, weiter gefasst, mit einem soziomateriellen Raum. Darunter ist ein für sich stehender (Zeit-)Raum zu verstehen, „in dem sich sehr komplexe Prozesse abspielen, die in erster Linie mit Organisation und Verhandlungen zwischen den Grenzen der umgebenden Felder zu tun haben" (Hulme/Truch 2006: 162). Das Mobiltelefon hat die Natur des „Zwischen-Raums" verändert, indem es eine Kommunikation mit nichtanwesenden Personen in der Phase des Übergangs von einem Aktivitätsfeld zu einem anderen ermöglicht. So vermag das mobile Gespräch zum einen Wartezeit überbrücken (zum Warten siehe auch Kapitel 7), zum anderen ermöglicht es den Vorgriff auf nachfolgende Aktivitäten im Interspace.

In der Tat gaben die befragen Nutzer und Nutzerinnen des Mobiltelefons an, dass sie sich in einer Phase zwischen zwei Aktivitäten befanden (z.B. in der Mittagspause) bzw. in einer Zeitspanne, die sie zwischen zwei Tätigkeiten überbrückten (z.B. zwischen dem Besuch einer Ausstellung und der Abfahrt eines Zuges) oder sie waren zu einer mehr oder weniger konkreten Verabredung mit anderen Personen unterwegs oder warteten bereits. Und oftmals war auch ihre mobile Kommunikation auf die Koordinierung eines Treffens bezogen. Mittels des Mobiltelefons kann man auf die Aktivitäten anderer Einfluss nehmen und/oder diese synchronisieren – die Alltagsaktivitäten werden in der Konsequenz flexibler ausführbar. Ling und Yttri (1999; 2002) bezeichnen dies als ‚Mikro-Koordinierung' („microcoordination") im Sinne eines Arrangements und Re-Arrangements persönlicher Treffen und Kontakte:

> "Microcoordination is the nuanced management of social interaction. Microcoordination can be seen in the redirection of trips that have been already started, it can be seen in the iterative agreement as to when and where we can meet friends, and it can be seen, for example, in the ability to call ahead when we are late to an appointment." (Ling 2004: 79)

Für Jugendliche sind solche Modi des Verabredens allemal schon gängige Praxis (vgl. Höflich 2007). Was für den Alltag gilt, scheint wohl erst recht für besondere Anlässe zu gelten, bei denen Menschen zusammen kommen – und sich finden müssen. So zeigen Beobachtungen, die im Rahmen des sogenannten Public Viewing in der Zeit der Fußballweltmeisterschaft 2006 in Deutschland[20] durch-

---

20 Vom 9. Juni bis zum 9. Juli 2006, also während der gesamten Dauer der Fußball-Weltmeisterschaft, wurden über einhundert Beobachtungen durchgeführt. Beobachtet wurde insbesondere im Rahmen des Fanfests auf dem Augustusplatz sowie vor dem Zent-

geführt worden sind, wie sich die iterative Koordination (Ling 2004: 74) schon fest etabliert hat. Wenn so viele Menschen zusammenkommen, wie und wo trifft man sich, und dies erst recht, wenn man mit den örtlichen Gegebenheiten nicht vertraut ist und keinen festen Treffpunkt ausmacht respektive ausmachen kann? Als Lösung bietet sich an, dass man sich medial aneinander herantastet, bis man sich schließlich von Angesicht zu Angesicht gegenüber steht („Ah, ich sehe dich!"). Dies ist zwar schon häufig persifliert worden, aber verabredungspraktisch hat man es doch mit einem durchaus probaten Verfahren zu tun, das sich besonders dann eignet, wenn Unvorhersehbarkeiten bestehen. Und manche fragen sich in einer solchen Situation gar, *„Wie hat man es früher ohne Handy geschafft, sich zu treffen?"* Schwierig wird es dann, wenn das Gerät vergessen wird, wenn kein Netzempfang möglich ist oder wenn der Akku leer ist. Beobachtet wurde eine Gruppe junger Spanier, bei der zwei Mitglieder dabei waren, die Akkus ihrer Handys auszutauschen. Auf dem saftlosen Gerät war nämlich die dringend benötigte Rufnummer eines Bekannten gespeichert. Der Anlass war nachvollziehbar: „Wir müssen uns treffen, weil wir nicht wissen, wo sie sind, und sie haben unsere Tickets", so die Erklärung.

Die beschriebene Koordinierung von Aktivitätsmustern ist gleichwohl mit einer Koorientierung verbunden. So wissen die Menschen nicht selten um die Wege und Aufenthaltsorte derer, mit denen sie telefonisch in Kontakt treten wollen. Als beispielsweise ein Mann den Anlass seines Telefonats schilderte und anführte, warum er es gerade hier und jetzt geführt hatte, verwies er nicht nur auf seine eigenen Termine. Er führte auch den Tagesplan seines Bekannten auf. Dabei hatte er berücksichtigt, dass er sein Gegenüber nicht zu einem früheren Zeitpunkt erreicht hätte, weil derjenige dann mitten in seinem Tennisspiel gewesen wäre: *„... weil ich `nen Zahnarzttermin hab und der nächste Termin drängt dann schon, wenn er mit dem Tennis aufgehört hat und dann müssen wir uns verabreden und so weiter. Also, wie das so ist."*
Der unangenehme Überraschungseffekt, wenn das Handy zu einer unpassenden Zeit klingelt, wird folglich dadurch entschärft, dass der Anrufer die Aktivitätsmuster des Angerufenen kennt und in seiner Entscheidung, anzurufen, berücksichtigt: *„Aber der Gedanke ist schon, vorher mal überlegen ‚Was macht der jetzt?'. Arbeitet er jetzt, hat er jetzt bestimmt grade wieder Dienstbesprechung oder was weiß ich wo, oder ist er abends ein Früh-Ins-Bett-Geher, den ich also wirklich halb neun nicht mehr anrufen kann. Oder ich kenn eine, die wird dann abends um zehn erst, wie ich, auch erstmal richtig munter, oder was. Ja die hat nichts dagegen wenn man die um zehn, halb elf noch anruft."* Ein solches Wissen ist nicht zuletzt auch deshalb als üblich zu unterstellen, weil der Großteil der

---

ralstadion in Leipzig, in Biergärten in Erfurt, auf dem Campus der Universität Erfurt sowie auf weiteren Public Viewing Veranstaltungen in Erfurt und Weimar.

telefonischen Kommunikationspartner aus dem Kreis von Freunden, Bekannten und Verwandten stammt und somit nicht fremd ist. Mobiles Telefonieren impliziert dergestalt ein situatives Kalkül, so dass sich Überraschungseffekte eindämmen lassen, zumal wenn man dann auch noch die ‚Interspaces' der anderen antizipiert. All dies wird von gewissen Anstandsregeln flankiert. Galt es schon mit Blick auf das Festnetztelefon, dass man sich an gewisse zeitliche Vorgaben hält – etwa, indem zu gewissen Uhrzeiten nicht angerufen wird (nächtliche Ruhezeit oder die ‚Sportschau'), so scheint dies auch in Zeiten des Mobiltelefons nicht gänzlich passé zu sein: *„Also, was weiß ich, wenn Abendbrotzeit ist oder so, ne. Dass man da fragt, ob zum Beispiel ... Ich kann's selber nicht leiden und ich mach's nicht und, und frag' auch bei andern. Also, ich würde niemanden um sieben anrufen, wenn, wenn also auch ‚heute' losgeht. Der eine guckt ‚heute' (-) um sieben. Würd' ich einfach nicht tun. Ich würde auch niemals um acht anrufen, oder was. Dann ruf ich nach viertel neun wieder an ..."* Eine andere gefragte Person vermerkt: *„... nach dem Mittagessen zum Beispiel ist Mittagsruhe, also bis 14h wird bei uns generell nicht telefoniert. Nach 14h überleg ich, schläft der nur bis um zwei oder schläft der vielleicht auch bis um drei? Und dann kann ich wieder anrufen, und dann auch Abendessenzeit ..."* Und dann sollte man trotzdem noch auf Nummer sicher gehen, sofern man den Anderen in der Leitung hat: *„Also ich glaub, ich frag jeden, den ich anrufe, ob's grad passend ist. (-) Und umgekehrt ist das, glaub ich, auch, (-) wenn meine Freundin mich anruft, fragt sie auch: ‚Passt es?', ‚Wo bist du gerade?' oder so. (-) Ist auch schon, also, (-) schon mal wichtig zu wissen: ‚In welcher Situation ist der grad? Stör ich den?'"*

Man könnte in der Tat von einem ‚mobilen Kommunikationsmodus' sprechen, der je nach Behavior Setting auf kommunikative Zugänglichkeit oder Nichtzugänglichkeit ‚eingestellt' ist. In gewissen Settings wird beispielsweise das Handy auf ‚lautlos' gestellt oder sogar grundsätzlich je nach Kontext ein- oder ausgeschaltet (etwa wenn man an den Arbeitsplatz kommt und ihn dann wieder verlässt). Anders ausgedrückt: Situationswechsel gehen häufig mit einem Wechsel des ‚Kommunikationsmodus' einher. Eine Antizipation der Aktivitätsmuster anderer sowie der damit verbundenen Interspaces meint somit auch eine Antizipation von Kommunikationsmodi anderer. Solche Modi können indessen ausgeprägt individueller Natur sein, so dass manche sich offener, ja ubiquitär erreichbar zeigen, andere wiederum stärker zurückhaltend. Je besser sich die Menschen kennen, um so eher können sie sich allerdings auf solche Idiosynkrasien einstellen (‚X schaltet sein Handy immer dann und dann aus').

Mobile Kommunikation und das Gehen als Tanz

Deutlich geworden ist, dass der Gebrauch des Mobiltelefons nicht ohne dessen Einbindung in die alltäglichen Aktivitäten – hier: in die Aktivitätsmuster – der Menschen zu verstehen ist. Gehen ist nicht nur eine mechanische Angelegenheit – und ebenso wenig die Nutzung des Handys während des Gehens. In Anlehnung an ein ‚doing walking' kann somit von einem ‚doing mobility' (Weilenmann 2003) gesprochen werden, mit dem gleichsam in einem ethnomethodologischen Sinne die Durchführung von Alltagshandlungen gemeint ist, „um zu betonen, dass es sich hierbei um ein stets neu in Gang zu bringendes Tun handelt, das mehr impliziert, als mit dem traditionellen Handlungsbegriff ausgedrückt ist. Mit der Unzahl solcher täglichen Handlungen stellen die Mitglieder ihre soziale Ordnung her" (Weingarten/Sack 1976: 13).

Wenn auch nicht ausschließlich, so lagen dem bisher Gesagten Beobachtungsstudien zu Grunde. Und in der Tat kann mit Blick auf ein ‚doing' für eine Beobachterperspektive plädiert werden, die im Idealfall unvoreingenommen die Perspektive einer „radikal naiven Person" (Lofland 1978: 1) einnimmt. Eine solche Perspektive erfasst notwendigerweise zunächst individuelle Aktivitäten, doch zugleich ist der Einzelne Teil des Ganzen – Teil von Mustern des Bewegens im öffentlichen Raum. Individuelle und aggregierte Aktivitätsmuster lassen sich gleichsam in einem individuellen und kollektiven Sinne als Tanz sehen, zumindest wenn man das Tanzen generell und einfach gesprochen als „Bewegung des Körpers" versteht, bei dem unter einem bestimmten Einsatz an Kraft „Raum und Zeit zergliedert" werden (Koch 1995: 12). Der Fokus ist ein Paar- oder sogar Gruppentanz, der „Geschicklichkeit, Gewandtheit, Wissen und Können, um die einzelnen choreographischen Elemente zu koordinieren" (ebd.: 78), erfordert. Die Vorstellung vom Tanz erfreute sich immer schon einer gewissen Beliebtheit bei den Forschern. So vermerkt beispielsweise White (2009: 67) mit Blick auf die Menschen in der Stadt:

> „They split into an infinity of directions. Some swirl around the information kiosk clockwise, some counterclockwise. Hundreds of people will be moving this way and that, weaving, dodging, fainting. Here and there some will break into a run. Almost everyone is on a collision course with someone else, but with a multitude of retards, accelerations and side steps, they go their way untouched. It is indeed a great dance."

So ist es auch nicht verwunderlich, wenn das Moment des Tanzes auch bezogen auf das Mobiltelefon als ein durchaus anschaulicher Deutungsrahmen verwendet wird. Dies ist beispielsweise bei James Katz (2006) der Fall, der ausdrücklich betont, das man dem Prozess mobilen Telefonierens als Teil der ‚physical performance' mehr Aufmerksamkeit widmen sollte (vgl. Katz 2006: 58).

> „In part, use of mobile communication in public is a dance form because the use of the mobile phone in public by one party requires that the user's co-present partner adjust

themselves in space and pace. That is, they must engage in a bit of choreography." (Katz 2006: 58)

Katz bezieht sich dabei ausdrücklich auf Edward T. Hall (1976), der darauf verweist, dass wir zu gemeinsamen Bewegungen, einer Sychnronisierung des Verhaltens ("being in sync") tendieren würden.

„People in interactions either move together (in whole or in part) or they don't and in failing to do so are disruptive to others around them. Basically, people in interaction move together in a kind of dance, but they are not aware of their synchronous movement and they do it without music or conscious orchestration. Being 'in sync' is itself a form of communication." (Hall 1976: 71)

Eine damit zum Ausdruck kommende *Choreographie* der Nutzer des Mobiltelefons ist sowohl bezüglich Personen von Belang, die den Telefonierenden begleiten, als auch bezüglich den anwesenden Fremden. Unbeschadet dessen, ob sie selbst gerade ein Mobiltelefon nutzen, müssen sie sich auf die Choreographie der Telefonierenden einstellen, um einen gewissen Fortgang der Interaktion zu sichern. Für Katz ist eine solche Choreographie der Arrangements zwar informell, doch über verschiedene Kulturen hinweg erstaunlich konsistent (was auch mit dessen Vorstellung von einem wirksamen ‚Apparatgeist' einhergeht). Geht man gemeinsam, dann erscheint dies als „pas de deux" (Katz 2006: 59). Man schaut sich um, schaut vor, manchmal zurück. Dies alles noch begleitet von der Stimme und Lautstärke des Sprechenden als einer Art Begleitmusik und dem Einhalten gewisser interpersonaler Distanzen. Man richtet sich auf andere ein – und dies hilft wiederum eine Choreographie einer Dyade und darüber hinaus triadisch zu koordinieren. Schließlich scheint es so etwas wie ein Echo-Verhalten zu geben. Menschen, die ein Mobiltelefon benutzen, scheinen andere dazu zu ermuntern, dies ebenfalls zu tun.

Ein kollektives Moment wird dann erreicht, wenn ein ‚Körperballett' zu einem ‚Platzballett' wird, wo der individuelle Tanz zu einem Rhythmus des öffentlichen Raumes wird und damit zu einem Gegenstand einer „Rhythmusanalyse" (Levebvre 2010) macht. Folgt man David Seamon, dann bezieht sich ein "body ballet" auf "a set of integrated gestures and movements that sustain a particular task of aim, for example washing dishes, plowing, house building, operating machinery, potting" (Seamon/Norden 1980: 36). Diese Art des Ballets ist wiederum in Zeit-Raum-Routinen integriert und wird als "place ballet" (siehe auch Seamon 1979: 143ff.; Seaman 2006), wie gerade eben schon erwähnt, bezeichnet. In den Worten von Seaman (1979: 151):

„Regularity and variety mark the place ballet. Their balance is a rhythm of place: speeding up and slowing down, crescendos of activity and relative quiet. The particular place involves a unique rhythm, whose tempo changes hourly, weekly and seasonally."

Ein Bezug zu den Aktivitätsmustern ist durchaus zu erkennen, nur dass hier die Konstitution von Platz mit seinen Zeit-Raum-Routinen im Vordergrund steht. Es geht nicht um schlichte Geradlinigkeiten, sondern um Rhythmen (und so entsteht auch die Vorstellung vom Tanz). Vorhersehbarkeit und Unvorhersehbarkeit, Regularität und Überraschung, Ruhe und Aktivität werden kombiniert. Zugleich verweist die Idee eines Platz-Balletts auf eine Ordnung des Geschehens, die für die tagtäglichen Aktivitäten der Menschen von Vorteil ist:

„An understanding of place ballet is one way in which insiders might take a more effective role in making their environment a place. They begin to recognise the inherent order of people-in-place and strive to create a lifeworld which supports a satisfying human existence in a liveable environment." (Seamon 1979: 152)

In Bezug auf Chreswell (2004: 34) hat diese Ordnung gleichzeitig auch eine Schattenseite: Menschen dürfen nicht nur gewisse Wege durch einen öffentlichen Raum nehmen, manchmal müssen sie es auch (wenn man die wilden Trampelpfade, die entstehen, wenn der Architekt es zu gut gemeint hat, außer Acht lässt).

Das Mobiltelefon ist ein Teil des Tanzes auf öffentlichen Plätzen und verändert ihn gleichzeitig. Was mit Blick auf die Aktivitätsmuster gilt, zeigt sich auch in der Choreographie des Tanzes respektive des Balletts. Muster, an denen man sich früher relativ klar orientieren konnte, verlieren an Rigidität. Arbeitszeiten werden heterogener, ebenso die Geschäftszeiten; der Übergang von Tagesaktivität und Nachtruhe wird zunehmend fließend. Der Rhythmus des Balletts braucht neue Choreographien respektive neue soziale Arrangements. Innerhalb dieser Veränderung kommt dem Mobiltelefon eine besondere Bedeutung zu. Es hilft, in diesem neuen Rhythmus agieren zu können, so wie dies mit Blick auf die Nutzung im Kontext von Aktivitätsmustern und Interspaces bereits erwähnt wurde. Es eignet sich nachgerade, spontaner zu sein (vgl. auch: Green/Haddon 2009: 80) und erzeugt damit auch eine größere Spontanität.[21] Es ermöglicht uns, einer Tyrannei der Zeitvorgaben („tyranny of schedule") zu entkommen und die strikten Zeitvorgaben aufzulösen („softening of schedules"; Ling 2004: 73). Eine zeitfixierte Koordination von Treffen wird durch ein nunciertes Management sozialer Interaktion ersetzt. Eine alte Ordnung scheint ausgedient zu haben und wird durch eine neue ersetzt, bei der das Mobiltelefon eine offenere Choreographie ermöglicht.

---

21 Nicht zufällig wird das Mobiltelefon vor allem da häufig genutzt, wo das Leben nicht so fest wie in der westlichen Welt organisiert ist – nämlich in südlichen Ländern (siehe: Economist 30. Dezember 2009: http://www.economist.com/displayStory.cfm?story_id=15172850&source=features_box_main)

Kapitel 6

Umweltwahrnehmung und Handygebrauch – Sehen wir vor lauter Telefonieren noch die Welt um uns herum?

Vorbemerkungen: Das Mobiltelefon, der Entzug von Engagement und Aufmerksamkeit

Bewegen wir uns um öffentlichen Raum, so wird immer auch ein gewisses Maß an Teilhabe und Engagement, an Offenheit, aber auch an Rücksicht erwartet. Dem Mobiltelefon (genauer: der Nutzung des Mobiltelefons) wird nachgesagt, dass es gerade eine solche Teilhabe – zumindest temporär – verhindert, weil es die Aufmerksamkeit bindet und den Nutzer auf eine kleine kommunikative Insel versetzt. Dass Menschen Momente ihrer Umwelt ausblenden, ist jedoch weder ein auf den reinen Mediengebrauch zu reduzierendes Phänomen, noch ist es eine neue Erkenntnis. Bereits 1903 verweist Georg Simmel auf eine ‚Blasiertheit' des Großstädters, um mit der Reizvielfalt und -überflutung der Stadt fertig zu werden. Gerade das Leben in der Großstadt führt zu einer, so Simmel, Steigerung des Nervenlebens, „die aus dem raschen und ununterbrochenen Wechsel äußerer und innerer Eindrücke hervorgeht" (Simmel 2008: 905). Und Simmel (2008: 908) fährt fort:

„Es gibt vielleicht keine seelische Erscheinung, die so unbedingt der Großstadt vorbehalten wäre, wie die Blasiertheit. Sie ist zunächst Folge jener rasch wechselnden und in ihren Gegensätzen eng zusammengedrängten Nervenreize, aus denen uns auch die Steigerung der großstädtischen Intellektualität hervorzugehen schien; weshalb denn auch dumme und von vornherein geistig unlebendige Menschen nicht gerade blasiert zu sein pflegen. Wie ein maßloses Genußleben blasiert macht, weil es die Nerven so lange zu ihren stärksten Reaktionen aufregt, bis sie schließlich überhaupt keine Reaktion mehr hergeben – so zwingen ihnen auch harmlosere Eindrücke durch die Raschheit und Gegensätzlichkeit ihres Wechsels so gewaltsame Antworten ab, reißen sie so brutal hin und her, dass sie ihre letzte Kraftreserve hergeben und, in dem gleichen Milieu verbleibend, keine Zeit haben, eine neue zu sammeln. Die so entstehende Unfähigkeit, auf neue Reize mit der ihnen angemessenen Energie zu reagieren, ist eben jene Blasiertheit, die eigentlich schon jedes Kinde der Großstadt im Vergleich zu Kindern ruhigerer und abwechslungsloser Milieus zeigt."

Blasiertheit wird heutzutage mit Eigenschaften wie anmaßend, arrogant, eingebildet, hochnäsig oder herablassend assoziiert. Das ist in Simmels Kontext nicht intendiert – auch wenn solche Eigenschaften durchaus mit dem Stadtmenschen assoziiert werden könnten. Der Begriff ‚blasé' kam Ende des 18. Jahrhunderts als naturwissenschaftlich orientierter Fachausdruck für Übersättigung auf: So verstanden bezeichnet der Begriff ‚blasiert sein' einen Menschen, der durch eine andauernde *Reizüberflutung* schließlich abgestumpft ist (vgl. Petrilowitsch 1968: 26). Blasiertheit ist gewissermaßen eine Art Schutzmechanismus, verweist aber auch darauf, dass wir bei der Wahrnehmung von Welt und dem Handeln in der Welt immer ausklammern – Aufmerksamkeit ist endlich und muss demnach gezielt eingesetzt werden. Das bringt sogleich einige Probleme mit Blick auf ein sogenanntes ‚Multitasking' mit sich, wie etwa das Telefonieren und Gehen (siehe Kapitel 5) oder die Beschäftigung mit dem Mobiltelefon bei einer gleichzeitigen Anwesenheit anderer. Dabei geht es nicht nur um ein ‚kognitives Multitasking' in dem Sinne, dass mehrere Geschehnisse kognitiv auf einmal zu verarbeiten sind, sondern nachgerade um ein ‚soziales Multitasking' – oder besser: Multikommunizieren (vgl. Reinsch/Turner/Tinsley 2008). Gemeint ist hiermit, dass man Medien wie etwa das Mobiltelefon oder auch den Laptop während der Anwesenheit anderer benutzt und damit zugleich dem Gebrauch des Geräts eine gewisse Priorität zuspricht (vgl. weiter: Baron 2008). Angesprochen sind also die interpersonalen Effekte – und wie sich empirisch zeigt, erzeugt der Gebrauch von Kommunikationstechnologien bei anderen häufig das Gefühl, vom Nutzer ignoriert und für unwichtig gehalten zu werden. Soziales Multitasking gilt somit als ausgesprochen unhöflich (Baron 2008: 187). Mediennutzung kann indessen nicht nur unhöflich, sondern ausgesprochen gefährlich sein. Das zeigt etwa folgendes Beispiel:

> *„Einem 42-Jährigen in Eckernförde war die Musik im Ohr am Donnerstag zum Verhängnis geworden: Beim Joggen umlief er am Donnerstagnachmittag nicht nur leichtsinnig eine Bahnschranke. Der Mann, der einen Kopfhörer trug, überhörte an dem Übergang die herannahende Regionalbahn. Der Zug erfasste den 42-Jährigen, der dabei ums Leben kam."* (Lübecker Nachrichten Online vom 4.12.2009)[22]

Und nicht minder gefährlich kann das mobile Telefonieren sein, wie ein Polizeibericht vom 28. August 2008 zeigt:

> *„**Fußgänger tödlich verunglückt**
> Beim Zusammenstoß mit einer Straßenbahn heute früh, gegen 10.40 Uhr, in der Leipziger Straße wurde ein 42-jähriger Fußgänger tödlich verletzt. Er wollte in Höhe Rathenaustraße die Fahrbahn überqueren. Ein stadtauswärts fahrender LKW-Fahrer bemerkte dies und verringerte seine Geschwindigkeit. Der Fußgänger beachtete die ebenfalls stadtauswärts fahrende Straßenbahn nicht und stieß mit dieser zusammen. Durch den Anstoß wurde der 42 Jährige so schwer verletzt, dass er noch an der Unfallstelle verstarb. Nach den bisherigen Ermittlungen hatte er mit seinem Handy telefoniert. Die Straße war für ca. eine Stunde und 30 Minuten voll gesperrt. Der Straßenbahnfahrer erlitt einen Schock."*[23]

Die Beispiele, dass – und mit welchen Folgen – Medien die Aufmerksamkeit binden, ließen sich fortführen. So ein Binden von Aufmerksamkeit kann allerdings auch gewollt sein, wenn sich Menschen gezielt in eine medienkonstruierte Welt hineinziehen lassen. Man denke an das Eintauchen in den Cyberspace – die

---

22 http://www.lnonline.de/artikel/2701419/Nach_tragischem_Bahnunfall%3A_Polizei_will_gegen_Kopfh%F6rer_bei_Verkehrsteilnehmern_vorgehen.html
23 http://www.puffbohne.de/Erfurt-Nachrichten/Polizei-Meldungen/Fussganger-telefoniert-und-ubersieht-Strassenbahn-tot-*-Raub-mit-Freiheitsberaubung.html

Immersion – oder das Mitgerissenwerden von einem spannenden Buch oder Film, das, etwas unglücklich, hier und da als ‚Transportation' bezeichnet wird. Und wer kennt nicht ein Beispiel eines Fernsehbegeisterten, der so sehr in den Bann gezogen wird, dass er es nicht einmal registrieren würde, wenn die Welt neben ihm unterginge. Und wer hat nicht schon einmal selbst bei einem Urlaub in anderen Ländern erfahren, wie ein laufendes Fernsehgerät in einem Caféhaus immer wieder dazu zwingt, auf den Bildschirm zu starren, obwohl man doch die Sprache nicht versteht und nur die Bildfolge als Orientierung hat? Kenneth Gergen (2002) spricht von einer *abwesenden Anwesenheit*, einer „absent presence":

> „How often do we enter a room to find family, friends or colleagues absorbed by their computer screen, television, CDs, telephone, newspaper, or even a book? Perhaps they welcome us without hesitation; but sometimes there is a pause, accompanied even by a look of slight irritation. And at times our presence may get completely unacknowledged. We are present but simultaneously rendered absent, we have been erased by an absent presence. ... One is physically present but is absorbed by a technologically mediated world elsewhere." (Gergen 2002: 227)

Mit dem Mobiltelefon, so Gergen, wird der Bereich der medial induzierten abwesenden Anwesenheit noch einmal verstärkt. Von einem ‚*virtuellen Konversationsraum*' absorbiert, wird die Aufmerksamkeit aus dem Hier und Jetzt abgezogen und folglich wird auch weniger am jeweiligen konkreten Geschehen um einen herum teilgenommen. Unweigerlich denkt man hier an die Folgen beim Telefonieren während des Autofahrens (vgl. etwa: Sturnquist 2006). Vermeintlich Uneinsichtige glauben immer noch, alles unter Kontrolle zu haben – oder irren sie sich? Bei den durchgeführten Beobachtungen, wie sich Menschen bei der Nutzung des Mobiltelefons im Raum bewegen, sind zwar keine Unfälle oder Kollisionen von Fußgängern aufgefallen. Doch berichten Nutzer und Nutzerinnen des Handys, dass sie sich stark auf ein Telefonat konzentrieren und damit die Umwelt aus dem Blick verlieren würden. Darum werden schützende Nischen aufgesucht und autistische Kreise gezogen, um der Umwelt einen gewissen (temporären) Rückzug aus den Umtrieben der Umwelt anzudeuten. Doch sollte gerade dem Aspekt des medieninduzierten Aufmerksamkeitsentzugs noch etwas genauer nachgegangen werden. Hier spielt ein Clown auf einem Einrad eine Rolle. Doch was hat das mit dem Handy zu tun?

Wer hat den Clown gesehen? – Mobiltelefon und Inattentional Blindness

Auf dem Universitätsgelände der Western Washington University drehte zu Versuchszwecken ein Clown auf einem Einrad seine Runden. Dies machte er im

Auftrag von Ira E. Hyman u.a. (vgl. Hyman 2010). Die Forscher wollten die Aufmerksamkeitsprobleme bei Nutzern von Mobiletelefonen näher betrachten. Wie bisher schon gezeigt wurde, gibt es einige Anhaltspunkte dafür, sei es, dass das Gehen unterbrochen, kreisförmig gegangen wird oder Nischen aufgesucht werden. Zur gleichen Schlussfolgerung führen die in Bezug auf das Telefonieren während des Autofahrens durchgeführten empirischen Studien.

In der besagten Washingtoner Studie wurden im Rahmen einer Beobachtungsstudie 196 Fußgänger, neben Mobiltelefonnutzern auch Nutzer von portablen Musikspielern und Personen, die zusammen mit jemand anderem unterwegs waren, ins Visier genommen. Es zeigte sich, dass Menschen, die ein Handy benutzten und die zusammen mit anderen unterwegs waren, langsamer gegangen sind als Menschen, die allein – mit oder ohne Musikspieler – unterwegs waren. Dies führte zu der Vermutung, dass eine telefonische Konversation zu einer Tempoverlangsamung führt, die Umwelt weniger im Auge behalten wird und andere seltener zur Kenntnis genommen werden.

Bei der zweiten Studie kam dann der einradfahrende Clown zum Einsatz. Dessen Aufgabe war es, auf einem ausgewiesenen Terrain des Campus der Universität Kreise zu drehen. Der Hintergedanke war, möglichst Exzeptionelles auf dem Campus geschehen zu lassen: „Unicylists are very rare on campus pathways and non of the authors have ever observed an unicyling clown on campus" (Hyman u.a. 2010: 603). Passanten wurden (wie schon vorher all jene, die mit dem Handy telefonierten, einen Musikplayer benutzten, allein oder mit anderen unterwegs waren) gefragt, ob sie irgendetwas Ungewöhnliches beim Überqueren des Campus gesehen hätten – und wenn ja: was? Wenn sie angaben, nichts gesehen zu haben, dann wurden sie konkret nach dem Clown gefragt. Der Clown fuhr eine Stunde und 151 Personen wurden in die Befragung einbezogen. Das Ergebnis: 75 Prozent der Handynutzer gaben an, den Clown nicht gesehen zu haben, während dies nur bei der Hälfte der restlichen Befragten der Fall war. Paare haben den Clown noch eher als andere und damit gegenseitig mehr wahrgenommen als allein Gehende. Die Handynutzer hatten, so legt die Studie nahe, eher Schwierigkeiten, durch eine komplexe und sich ändernde Umwelt zu navigieren als Nichtnutzer. Erklärt wird dies mit einem Phänomen, das als „inattentional blindness" bekannt ist. „Finally, they were less likely to acknowledge other individuals and to notice the unicycling clown thus illustrating inattentional blindness", so die Autoren (ebd.: 604). Was ist damit gemeint? Die Frage tangiert das Problemfeld, ob man mehrere Aufgaben gemeinsam so handhaben kann, dass keine Beeinträchtigung der einen oder der anderen erfolgt (Stichwort: Multitasking). Eine solche Lösung von Doppelaufgaben – die Lösung einer Haupt- und Zweitaufgabe – wurde nicht zuletzt auch im Zusammenhang mit der Erklärung der Probleme, die Autofahrer beim Handytelefonat haben, zum Thema. So sind die Fehlerraten und Reaktionen bei Doppelaufgaben weitaus größer als bei Einzelaufgaben (vgl. auch Döring 2005), wie auch Hyman und sein Team feststellen.

Der Begriff der „*inattentional blindness*" geht auf Laborexperimente von Mack und Rock zurück, die in dem gleichnamigen Buch (Mack/Rock 2000) zusammengefasst sind. Der Grundtenor ihrer Arbeiten ist, dass keine bewusste Wahrnehmung ohne Aufmerksamkeit möglich ist – und bezieht sich auf die Grunderfahrung des Menschen, dass man schaut und nicht sieht und etwas sieht, das nicht da ist. Es gibt also so etwas wie eine ‚Blindheit' durch fehlende Aufmerksamkeit – eine ‚Unaufmerksamkeitsblindheit'. Mack und Rock führten dazu eine Reihe klassischer Experimente durch. Mitunter sollte die Länge von Kreuzbalken danach eingeschätzt werden, ob die horizontale oder vertikale Seite länger sei. Die Balken wurden dabei mit hoher Geschwindigkeit präsentiert, um die Konzentration der Untersuchungspersonen voll in Anspruch zu nehmen. In gewissen Abständen wurde ein Signal eingebaut (etwa ein schwarzes Quadrat) und danach gefragt, ob es wahrgenommen wurde. Immerhin 25 Prozent der Probanden gaben an, das Quadrat nicht gesehen zu haben. Anders gewendet: bei 136 Probanden war die Treffergenauigkeit 75 Prozent, wobei man in psychologischen Versuchsanordnungen davon ausgehen kann, dass bei einem Anteil von einem Viertel zumindest schon eine Tendenz ableitbar ist (Mack/Rock 2000: 55). Dies führte zu der These, dass es einen Zusammenhang geben müsse: Keine bewusste Wahrnehmung ohne Aufmerksamkeit. Doch das heißt nicht notwendigerweise, wie die Autoren anmerken, dass es auch keine Aufmerksamkeit ohne Wahrnehmung geben würde, so, wie man beispielsweise auf jemanden wartet, der auf dem Weg zu einem ist (Warten ohne ihn zu sehen), oder wenn man auf ein Telefonat in nächtlicher Stille wartet. „In its most extreme form, anticipatory attention even may generate a perception in the absence of any sensory input, which again would seem to distinguish perception from attention" (ebd.: 245).

Man könnte der Studie von Mack und Rock nun vorwerfen, dass sie artifiziell ist und noch lange nicht beweist, dass Menschen in realen Umständen ganz offenkundige Dinge übersehen würden. Lassen wir beiseite, wie real es ist, einem Gorilla im Alltag zu begegnen, so ist doch das Gorilla-Experiment von Simons and Chabris, das mit dem bezeichnenden Titel ‚Gorillas in unserer Mitte' (Simons/Chabris 1999) publiziert wurde, weithin bekannt geworden. In dem Experiment (bei dem Probanden ein einminütiges Video vorgespielt wird) laufen zwei Teams von Basketballspielern umher und werfen sich dabei einen Basketball zu. Ein Team trägt weiße, das andere Team schwarze T-Shirts. Die Versuchsteilnehmer sollten nun die Pässe des weißen Teams zählen und die des schwarzen ignorieren (vgl. weiter: Chabris/Simons 2010: 5ff.).[24] Danach sollte die Häufigkeit der Pässe (34) genannt werden. Die Angabe der korrekten Anzahl ist den Forschern jedoch nicht wichtig gewesen. Das Zählen der Pässe hatte le-

---

24 Das Video ist zu sehen unter www.theinvisiblegorilla.com.

diglich den Zweck, die Aufmerksamkeit auf ein konkretes Ereignis zu lenken (wie bei Mack und Rock das Abschätzen der Länge der Kreuzbalken). Danach wurde sofort gefragt, ob irgendetwas Ungewöhnliches respektive ob etwas anderes als die Spieler und schließlich ob ein Gorilla gesehen wurde. Und in der Tat: Mitten durch das Geschehen ging eine Frau in einem Gorilla-Kostüm (in einer anderen Versuchsanordnung war dies eine Frau mit einem Schirm – das soll hier aber nicht interessieren), die sogar kurz stehen blieb, sich der Kamera zuwandte und mit den Fäusten auf den Brustkorb klopfte, um ihre Präsenz noch deutlicher zu machen. Obwohl der Gorilla offenkundig in Erscheinung trat (insgesamt 9 Sekunden lang) wurde er von ungefähr 50 Prozent der Zuschauer nicht gesehen. Dies war ein recht klarer Hinweis darauf, dass ein unerwartetes, aber offenkundiges Geschehnis nicht erfasst wird, wenn die Menschen aufgrund einer abgelenkten Aufmerksamkeit für weitere Dinge aufmerksamkeitsblind werden:

> „When people devote their attention to a particular area or aspect of their visual world, they tend not to notice unexpected objects, even when those unexpected objects are salient, potentially important, and appear right where they are looking. In other words, the subjects were concentrating so hard on counting the passes that they were 'blind' to the gorilla in front of their eyes." (Chabris/Simons 2010: 7)

Die Autoren ziehen die Schlussfolgerung, dass der Mensch faktisch nur einen kleinen Teil der Welt um sich herum visuell wahrnimmt, auch wenn er irrtümlicherweise vom Gegenteil ausgeht. Man kann, mit anderen Worten, schauen ohne zu sehen. (Hin-)Schauen ist notwendig, um zu Sehen. Aber Schauen ist nicht hinreichend dafür: Auf etwas zu schauen, ist noch keine Garantie, es auch zu sehen (Chabris/Simons 2010: 26) bzw. bewusst wahrzunehmen. Insgesamt sehen die beiden Forscher in ihren Ergebnissen ein robustes Phänomen einer Aufmerksamkeitsblindheit bei dynamischen Ereignissen (Simons/Chabris 1999: 1069). Dies ist alles andere als bedeutungslos, wenn es nachgerade um unerwartete Ereignisse geht (vgl. weiter Chabris/Simons 2010: 22ff.). Studien in einem Flugsimulator zeigten beispielsweise, dass Piloten, die sich auf ihre Navigationssysteme konzentrierten, manchmal nicht einmal ein (virtuell) auf die Landebahn geschobenes Flugzeug sehen (vgl. Haines 1989). Die Antwort auf die Frage, ob Telefonieren mit dem Handy während der Autofahrt die Aufmerksamkeit beeinträchtigt, erübrigt sich vor einem solchen Hintergrund. Dem mobilen Gespräch werden sogar Effekte zugesprochen, als wenn man unter einem Einfluss von Drogen oder Alkohohl gestanden hätte.[25] Alkohol an sich steigert nämlich schon die Aufmerksamkeitsblindheit (vgl. Clifasefi/Takarangi/Bergmann 2006). Frei-

---

25 So schreiben etwa Burns u.a. (2006: 56) als Resultat ihrer Studie: „Driving while intoxicated is clearly dangerous and this study also found that alcohol impairs driving performance. However, this study also found that certain aspects of driving performance are impaired more by using a phone than by having a blood alcohol level at the legal limit (80 mg/100ml). It is concluded that driving behaviour while talking on a phone is not only worse than normal driving, it can be described as dangerous."

sprechanlagen lösen das Problem nicht, selbst das Radiohören- oder Musikhören zeigt Negativeffekte auf die Aufmerksamkeit (vgl. Pizzighello/Bressan 2008).

Wird der Clown immer noch nicht gesehen?

Man kann nun Ergebnisse von Studien wie die mit dem Clown als empirischen Fakt zur Kenntnis nehmen – oder einen zweiten Blick darauf werfen. Menschen, die mit dem Phänomen der Aufmerksamkeitsbindheit konfrontiert sind, reagieren zunächst ungläubig: Mir passiert so etwas nicht! So würde man aus ‚purem Menschenverstand' heraus skeptisch sein, dass man den Clown auf einem Einrad tatsächlich übersehen würde. Was liegt also näher, als eine Replikationsstudie durchzuführen? Dies ist allerdings problematischer, als es auf den ersten Blick erscheint. Abgesehen davon, dass Replikationsstudien nicht unbedingt das Ansehen einer Originalstudie genießen, müssen wichtige Voraussetzungen erfüllt werden (vgl. Smith 1970: 973). Dazu müssen die Rahmenbedingungen der vorherigen Untersuchungssituation möglichst gleich wiederherstellt werden, was gerade bei einem qualitativen Experiment (vgl. z.B. Kleining 1991) wie dem mit dem Clown mit einer Reihe von Unabwägbarkeiten verbunden ist. Das beginnt schon bei den kulturellen Unterschieden in Bezug auf den Clown. Wer wird überhaupt als solcher angesehen, welche kulturelle Bedeutung hat er, welche Insignien machen ihn aus? Zusätzlich gibt es noch verschiedene Typen von Clowns (vgl. z.B. Borne 1993; Kepley 1994). Ein Clown ist womöglich gar nicht so beliebt, wie man meint– zumal in den USA-Filmen wie auch in der Realität kann er ein Übeltäter, Verbrecher und sogar Mörder sein. Darüber hinaus hat jeder Ort seine individuellen physischen, psychischen und sozialen Einflüsse, die sich auch nicht experimentell variieren lassen (z.B. das Wetter, der Zweck des Platzes etc.). So wird schnell klar, dass es sich in der nachfolgend dargestellten Studie nicht um eine Replikation im engeren Sinne handelt, sondern um eine Nachfolgestudie, die sich so weit wie möglich an die Vorgaben der Vorgängerstudie hält.

Wie schon im Zusammenhang mit den Piazza-Studien stand bei der ‚Clown-Studie' ein didaktisches Ansinnen im Vordergrund. Zum einen sollte ein kritischer Umgang mit Forschungsergebnissen erlernt, zum anderen sollten die Probleme bei der Durchführung gerade solcher ökologischen Experimente deutlich gemacht werden. Zwei Orte wurden, von der Hyman-Studie abgeleitet, als passend empfunden. Erstens war dies ein ausgewähltes Terrain auf dem Campus der Universität Erfurt, zweitens der Bahnhofsvorplatz (Willy-Brandt-Platz) der Stadt Erfurt. Bei der Wahl des Clowns spielten glückliche Umstände eine Rolle. Die lokale Tageszeitung berichtete über einen ausgewiesenen Thüringer

Einradfahrer, zu dem schnell Kontakt aufgenommen werden konnte.[26] Die Kostümierung wurde streng genommen nach der Verfügbarkeit einer entsprechenden Garderobe vorgenommen und basierte nicht etwa auf tiefgreifenden Analysen zur Psychologie und Soziologie des Clows. Er hatte letztendlich ein rotes Gewand, eine rote Knubbelnase, und im Unterschied zur Washingtoner Studie trug er noch eine auffällige rote Perücke (Abbildung 7). Dessen Aufgabe war es nun, eine Stunde lang auf den vorgesehenen Terrains mehr oder weniger große Kreise zu ziehen. Die gute Kondition des Einradfahrers erwies sich dabei als Vorteil, denn in der US-Studie wurde nichts davon berichtet, wie körperlich anstrengend das Einradfahren in Wirklichkeit ist.

Abbildung 7: Clown auf seiner Rundfahrt (hier auf dem Bahnhofsvorplatz)

Die Campusstudie wurde am 4. Mai 2010 von 11:30 Uhr bis 12:45 Uhr durchgeführt.[27] Um die Mittagszeit endet eine Reihe von Lehrveranstaltungen und es herrscht vor allem in Richtung Mensa ein reger Betrieb. Das Wetter war eher gemischt. Es war zwar nicht besonders warm (11 Grad Celsius), aber es regnete zumindest nicht. Sechs Teams aus Beobachtern/Befragern beobachteten und kontaktieren insgesamt 92 Studierende (davon 23 männlich, 69 weiblich).[28] Generell zeigte sich, dass der Clown von denjenigen, die sich mit dem Handy beschäftigten, seltener wahrgenommen worden ist als von den übrigen (etwa 30 Prozent der Handynutzer und etwa 60 Prozent der Nichtnutzer haben ihn gesehen), wobei dies erst recht beim SMS-Gebrauch der Fall war. Dieser Teil der Studie hatte jedoch eine besondere Einschränkung, die gleichwohl darauf zu-

---

26 Der besondere Dank gilt Paul Wegfraß, der als einer der besten Einradfahrer Thüringens unter anderem die Deutsche Meisterschaft im Uphill-Einradfahren 2009 gewann.
27 Insbesondere ist hier zu danken: Christopher Fink, Franziska Grammes, Arne Hellwig, Jana Hofmann, Jakob Johanssen, Alexander Otto, Caroline Pohl und Steffen Präger.
28 Das Verhältnis der Geschlechter spiegelt durchaus die Situation an der Universität Erfurt mit einem recht hohen Frauenanteil wider.

rückzuführen war, dass die Teams noch nicht so recht aufeinander eingespielt waren. Es ist den Teams nämlich nicht immer gelungen, sich unauffällig zu positionieren. Das führte dazu, dass auf die Frage, ob etwas Ungewöhnliches gesehen wurde, auch das Team aufgefallen ist. *„Ja, so ein roter Typ auf 'nem Einrad und ihr, ihr seid mir auch aufgefallen."* Das zeigt auch zusammenfassend die nachfolgende Tabelle mit den Ergebnissen der Campus-Studie:

Tabelle 1: Wahrnehmung des Clowns bei der Campus-Studie

		Zugehörigkeit zur Gruppe				
		Single ohne technische Geräte	Single mit MP3 Player	Single mit Mobiltelefon	Paar	Σ
Wahrnehmung	Clown	16	2	1	10	29
	nichts	12	0	9	8	29
	Clown und Team	0	0	1	2	3
	nur das Team	0	0	2	0	2
	sonstiges	1	0	0	0	1
Σ		29	2	13	20	64

Gleichzeitig wurden einige Unzulänglichkeiten der Washingtoner Studie deutlich: Zum einen hatte sie sich weder um die via Mobiltelefon verhandelten Themen noch um das Involvement des Mediennutzers gekümmert. So ist es, wie eine Befragte bemerkte, doch ein Unterschied, ob man seiner Freundin zum Geburtstag gratuliert oder seiner Mutter die (unter Umständen gar schlechte) Note einer Prüfungsarbeit mitteilt. Telefonat ist somit nicht gleich Telefonat. Und damit wird auch die Aufmerksamkeit je unterschiedlich in Anspruch genommen. Zum anderen hat die Vorgängerstudie nicht nach weiteren Nutzungsmodi unterschieden. Beispielsweise fehlt das Senden und Empfangen von SMS-Botschaften. Auch hier können je nach medialem Modus ganz unterschiedliche Aufmerksamkeitsleistungen angenommen werden.

Aus den Lektionen der Campus-Studie gelernt, wurde im zweiten Teil auf dem Bahnhofsplatz wie folgt vorgegangen: Die Teams wurden diesmal in der Weise platziert, dass sie nicht ganz so offenkundig als Fremdelemente in Erscheinung getreten sind. Der Bahnhofsvorplatz ließ sich zudem gut abgrenzen, weil die Zu- und Abgänge gut im Auge zu behalten waren. Unterschiedliche Orte stehen, wie schon erwähnt, für unterschiedliche Behaviour Settings und damit für distinkte Verhaltensweisen. Der zweite Teil der Untersuchung fand am 15. Juni 2010 von 14:30 Uhr bis 15:45 Uhr bei gutem, sonnigem Wetter statt. Wieder ist der Clown eine Stunde auf einem abgesteckten Terrain gefahren. Es waren 7 Beobachter/Interviewer an vier Standorten zu Gange. Insgesamt wurden 161 Personen befragt (80 männlich, 81 weiblich). Darunter waren 117 Alleingehende und 22 Paare. Von den Beobachteten respektive Befragten war etwa jeder achte mit dem Mobiltelefon beschäftigt. Die Ergebnisse dieses Teils der Studie sind in der nachfolgenden Tabelle zusammengefasst:

Tabelle 2: Wahrnehmung des Clowns am Bahnhofsvorplatz

		Zugehörigkeit zur Gruppe				Σ
		Single ohne technische Geräte	Single mit MP3 Player	Single mit Mobiltelefon	Paar	
Wahrnehmung	Clown	17	7	2	8	34
	Sonstiges	5	1	3	3	12
	nichts	49	18	15	11	93
Σ		71	26	20	22	139

Das Ergebnis war erneut, dass der Clown seltener – und zwar nur von 25 Prozent der Handynutzer – wahrgenommen wurde. Allerdings haben auch nahezu 70 Prozent der Singles mit oder ohne technischem Gerät (das meint hier insbesondere einen MP3-Player oder ähnliche Geräte) den Clown nicht gesehen. Dies war indessen ‚nur' bei der Hälfte derjenigen der Fall, die nicht allein, sondern gemeinsam unterwegs waren. Auffällig, zumal im Vergleich zur US-Studie, ist der recht hohe Anteil der Nichthandynutzer, die den Clown nicht gesehen haben. Das ist sicher nicht auf kulturbestimmte Besonderheiten zurückzuführen – vielmehr ist zu vermuten, dass die Besonderheiten des Ortes eine Rolle spielen. Der Bahnhofsvorplatz ist nicht unbedingt ein Ort zum Flanieren. Die Wege sind weitaus zielorientierter, sei es, dass die Menschen auf dem Weg zum Zug sind, um wegzufahren oder jemanden abzuholen, dass sie vom Zug kommen und zielstrebig Richtung Innenstadt gehen oder dass sie den Platz in Richtung des angrenzenden Busbahnhofs überqueren bzw. von daher kommen. Darüber hinaus ist am Bahnhofsvorplatz eine Straßenbahnhaltestelle, auf die die Menschen zusteuern und von der sie kommen und dabei den Platz überqueren.

Bei all dem gibt es auch eine Reihe von Unklarheiten. Eine beachtliche Anzahl telefonierender Passanten war nicht ansprechbar oder wollte ausdrücklich nicht angesprochen werden und das Telefonat für ein kurzes Interview mit den Forschern unterbrechen. Mit diesen Unschärfen muss man, zumal bei einem solchen (qualitativen) Experiment, leben und davon ausgehen, dass die Situation sich doch komplexer gestaltet, als es die erhobenen Daten nahelegen. Eines zeigte sich jedoch über beide Teilstudien hinweg und zudem als Bestätigung der Studie der Western Washington University: Dass Menschen mit einem Mobiltelefon in stärkerem Maße die Aufmerksamkeit von ihrer direkten Umgebung abziehen als dies bei Nichttelefonierenden der Fall ist. Fasst man die Ergebnisse zusammen, so ergibt sich folgendes Bild (Tabelle 3):

Tabelle 3: Wahrnehmung des Clowns in unterschiedlichen Konstellationen – Gesamtergebnis

	Befragte Personen					
		Single ohne technische Geräte	Single mit Mobiltelefon	Single mit MP3-Player	Paare	Σ
Wahrnehmung	Clown	33	4	9	20	66 (32%)
	Sonstiges	6	5	1	3	15 (7,4%)
	nichts	61	24	18	19	122 (60%)
Σ		100	33	28	42	203

In beiden Studienabschnitten wurden 203 von 245 Passanten befragt (161 Alleingehende, 42 Paare), von denen etwa ein Drittel den Clown wahrgenommen hat. Bei Handynutzern war dies noch weitaus deutlicher. Paare wiederum haben den Clown eher gesehen. Die besonders hohe Zahl der ‚Aufmerksamkeitsblinden' mag nicht zuletzt daran liegen, dass an beiden Orten, dem Campus und dem Bahnhofsvorplatz, Menschen besonders zielstrebig unterwegs waren und damit die Aufmerksamkeit noch stärker gebunden war. Damit bestätigte sich die von Hyman u.a. postulierte Tendenz (auch wenn noch einige Fragen offen sind).

Die Illusion des nichtbeeinträchtigten Handynutzers

Die grundlegende Frage, die sich stellt, bevor man von einer Beeinträchtigung sprechen kann, ist: Was ist überhaupt Aufmerksamkeit? Eine eindeutige Antwort ist nicht leicht zu finden: „Attention is not of one kind, so rather than searching for a single definition, we need to consider attention as having a number of different varieties. Perhaps we cannot understand what attention is until we accept this" (Styles 2006: 3). Generell ist ‚inattentional blindness' im Zusammenhang mit anderen ‚Aufmerksamkeitserscheinungen' zu sehen, insbesondere mit Momenten der selektiven Wahrnehmung und Aufmerksamkeit (vgl. im Überblick: Styles 2000; Odmar u.a. 1996). Dazu kommen verwandte Momente der ‚Blindheit', insbesondere die Change Blindness (vgl. Huff 2008; Rensink 2000), die dann gegeben ist, wenn wir bei einem Vergleich von dem, was wir jetzt sehen, und dem, was vorher war, scheitern (vgl. Chabris/Simons 2010: 55). Ein Beispiel: Eine Person wird von einer in die Forschung eingebundenen Person nach dem Weg gefragt. Während sie Auskunft gibt, wird kurzzeitig das Gespräch unterbrochen, weil jemand (eingeweiht in das Experiment) mit einem großen Gegenstand, etwa einer Holztür, zwischen den beiden Personen hindurchgeht und damit deren Sichtkontakt unterbricht. In dieser Zeit wird der

Nach-dem-Weg-Frager ausgetauscht. Dies entgeht allerdings der auskunftgebenden Person.

Beide Phänomene, die ‚inattentional blindness' wie auch die ‚change blindness', sind eigentlich gar nicht so erstaunlich. Erstaunlich sind vielmehr die Selbsteinschätzungen der Menschen, die davon ausgehen, dass sie im Hier und Jetzt alles vollständig wahrnehmen. Sie sitzen jedoch einer Illusion der Aufmerksamkeit auf. So vermerken Chabris und Simons (2010: 7) entsprechend: „The fact that people miss things is important, but what impressed us even more was the surprise people showed when they realized what they had missed." Das war auch in unserem Clown-Experiment der Fall. Mit der Tatsache, dass gerade ein Clown direkt vor ihrer Nase vorbeigefahren ist, waren viele Befragte erst einmal völlig überrascht. Sie sahen es gar als ein persönliches Versagen und einen Kontrollverlust an, dass ihnen ein doch so offenkundiges Geschehen nicht gewahr wurde. Ein solcher Kontrollverlust ging nicht zuletzt mit Rechtfertigungsversuchen und Normalisierungen einher (so, wie dies auch im Zusammenhang mit einem lauten Klingeln des Handys noch gezeigt werden wird, siehe Kapitel 8): Es wurde darauf hingewiesen, dass man gerade die Brille nicht auf hatte, sich gerade nach einem Freund umschaute oder sich auf etwas anderes konzentrierte. So gibt es nicht nur eine ‚inattentional blindness', sondern darüber hinaus ausgeprägte Rechtfertigungen für ein Nichtsehen. Dies ist kommunikationswissenschaftlich betrachtet ein spannender Moment. Problematisch wird diese Uneinsichtigkeit jedoch, wenn man zum Beispiel trotz eines expliziten Verbots während der Autofahrt zum Handy greift und wider besseren Wissens und Gewissens jede Einschränkung der Fahrtüchtigkeit leugnet.

Mit Blick auf das Phänomen einer ‚inattentional blindness' scheinen, so Chabris und Simons (2010: 31), individuelle Unterschiede keine Rolle zu spielen: „... there is almost no evidence that individual differences in attention or other abilities affect inattentional blindness." Selbst wenn man die Aufmerksamkeitsfähigkeiten der Menschen trainieren würde, würden diese damit nicht notwendigerweise unerwartete Objekte besser erkennen. Geäußert wurde die Vermutung, dass es sich eigentlich um keine ‚Blindheit', sondern um ein Vergessen des Wahrgenommenen – um eine Aufmerksamkeitsamnesie – handeln würde (vgl. z.B. Rensink 2009: 37; Moore 2001). In dem konkreten Fall des Clowns ist dies eher auszuschließen, da die Personen in situ befragt worden sind und manche sogar die direkte Frage nach dem Clown bejahen konnten, obwohl sie vorher angaben, nichts Auffälliges gesehen zu haben. Alternativ wird eine Agnosie (inattentional agnosia) ins Spiel gebracht. Das meint, dass die Beobachter kognitiv, sofern sie durch andere Tätigkeiten in ihrer Aufmerksamkeit abgelenkt sind, nicht auf die adäquaten Kategorien zugreifen können, um ein Geschehnis zu beschreiben. Und so erkennen sie auch nichts Ungewöhnliches, einfach, weil sie es nicht bewusst wahrgenommen haben – „that the observers do see the visual elements, but do not assign meaning to them" (vgl. Rensink

2009: 57). Dies ist nicht auszuschließen. Zumal in der Campus-Studie „der Typ mit der roten Perücke", „der Mensch, der da seine Runde dreht" oder „der rote Typ auf dem Einrad" ausgemacht, aber nicht als Clown bezeichnet wurde. Dass die Annahme einer Agnosie die einzige Wahrheit sei, wird allerdings auch hier widerlegt, weil sich manche, wie schon erwähnt, bei der direkten Nachfrage trotzdem an den Clown erinnern konnten – es scheint also in einem gewissen Ausmaß unbewusste visuelle Wahrnehmungs- bzw. Erkennungsprozesse zu geben.

Schließlich bliebe noch zu fragen, wie unerwartet und ungewöhnlich ein Clown im öffentlichen Raum, zumal auf dem Campus, ist. Selbst wenn im Einzelfall geäußert wurde, dass so etwas doch gar nicht so besonders sei, so ist doch bis zu diesem Experiment, zumindest von den Forschern, niemals ein Clown auf dem Campus gesehen worden. Wenn gerade ein Professor den Clown nicht gesehen hat, so ist dies eher eine amüsante Ergänzung und Ausdruck einer professionellen Deformation: „Ach so, nein, habe ich leider nicht bemerkt. Ähm, da ich gerade eine Vorlesung gehalten habe und da selber der einradfahrende Clown bin, hab ich keinen Draht mehr für so was."

Abschließend muss noch einmal betont werden, dass es sich bei einer ‚inattentional blindness' um das Nicht-Erkennen von unerwarteten, nicht um das Nicht-Erkennen von erwarteten Ereignissen handelt. Und unerwartete Ereignisse treten gar nicht so häufig auf, als dass man sich Sorgen um die tendenzielle Unfähigkeit des Menschen, bei abgelenkter Aufmerksamkeit unerwartete Ereignisse wahrzunehmen, machen müsste. Sie ist eben eine natürliche Folge davon, dass der Mensch sich auf einzelne Aspekte seiner Umwelt konzentrieren können muss, um relevante Informationen aus der Reizüberflutung herauszufiltern. Mit dem Blick auf die Mobiltelefonnutzung zeigen das auch die durchgeführten Studien: Bis auf leichte Kollisionen wurden keine Unfälle (auch in den Untersuchungen zum Gehen) registriert. Darüber hinaus passiert Fußgängern (wie auch Fahrradfahrern) allgemein weniger an Orten, wo Gehen (und Fahrradfahren) gängige Praxis sind (sie sind dann ja nicht mehr unerwartet und erwartete Ereignisse nimmt man leichter wahr): „Walking and biking were the least dangerous in the cities where they were done the most, and the most dangerous where they were done the least" (Chabris/Simons 2010: 18). Und die vorgestellten Studien erfolgten auf Plätzen, wo in der Tat ein reger Fußgängerverkehr vorherrscht und keine Autos fahren.

Nach Chabris und Simons sind die Aufmerksamkeitsblindheit und eine damit verbundene Illusion des Wahrnehmens eng mit der Entwicklung moderner Gesellschaften verwoben. Je komplexer die Gesellschaft, desto mehr gibt es auch wahrzunehmen und desto mehr Ereignisse können (versehentlich) übersehen werden (vgl. Chabris/Simons 2010: 37).

„The effects of inattention are further amplified by any device or activity that takes attention away from what we are trying to do. Such devices and activities were rare in the

BlackBerryless, iPhone-free, preGPS past, but they're common today." (Chabris/Simons 2010: 37)

Das hat auch schon Georg Simmel vermuten lassen. Insbesondere wird ein solches Moment der ‚Blasiertheit', um den Simmelschen Begriff zu verwenden, nachgerade im Zuge einer zunehmenden Mediatisierung des Alltags virulent. So gesehen hat man es nicht nur mit einer Art Test der Simmelschen Blasiertheit (als mediale Blasiertheit), sondern auch der ‚absent presence' (nach Gergen) zu tun. Eine Aufmerksamkeitsblindheit macht das Handy zumindest nicht ‚gefährlicher' als andere Medien im öffentlichen Raum. Es birgt allerdings noch andere Gefahrenquellen als einen Abzug von Aufmerksamkeit in sich, wie folgender Bericht zeigt:

> *„In einem Stahlbau-Unternehmen in Nördlingen waren zwei Mitarbeiter gerade mit einer Nitroverdünnung beschäftigt, als bei einem der beiden das Handy klingelte. Wie ermittelnde Polizeibeamte später berichteten, habe das Klingeln einen elektromagnetischen Impuls ausgelöst, der auf die Chemikalie übergriff. Bei der dabei entstandenen Verpuffung wurden die Arbeiter verletzt. Beide erlitten Verbrennungen an ihren Armen. Per Hubschrauber wurden sie in eine für Brandwunden spezialisierte Klinik gebracht."*[29]

---

[29] http://www.shortnews.de/id/677027/Noerdlingen-Arbeitsunfall-durch-Handyklingeln-ausgeloest-Zwei-Verletzte

Kapitel 7

Verweilen und Telefonieren – Nischen und andere Privatheitsbezeugungen

Noch einmal auf der Piazza

Menschen sind nicht nur unterwegs – sie verweilen auch, sind hier und da sogar dazu gezwungen. Honoré Balzac, für den der Ruhezustand das „Schweigen des Körpers" (Balzac 2002: 129) darstellt, geht sogar noch weiter, indem er anmerkt, dass ständig in Bewegung zu sein niemandem gezieme „und nur Mütter können das Herumtoben ihrer Kinder ertragen" (ebd.: 148). Die Stadt ist ein Ort des Flaneurs (vgl. auch Benjamin 2009), der als solcher auch Zeit zum Verweilen hat. Nicht jede Art des Verweilens ist gleichermaßen sozial akzeptiert – es gibt ein Flanieren, Schlendern, Rasten und Ausruhen, ein Erkunden, ein Wartenmüssen, allerdings auch ein Herumlungern. Letzteres verweist auf ein längerfristiges untätiges Verweilen an einem Ort respektive darauf, „wenn an ein und derselben Stelle herumgestanden wird" (Goffman 2009: 72). Dies wird nicht immer gerne gesehen und führt manchmal zu Irritationen. Goffman (2009: 72) hat dies wie folgt illustriert:

> „In vielen unserer Straßen, besonders zu gewissen Stunden, kontrolliert die Polizei jeden, der nichts zu tun zu haben scheint, und fordert ihn auf, weiter zu gehen. (In London stellte ein Gericht neulich fest, dass der Mensch das Recht hat, auf der Straße zu gehen, nicht aber das Recht, auf der Straße herumzustehen). In Chicago kann eine Person in ihrem Kiez in Landstreicherkluft herumlungern, verlässt sie aber diesen Schonbereich, muss sie so aussehen, als beabsichtige sie zur Arbeit zu gehen. Ähnlich verdanken manche vermeintlich Geisteskranke ihre Einweisung dem Umstand, dass die Polizei sie aufgriff, als sie zu unangemessener Zeit ziel- und zwecklos durch die Straßen irrten."

Erst recht, wenn bei einem ‚Herumlungern' noch Alkohol im Spiel ist, muss mit dem Einschreiten der Ordnungsmacht gerechnet werden. Um gleich gar keine Irritationen aufkommen zu lassen, sind wir bemüht, eine Situation des Wartens anderen gegenüber so darzustellen, dass sie nicht als ein solches zielloses Herumlungern gedeutet wird. Man schaut auf die Armbanduhr, schüttelt sogar den Kopf – alles, um anderen anzuzeigen, dass es einen guten Grund gibt, sofern nicht sofort erkennbar ist, dass das Verweilen einen Zweck hat. Erving Goffman (1974: 184) nennt dies *Orientierungskundgaben*. Deren Funktion besteht darin, „die Bedeutung zu ändern, die andernfalls einer Handlung zugesprochen werden könnte, mit dem Ziel, das, was als offensiv angesehen werden könnte, in etwas zu verwandeln, das als akzeptierbar angesehen werden kann" (ebd.: 156). Das Mobiltelefon eignet sich für diesen Zweck hervorragend, denn für andere ist durchaus nachvollziehbar, dass man (wenn auch nicht zu lange) stehen bleibt respektive sich in einem gewissen Terrain – eben zum Zwecke des Telefonierens – aufhält und diesen Raum für sich allein beansprucht (dieser Aspekt wird später noch weiter beleuchtet). Benutzt der Telefonierende eine Freisprecheinrichtung, ist dies für Dritte nicht immer sofort zu erkennen, so dass sie ob des Verweilens doch eher irritiert sind. Dies könnte ein Grund unter vielen sein, warum sich diese Art des mobilen Gesprächs noch nicht so weit verbreitet hat. Der Handynutzer zieht während des Telefonats immer wieder Kreise oder läuft zumindest kreisartig. Man bewegt sich und kommt doch nicht voran. Das unterstreicht das bisher Gesagte, dass nämlich Gehen und Telefonieren zusammenfallen. Ein Teilnehmer einer Gruppendiskussion hat dies wie folgt festgehalten: *„Man läuft dann irgendwie so merkwürdige Kreise und diese Kreise, denk ich immer, das hat irgendwie was damit zu tun, dass man immer versucht, den optimalen Abstand zu anderen Leuten auch zu haben. Also, dass man, man weicht irgendwie immer so aus, dass man irgendwie falls irgendjemand sehr nahe kommt, dass man auch wieder weg geht, und kommt auf der anderen Seite jemand nahe, geht man auch wieder irgendwo weg, so dass man immer irgendwo so einen bestimmten Radius um sich rum hat, der eigentlich irgendwie für sich ist. Also, ich denke, dass das grundsätzlich so motiviert ist, wie man da so rumläuft, so komisch, ja, und merkwürdig aussieht. Also ich denke, jedenfalls, dass man das irgendwie unbewusst so tut, macht.“* Und hierbei wird zugleich ein Grund mitgeliefert: Man zeigt, dass man Abstand zu anderen haben und damit ein temporäres eigenes Terrain beanspruchen will.

Die Piazza ist voller Leben – nicht nur zu den Zeiten des Marktgeschehens. Selbstverständlich wird auch mobil telefoniert und auf der Piazza verweilt – bisweilen mit markanten Verhaltensmustern. Der Mobiltelefonierende übernimmt zwei Rollen: zum einen als Person, die sich dem Telefonat widmet, zum anderen als Akteur/Schauspieler vor einem Publikum. Was das erste Moment angeht, so zeigt das Verhalten eine gewisse Isolierung, ja, wenn nicht sogar eine Art autistisches Verhalten, bei dem „the mobile phone user turns his or her back toward other people and then talks and either stares at the floor or walks slowly around. The purpose of these actions is to indicate that the mobile phone user has moved into his or her own private place and that he or she is concentrating on the phone call. Non-verbal, the mobile phone leads to 'closed' and 'passive' public behaviour. Such mobile phone use ... appears as an autistic form of public behaviour" (Puro 2002: 23). Die Deutung als eine Art Tanz oder „Körperballett" (Seamon/Nordin 1980: 36) wird hier wieder in Erinnerung gerufen (vgl. Kapitel 6).

Gleichzeitig ist der Gebrauch des Mobiltelefons durch die Zeitstruktur der Piazza beeinflusst. Am Vormittag ist Marktzeit; der Platz ist, zumindest teilweise, mit Verkaufsständen belegt. Das hat nicht nur Einfluss auf die Möglichkeit, den Platz (telefonierend) zu überqueren, sondern auch darauf, inwieweit man den Platz für sich in Anspruch nehmen kann bzw. darf. Wenn das Marktgeschehen beendet ist, ist die Situation wiederum vollkommen anders. Der Platz ist frei und hat, nach einem ‚Bühnenwechsel', eine ganz andere Erscheinung. Die Tageszeit ist nicht zuletzt auch von Belang, was die Positionierung des Publikums, d.h. der Menschen, die in den Cafés am Rande des Platzes sitzen, angeht. Es zeigte sich nämlich, dass die Wahl des Cafés durchaus von der Tageszeit abhängig ist. Im Frühjahr (der Zeit, in der die Beobachtungen stattfanden), suchten die Menschen die wärmende Sonne, so dass vor allem die Cafés auf der Sonnenseite stark frequentiert waren. Im Hochsommer dürfte dies gerade umgekehrt sein. Aber keine Regel ohne Ausnahme: In dem Café auf der Sonnenseite, in dessen Nähe sich der Fischstand befand, saß am Vormittag (aus gut nachvollziehbaren Gründen) kaum jemand.

Bis hierher ist schon häufiger angeklungen, dass man sich die Piazza als eine Bühne, auf der das Leben stattfindet, vorstellen kann – gesäumt von einem Publikum, das in den Straßencafés rund um den Platz angesiedelt ist (Abbildung 8).

Abbildung 8: Die Piazza als Bühne

Die nachfolgende Abbildung zeigt die ‚Verweilmuster' jener Menschen, die auf der Piazza telefonierten. Wie schon in Kapitel 6 handelt es sich hierbei um eine Beobachterperspektive von oben herab, nicht um die Perspektive der Gehenden. Man kann sich das vorstellen wie ein Filmen von oben [30], auch wenn faktisch die Wege der Telefonierenden freihand auf einer Skizze der Piazza nachgezeichnet worden sind.

---

30 Jedoch: „Filming from above one gains access to social life as a *product*, but at the same time the lived-work of *production* is hidden from view." (Have 2004: 160)

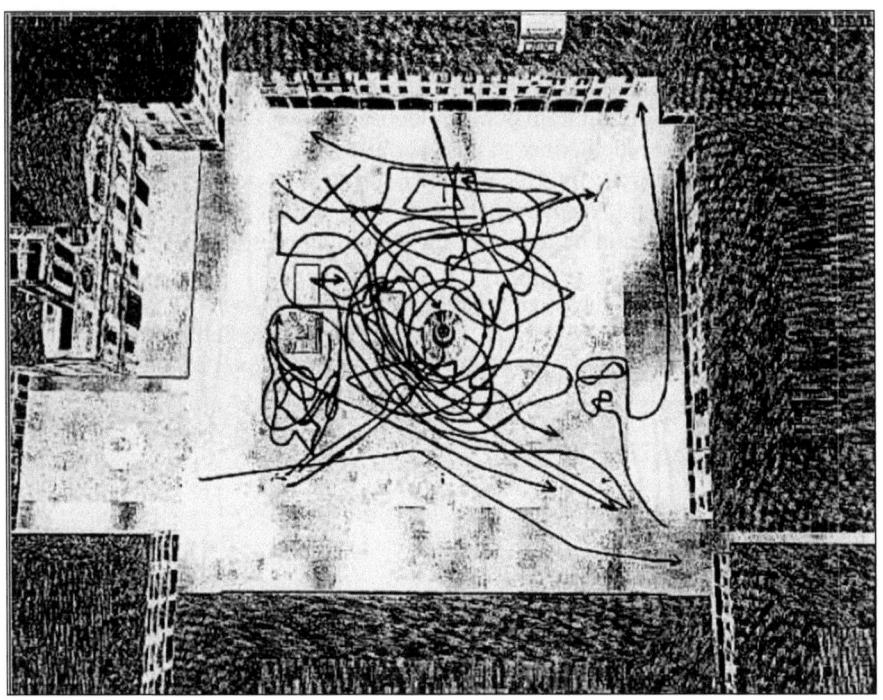

Abbildung 9: Verweilen der Telefonierenden auf der Piazza Matteotti in Udine am Nachmittag

Auffällig ist die Orientierung an zentralen Lokalitäten, vor allem am Brunnen in der Mitte. Dabei spiegelt sich gewissermaßen dessen Bedeutung, die er immer schon hatte, nämlich als Treffpunkt und Ort des Versammelns – und jetzt als kommunikative Insel für die Nutzer des mobilen Telefons. Frauen deponieren ihre Kinder im (wasserlosen) Brunnenbecken, als wäre er ein Laufstall, um ungestört und ihre Kinder in Sicherheit wissend, telefonieren zu können, Männer setzen sich an den Brunnenrand, um beispielsweise abseits des Marktgeschehens in Ruhe ihr Telefonat führen zu können. Erst recht wird die Zentralität des Brunnens deutlich, wenn man die Gehmuster aller Beobachtungstage aufeinander projiziert. Dann zeigt sich geradezu pointiert ein Spannungsfeld zwischen dem Umstand, dass sich der Gebrauch des Mobiltelefons in bisherige Muster einfügt – wie im Falle der Überquerer –, und der Beobachtung, dass auch neue Muster entstehen: nämlich das kreisende und schlangenförmige Bewegen auf dem Platz (wiewohl ein solches Verhalten ähnlich dem ist, wie man es von Wartenden gewohnt ist).

Ein weiterer, wenn auch in der Beobachtungsstudie eher als Marginalie festgestellter Aspekt ist der bühnenreife Auftritt, bei dem das Handygespräch seinen

Selbstzweck verliert. Bei einem solchen „stage phoning" (Geser 2004) möchte der Telefonierende Eindruck beim ‚Publikum' machen, sei es, dass demonstriert (oder vorgegeben) wird, mit besonders wichtigen Personen im Gespräch zu sein oder besonders bedeutsame Geschäfte zu tätigen – bis hin zu dem, dass ein Gespräch als Ganzes vorgetäuscht wird. Aber auch allein schon die Präsentation des Selbst vor Publikum zählt dazu. In der Tat konnten einige Fälle beobachtet werden, wo die Person (es handelte sich ausschließlich um Männer) nur zum Zwecke des Telefonierens die Bühne Piazza betreten und gleich danach wieder verlassen hat – um dann weiter oder zu einem der Cafés zu gehen und sich im Freien niederzusetzen. Ein Mobiltelefon ist ein Teil der Präsentation des Selbst, die in diesen Fällen von den Personen natürlich stark übertrieben wurde. Ganz ungefährlich ist eine solche Schaustellung jedoch nicht: Schnell kann es dazu kommen, dass anderen auch Dinge zu Ohren kommen, die sie besser nicht hören sollten und die der beabsichtigen Selbstdarstellung sogar entgegen laufen können. Ein solches ‚stage phoning' funktioniert allerdings, weil die Piazza eine fortlaufende Rollenverteilung (Publikum-Akteur-Publikum und vice versa) ermöglicht (Abbildung 10).

Abbildung 10: Menschen auf und an der Piazza

Die Telefonierenden müssen sich mit den Menschen auf der Piazza und um die Piazza herum arrangieren. Zwei Reaktionen gibt es, laut Mehrabian (1987: 11), gegenüber Umwelten: entweder Annäherung oder Meidung. Doch bedeuten Annäherung und Meidung mehr, als dass man sich bloß physisch auf eine Umwelt zu- oder von ihr wegbewegt. Gemeint ist damit ferner eine Umschreibung des Verhaltens in Umgebungen, denen sich eine Person physisch nicht so einfach entziehen kann. Ob sich ein Mensch seiner Umwelt eher annähert oder diese meidet, zeigt sich unter anderem an seinem Kontaktverhalten und wie andere Menschen in der jeweiligen Umwelt darauf reagieren.

> „Annäherungsverhalten oder Anschlusssuche bedeutet, dass ein Mensch durch Augenkontakt, Lächeln, Nicken, Grüßen, Hilfe beim Tragen oder Anknüpfen eines Gesprächs Verbindung aufzunehmen versucht. Ausweichverhalten oder Absonderung ist das genaue Gegenteil: die anderen Menschen werden ignoriert, Augenkontakt wird vermieden, die körperliche Distanz zu anderen Personen wird erhöht, der Körper wird von ihnen weg gewendet und Versuche, ein Gespräch anzuknüpfen, werden abgewiesen." (Mehrabian 1987: 12)

Bei den Nutzern eines Mobiltelefons zeigt sich tendenziell Ausweichverhalten. Eine Form des Abwendens, zumindest aber des temporären ‚Ausklinkens' aus dem sozialen Geschehen erfolgt dadurch, dass man eine Kommunikationsnische aufsucht, um zum einen andere nicht zu stören, aber vielmehr noch, um von anderen nicht gestört zu werden. Bezogen auf eine Fortbewegungsperspektive heißt dies in gewisser Hinsicht, dass sich der Telefonierende nicht mehr in der Lage sieht, am Fußgängerverkehr teilzunehmen. Die Arkaden rund um die Piazza Matteotti stellten für eine Reihe von Telefonierenden solche Nischen dar (Abbildung 11).

Abbildung 11: Telefonieren unter den Arkaden

Weitere temporäre Telefonierzonen oder improvisierte Freiluft-Telefonzellen (vgl. zu den Begrifflichkeiten auch Lasén 2003: 19) waren: die Ecken der Piazza, der Brunnen, der Platz hinter den Marktständen oder die Cafés am Rande der Piazza. Man klinkt sich dabei aus dem Miteinander aus, bis zu dem, dass man die Anwesenheit anderer (vorübergehend) ignoriert.[31] In solchen Nischen scheint man sich eher sicher, andere nicht zu stören oder von anderen nicht gestört zu werden. Die telefonierenden Menschen zeigten sich entspannter, standen aufrecht und blickten aktiv (und nicht in sich gekehrt) in ihre Umwelt (in nahezu zwei Dritteln der Beobachtungen war dies zumindest der Fall). Allerdings muss hier angemerkt werden, dass die Anzahl der Nischennutzer, die während der Studien beobachtet wurde, sehr klein ist.

Wieder zurück in Erfurt

Nach dem telefonischen Gespräch muss man irgendwie wieder in das ‚Hier und Jetzt' der realen Umgebung zurückfinden. Der Abschuss eines Telefonats wird darum oftmals von Wiedereinstiegsgesten begleitet, mit denen signalisiert werden soll, dass man an den Ort der physischen Präsenz nun auch wieder mental zurückgekehrt ist. Das zeigt sich in einer Änderung der Körperhaltung von verschlossen auf offen, in einem Aufblicken oder indem man sich wieder zur Begleitperson oder zur Gruppe, zu denen man während des Telefonats auf Abstand gegangen ist, aufschließt. Ein Beispiel: Ein junger Mann setzte sich an den Brunnenrand, um dort zu telefonieren. Nach seinem Gespräch steckte er das Handy ein. Er blickte auf die Uhr und schaute sich kurz auf dem Platz um, so als würde er sagen: „Ich bin wieder zurück!"

Die bereits erwähnte ‚Erfurter Studie' unterstreicht das Gesagte – wenn auch mit gewissen Abweichungen, wobei insbesondere daran gedacht werden muss, dass die räumliche Umgebung schließlich gänzlich anders gestaltet ist. Der Anger ist ein viel offenerer und größerer Platz mit einer Platzmöblierung und Straßenbahnhaltestellen – und schließlich wird der Platz durch die Straßenbahnen selbst geprägt. Doch auch hier zeigt sich, dass keine Personen beobachtet werden konnten, die sich mitten im Zentrum des Platzes aufhielten, während sie das Mobiltelefon benutzten. Sie verweilten vor Schaufenstern, neben Bänken, an Säulen, Blumenkübeln, Schildern oder waren gegen diese Objekte gelehnt. Wie der Brunnen und die ihn umgebenden Arkaden auf der Piazza scheinen solche Orientierungspunkte ein gewisses Maß an Schutz zu bieten. Schon mangels Möglichkeiten konnten gleichwohl ausgewiesene Nischen im engeren Sinne, wie dies auf der Piazza festgestellt wurde, nicht aufgesucht werden, es sei denn, man nimmt Fälle wie den einer Frau hinzu, die sich hinter eine große Grünpflanze stellte, von der sie dann vor ihrer Umgebung verdeckt wurde.[32] Men-

---

31 Im Rahmen der Beobachtungen wurden im Übrigen kaum Nebentätigkeiten wie das Betrachten der Schaufensterauslage oder das Zurechtrichten der Kleidung beobachtet.
32 Beobachtungsstudien zum Thema Geschlecht und Mobiltelefon, die im Mai 2008 in Italien durchgeführt worden sind, deuten weiter darauf hin, dass eher Frauen als Männer sol-

schen, die telefonieren oder eine Nachricht schreiben, sind vor allen Dingen an den Straßenbahnhaltestellen respektive auf den Bahnsteigen zu beobachten. Dies wird noch weiter zu verfolgen sein, denn hier zeigt sich ein ganz bestimmter Nutzungskontext: Das Handy als Medium zur Überbrückung von Wartezeit.

Während nun die Menschen, die das Mobiltelefon beim Gehen benutzen, wachsamer sein müssen, können es sich jene, die beim Telefonieren stehen bleiben, leisten, sich stärker auf das Telefonat zu konzentrieren: Sie schauen vermehrt auf das Display ihres Handys oder auf den Boden. An sich fallen sie auch kaum auf – und sie stellen kaum ein Störmoment dar. Es gibt jedoch Ausnahmen: So kam es vor, dass Menschen, die ein Telefonat nicht rechtzeitig beendet hatten oder sehr in ein Telefonat vertieft waren, gerade an den Haltestellen ein gewisses Hindernis für andere darstellten, weil sie dem Passantenstrom in und aus der Straßenbahn ‚im Weg standen'.

Bei den Cafés, die im Umfeld der beobachteten Plätze angesiedelt sind, zeigt sich ein ähnliches In-sich-gekehrt-sein der Telefonierenden. Dies war vor allem dann der Fall, wenn die Telefonierenden alleine am Tisch saßen. Aber auch an Tischen mit mehreren Personen war dies zu beobachten. Aus einem Beobachtungsprotokoll:

> *Sie telefoniert mit einem Handy in der rechten Hand [...]. Ihr sitzt ein älterer Mann, der mit einem blauen Hemd und einer hellen Hose bekleidet ist, gegenüber. Beim Telefonieren nimmt die beobachtete Frau eine zurückgelehnte Haltung auf ihrem Stuhl ein. Auffällig ist, dass sich ihr Körper fast nicht bewegt, sie allerdings ohne Unterlass mit der linken Hand mit ihren Haaren spielt. Dabei wickelt sie immer wieder von neuem eine lange Locke um ihren Zeigefinger. Während des Telefonats wird ihr von der Bedienung ein Bier gereicht, woraufhin sie keinerlei erkennbare Reaktion zeigt. Kurz vor Ende des Telefonats legt sie ihre Hand auf den Tisch und spielt mit den Händen auf dem Tisch herum. Dann beendet sie das Telefonat und beugt sich nach vorn über den Tisch. Im Anschluss daran beginnt sie eine Unterhaltung mit dem Mann, der ihr gegenüber sitzt.*

Eine solche nach vorne gerichtete Bewegung deutet wie bei dem in die Runde geworfenen Blick auf der Piazza einen Wechsel vom virtuellen Konversationsraum des Telefonats in den physischen und sozialen Raum des Hier und Jetzt an. Doch weitaus häufiger wurde beobachtet, dass die Begleitung während der Handynutzung eben nicht ignoriert wurde, ja sogar mit eingebunden wurde, indem sie am Gespräch teilnahmen oder zumindest über das Gespräch auf dem Laufenden gehalten wurden:

---

che Nischen aufsuchen. Die Ergebnisse sind für eine sichere Aussage jedoch nicht eindeutig genug.

> *Dann hält sie das Telefon dem Mann hin und zeigt auf das Display. Dieser nimmt das Telefon wieder, drückt wieder darauf herum, legt es nach einer Weile auf den Tisch und lehnt sich dann im Stuhl zurück. Während der Mann und die Frau sich jeweils das Handy hinhalten, reden sie kurz miteinander.*

Das Beispiel zeigt zugleich, dass der Anwesende nicht unbedingt in eine Situation gerät, in der es mit einem Gegenüber mit „abwesender Anwesenheit" (Gergen 2002) zu tun hat. Der Telefonierende kann durchaus im Hier und Jetzt verortet sein und beide Welten miteinander verbinden – seinen Bekannten auf die Kommunikationsinsel einladen. Dies verweist darauf, dass das Mobiltelefon als ein ‚persönliches Medium' (vgl. auch Höflich 2001) in seiner Nutzung auch kollektive Züge annehmen kann. Jugendliche haben die Praxis des gemeinsamen Schreibens und Lesens von SMS-Nachrichten schon lange vorgemacht. So wurde etwa von finnischen Forscherinnen (vgl. Kasesniemi/Rautiainen 2003: 301) auf eine Gebrauchsweise hingewiesen, die als „Cyrano-de-Bergerac-Phänomen" (Höflich 2007: 149ff.) bezeichnet werden könnte. Ein Freund oder eine Freundin, die sich als SMS-Virtuosen ausgewiesen haben, helfen in Vermittlungsnotlagen dann, wenn Gefühle in einem Format von 160 Zeichen ausgedrückt werden sollen. Weitere Hinweise auf eine Verschiebung hin von einem persönlichen zu einem kollektiven Medium sind dem Buch ‚Moving Cultures' von Caron/Caronia (2007: 164ff.) zu entnehmen. Auch hier geht es um Jugendliche und deren Handy. Dabei haben sie festgestellt, dass das Handy auch (kurzfristig) ausgeliehen wird – allerdings verbunden mit der Auflage, dass der Ausleihende so kurz wie möglich telefoniert. Zum anderen war ein Mithören und Mitsprechen, also eine Art Ko-Konversation recht üblich. „He or she has to involve the owner, or as an additional person overhearing the conversation but as a co-speaker – in other words, as a player on the stage" (Caron/Caronia 2007: 166). Dabei gingen die Rollen des Ausleihers und des Mitwirkenden an einer Ko-Konversation ineinander über. Das persönliche Moment ist jedoch nicht verschwunden. Beispielsweise wäre es gegen die Regel, wenn bei einer kurzzeitigen Abwesenheit des Angerufenen das Telefonat angenommen werden würde oder wenn die SMS-Nachrichten des Empfängers gelesen würden (obwohl dies gerade in Partnerschaften bei der Suche nach Trennungsgründen immer wieder geschieht und, zumal bei mehr oder weniger großen Berühmtheiten, medial ausgeschlachtet wird). Schließlich scheint das Moment selbst die ‚höfliche Gleichgültigkeit' wirksam zu sein. Der anwesende Dritte mischt sich normalerweise nicht von sich aus in das telefonische Gespräch ein.

Dass eine von Gergen (2002) beim Mediengebrauch unterstellte „abwesende Anwesenheit" relativiert zu betrachten ist, zeigen auch die Beobachtungen der Public-Viewing-Situationen, die im Rahmen der Fußballweltmeisterschaft in Deutschland durchgeführt worden sind. Teilweise war sogar das Gegenteil der Fall: Man hat den Kommunikationspartner am Handy aktiv am Geschehen teilhaben lassen. Das liegt auch daran, dass das direkte Erleben eines Fußballspiels für viele Zuschauer eine besonders emotionale Situation darstellt. Vor dem Spiel zwischen Spanien und der Ukraine beispielsweise wurden einige Personen zur ihrer Handynutzung mit Blick auf das bevorstehende Spiel befragt. Es wurde deutlich, dass die Personen vor Ort auch andere, die nicht physisch präsent sein konnten, an diesem Ereignis teilhaben lassen wollten. So erklärte ein 25-jähriger Spanier, dass er nach Mallorca angerufen habe, um *„ihnen zu erklären, wie hier so das Ambiente ist."* Ähnliches meinte auch ein 37-jähriger Mann aus Deutschland, der sich das Spiel ansehen wollte: *„Ich habe Fotos an Freunde verschickt, die nicht zum Spiel gehen konnten."* Zum bevorstehenden Spiel führte er weiterhin aus, dass er sicherlich *„mal jemanden anrufen und mal Geräusche übertragen oder auch mal ein Foto schicken"* werde. Ähnlich äußerte sich ein 24-jähriger Engländer, der sagte, dass Telefonieren mit dem Mobiltelefon zu teuer sei, er aber *„wahrscheinlich schreiben [wird], wenn sie Tore schießen."* Obgleich das Tor von den Empfängern der SMS-Nachrichten mit Sicherheit auch im Fernsehen verfolgt werden kann, verändert sich das lediglich im Fernsehen verfolgte Tor in etwas Persönlicheres, wenn es ein Bekannter live gesehen hat und anschließend via Mobiltelefon einen Freund darüber in Kenntnis setzt, dass er es (auch) angeschaut hat.

Die mediale Nachricht hat einen symbolischen Wert im menschlichen Miteinander. Ein besonders emotionaler Augenblick wird mit jemandem geteilt und demonstriert dem Empfänger der Nachricht, dass in einer solchen Situation an ihn gedacht wurde. Aufmerksamkeit wird somit zu einem Geschenk (vgl. Talyor/Harper 2005). Auf der anderen Seite besteht auch für diejenigen Personen, die nicht im Stadion physisch anwesend sein können, die Chance, sich selbst in die Situation hereinzuholen, indem sie einen Bekannten kontaktieren, von dem sie wissen, dass er das Spiel live verfolgt. Ein 32-jähriger Spanier meinte dementsprechend: *„Sie* [die Familienmitglieder] *werden sicherlich anrufen* [bezogen auf den Fall, dass ein Tor geschossen wird]; *ich sie, glaube kaum."* Bei den angeführten Beispielen sind natürlich die besonderen Umstände des Ereignisses Fußballweltmeisterschaft mitzudenken, vor allem die emotionale Seite und das hohe Maß an Gruppenidentifikation. Fußballevents auf internationaler Ebene stellen einen der wenigen Kontexte dar, in dem ein Nationalgefühl, das für den Einzelnen häufig kaum greifbar ist, auch lokal entstehen kann (vgl. Gulianotti 1999; Hepp/Vogelgesang 2003). Mithilfe der mobilen Medien ist es möglich, ein Gemeinschaftsgefühl zu leben und das vielleicht an verschiedenen Orten erlebte Sportereignis miteinander zu teilen. So erlaubt das Mobiltelefon statt einer ‚abwesenden' eine ‚anwesende Anwesenheit'. Ein Beispiel ist das Verhalten einer etwa 40-jährigen Frau im Biergarten Krönbacken in Erfurt. Sie stand mit ihren Freunden beisammen und rief nach dem Ende des Spiels jemanden mit ihrem Handy an. Sie schrie dabei förmlich ins Telefon: „Deutschland hat gewonnen!" Dabei lachte sie. Sie teilte das Ereignis nicht nur mit ihren

Freunden, mit denen sie während des Telefonats mit einem Glas Sekt anstieß, sondern auch mit physisch nicht anwesenden Interaktionspartnern, die sie durch die Telefonverbindung in ihre eigene Hier-und-Jetzt-Situation integrierte. Allerdings zeigt sich hier eine Asymmetrie: Während der physisch anwesende Kommunikationspartner den telefonischen Gegenüber am Hier und Jetzt teilhaben lässt, ist der wiederum aus seiner Präsenzsituation herausgerissen, so dass sich die Annahme einer „abwesenden Anwesenheit" wie gesagt relativiert und nicht zwingend für beide Kommunikationspartner gleichermaßen unterstellt werden kann.

Telefonhäuschen

Noch bevor das Handy die Möglichkeit eröffnete, außer Haus zu telefonieren, war das Telefonhäuschen für diesen Zweck bestimmt. Es stellte geradezu ein Refugium der Privatheit im öffentlichen Raum dar (vgl. auch Brehme u.a. 1988), ein „Stück Heimat an zwei Orten, nur verbunden durch zwei Hörer und ein paar Kabel" (Rada 2001: o.S.). Bereits 1881 gab es in Berlin zwei öffentliche Sprechstellen als Teil der Stadtfernsprechanlage (eine beim Postamt Unter den Linden, eine am Leipziger Platz.) Für 50 Pfennig erhielt man einen Fernsprechschein, der es erlaubte, fünf Minuten lang zu telefonieren (vgl. Baumann 2000: 16). Im Laufe der Jahre gehörte das Telefonhäuschen zum Stadtbild – und war insbesondere an Mobilitätsschleusen wie Bahnhöfen zu finden.[33] Das Telefonhäuschen ist zugleich ein Beispiel dafür, wie Medien, die zunächst außer Haus waren – hier eben das Telefon – domestiziert, häuslich geworden sind. Den Weg zurück in die Öffentlichkeit hat diese Art der Kommunikation dann in Gestalt des Mobiltelefons absolviert. Damit wurde das Ende des Telefonhäuschens eingeläutet, zumal allein der irgendwann üblich gewordene Vandalismus die Betriebskosten noch zusätzlich in die Höhe trieb. Ein Stück Kulturgut verschwindet hiermit:

> „Damit verlustig geht ein Stück öffentlicher Raum und verlagert sich ins Private. Die Telefonzelle war der Inbegriff der minimalistischen Mikroarchitektur, die nicht nur die Primärfunktion des Wetterschutzes mit Dach und vier Wänden erfüllte, sondern auch noch viele zusätzliche Funktionen entwickelte, von denen das Telefonieren nur eine war.

---

33 Eine interessante Verbindung von (stationärer) Telefonzelle und Mobilität zeigt ein Beispiel aus den frühen Jahren des Telefons – und der Telefonzelle: Das erste US-Patent einer Telefonzelle aus dem Jahre 1883 sah nicht nur ein schützendes Häuschen vor; dieses Häuschen war auch noch mit Rädern versehen, so dass es gleichsam ein mobiles Telefonhäuschen war, das dahin gebracht werden konnte, wo man es benötigte. Das Häuschen hatte ferner eine Halterung für einen Notizblock mitsamt einem Schreibstift, ein Ventilationssystem, einen Sichtschutz und nicht zuletzt eine Alarmvorrichtung (vgl. Katz 2006: 53).

Die gute alte Zelle war ein Stück benutzbares Stadt- und Landdesign auf Zeit. Solange er hier telefonierte, war er rechtmäßiger Besitzer eines kleinen Häuschens, indem er auch reden und hören konnte was er wollte." (Kemp 1998: 9)

Mit dem Handy verliert nun das (ehemals häusliche) Telefonieren seine Intimität, das Private wird öffentlich (vgl. auch Burkart 2000: 218). Heute findet das Telefonhäuschen von früher gerade noch seinen Ersatz in den nüchternen Edelstahl-Telefonsäulen (siehe Abbildung 12), die keinen Hör- und Wetterschutz mehr bieten. Doch hören auch bei einem Gespräch an der Telefonsäule zufällig vorübergehende Passanten Gesprächsteile, die gleichwohl etwas über den Anrufer oder seinen Gegenüber preisgeben können (vgl. auch Ruprecht 1998: 17).

Abbildung 12: Statt des Telefonhäuschens eine Edelstahlsäule (Erfurt am Anger)

Umso erstaunlicher erscheint es, dass die Telefonzelle, oder zumindest deren Edelstahlersatz in Gestalt einer Säule, trotzdem von den Menschen aufgesucht wird, obwohl sie erkennbar ein Mobiltelefon dabei haben. Bei der Erfurter Studie sind zwei Nutzungsmuster besonders hervorgetreten: Zum einen wird mit dem Halt an der Telefonzelle/-säule die Bewegung unterbrochen, wie der Fall eines jungen Mannes illustriert:

> *Der beobachtete junge Mann läuft sehr zügig und zielstrebig aus Richtung Straßenbahnhaltestelle an die hintere linke Telefonstation aus Blickrichtung der Beobachter. Hastig holt er sein Handy aus einer Hosentasche, wirft Geld in die Telefonstation und hebt den Hörer ab. [...] Das Gespräch ist sehr kurz, der junge Mann legt danach auf und läuft sehr zügig in Richtung Kaufhaus Anger 1 weiter.*

Für ein Telefonat, das sonst im Gehen per Handy erledigt worden wäre, musste inne gehalten und eine öffentliche Telefoniermöglichkeit in Anspruch genommen werden. Hier war die Nutzung der öffentlichen ‚Telefonstation' eher kurz und sogar hektisch. Als zweites Nutzungsmuster konnte beobachtet werden, dass deren Nutzung Teil anderer Aktivitäten war: Personen, die sich bereits zuvor eine gewisse Zeit in dem Umfeld der Telefonsäulen aufgehalten haben, ließen sich vor und während der Nutzung kaum von ihrer Umgebung beirren und bewegten sich zielstrebig in Richtung Telefonsäule. Außerdem dauerten die Gespräche länger. In der Tat wurden die Telefonsäulen recht regelmäßig von Passanten genutzt (pro Stunde durchschnittlich ca. 5-6 Personen). Kurzinterviews mit den Nutzern dieser Säulen verweisen auf drei Hauptgründe: (1) ein Gespräch an der Telefonsäule ist günstiger, (2) die Prepaidkarte des Handys ist nicht aufgeladen; oder (3) der Akku des Mobiltelefons ist leer. Ein Beispiel zum ersten Argument: Ein Ehepaar (beide Mitte 50) ist zu Besuch in Erfurt. Um die Tochter darüber zu informieren, dass sie gut angekommen sind, nutzen sie eine Telefonkarte, die sie extra für diesen Zweck kauften. Sie schätzen diese Form der Kommunikation als preisgünstiger ein, obwohl sie nicht ganz auf das Mobiltelefon verzichten – es dient ihnen als Telefonbuch. Hierzu ein Auszug aus der Befragung:

Befragte:	*Wir sind zu Besuch in Erfurt.*
Interviewer:	*Und warum haben Sie jetzt die Telefonzelle benutzt? Können Sie mir da noch ein paar Sachen über den Hintergrund sagen?*
Befragte:	*Na, ich hab eine Telefonkarte heut früh gekauft, denke ich, weil es preisgünstiger ist als wenn man mit dem Handy telefoniert. Wenn Sie mit dem Handy telefonieren, ist es wesentlich teurer.*
Interviewer:	*Aber Sie haben ja trotzdem Ihr Handy jetzt genommen.*
Befragte:	*Ja wegen der Telefonnummer. (lacht)[...]*
Interviewer:	*Aha, also Sie haben schon ein Handy, aber um aufs Festnetz zu telefonieren...*
Befragte:	*Nehmen wir die Telefonkarte.*

Nicht jeder besitzt eine Flatrate, sodass das Telefonieren via Handy meist teurer kommt als ein Telefonat mit dem Festnetztelefon – oder eben in einer Telefonzelle. Hier geht es darum: Es wurde eine neue Wohnung gesucht. In der bisherigen Wohnung befand sich kein Festnetzanschluss und das Telefonieren via Prepaidhandy wäre zu teuer geworden. Also bot sich eine Telefonzelle an: *„Also ich hab meine Wohnung in ner Telefonzelle gefunden. Wie, ich hatte zu dem Zeitpunkt bei meinem Ex-Freund gewohnt, hatte nur mein Handy, der hatte keinen Festnetzanschluss, mein Handy war damals noch ein Prepaid, war einfach viel zu teuer, irgendwie die ganzen Wohnungen abzuklappern; um die Ecke war 'ne Telefonzelle, ich die Liste mitgenommen, aus der Telefonzelle angerufen. Das war vor zweieinhalb Jahren."*

Zum zweiten Argument (kein Guthaben mehr auf der Prepaidkarte) lässt sich die Beobachtung und Befragung einer 28-jährigen Frau anführen. Der Anger war zu diesem Zeitpunkt sehr gut besucht; es herrscht ein reges Treiben. Viele Passanten sind zu sehen, die Geschäfte haben geöffnet und auch die Sitzbänke sind belegt. Die beobachtete Frau geht in Begleitung von einem Mann an eine Telefonsäule. Zunächst kramt sie im Kleingeldfach ihres Portemonnaies, das sie bereits vor Beginn der Beobachtung in der Hand hatte, und nimmt daraus etwas in die Hand. Danach holt sie ihr Handy aus einer Jackentasche und tippt darauf herum. Im Anschluss wirft sie Geld in die Telefonstation und beginnt zu telefonieren. Das Handy behält sie dabei in der Hand. Während des Telefonats beugt sich der Begleiter der beobachteten Frau mehrfach in die Nähe der Telefonstation. Seine Hand bewegt er zusätzlich mehrfach in Richtung des Tastenfeldes. Ob er dabei eine Taste drückt, ist nicht zu erkennen. Nach Beendigung des Telefonates verlassen beide das Gelände in Richtung Post.

Interviewer:	*Ja, das wäre dann meine nächste Frage gewesen, warum Sie denn zur Telefonzelle gehen.*
Befragte:	*Ja, na ja, es ist ja praktisch, wenn man jetzt kein, nichts auf, kein Guthaben auf dem Handy hat ist es eigentlich ganz praktisch, wenn hier solche Telefonzellen sind. Und, ja...*

Obgleich die Kommunikation über eine stationäre, öffentliche Telefonsäule erfolgte, wurde das Mobiltelefon, so zeigen die Beobachtungen, als Telefonbuch genutzt. Ferner ließ sich feststellen, dass einige Personen auch von Briefen oder Visitenkarten Rufnummern abgelesen haben. Die im Anschluss an die Beobachtungen durchgeführten Gruppendiskussionen bestätigten die Beobachtungen und Befragungen. Insbesondere wenn das Mobiltelefon einmal nicht verfügbar ist, sei es, weil der Akku leer ist oder das Telefon zu Hause vergessen wurde, besinnen sich einige Gesprächsteilnehmer auf die im öffentlichen Raum aufgestellten Telefonsäulen: „*Dass ich das Handy dann irgendwie ausgemacht hab und genau wusste ‚Okay, ich muss noch den und den Anruf tätigen', hab mir Geld zusammengekratzt, so ein bisschen, bin in die Telefonzelle, hab mit dem letzten Restsaft des Handys das noch mal angemacht und die Telefonnummer rausgesucht.*" Ein anderes Mitglied in der Gruppendiskussionsrunde beschrieb den Fall, dass es, nachdem es ihr Handy bei jemandem vergessen hatte, sich darum kümmern musste, wie sie es wieder bekommt: „*Ich hatte mein Handy bei einer Person vergessen, und wir wollten uns dann treffen, und dann haben wir ausgemacht, weil ich konnte noch nicht den genauen Zeitpunkt sagen, wie wir's machen, und dann hab ich gesagt ‚Na ja ich such mir 'ne Telefonzelle' ... Das war beim Mainzer Hofplatz, wo's Theater ist, da. Und da hatte ich dann den, konnte ich dann den Zeitpunkt sagen, dass wir uns in einer viertel/halben Stunde treffen.*" Nicht alle wollten denn auch die Abschaffung der Telefonhäuschen oder hier: der Telefonsäulen sehen: „*Ich hab den Eindruck, vielleicht täuscht das auch, nicht dass insgesamt mehr von diesen Dingern wieder auftauchen, aber dass Zellen teilweise wieder die Säulen ersetzen. Ich könnte mir vorstellen, dass diese Säulen einfach schlecht ankommen, weil man da eben gar keine Privatsphäre mehr hat, weil man da dann wirklich im Mistwetter dran draußen steht. Ich weiß auch nicht, wer auf die blöde Idee gekommen ist, diese Dinger da hin zu setzen."* Andere sehen dies nicht unbedingt so: *„Aber eins fällt auf in dem Zusammenhang, also früher ist immer 'ne Schlange vor den Telefonzellen am Anger gestanden und man musste warten, bis man drankam, heute sind die Dinger fast immer frei. Also die Zahl ist schon erheblich reduziert worden und trotz alledem werden sie nur noch wenig genutzt und ich weiß gar nicht, wie lange die Post das noch mitmacht, oder hier die Telekom, und sagt, dass sie das liquidieren wird, jeder hat so ein Telefon heute in der Tasche und damit ist das so gut wie überflüssig."* Ein anderer merkte an, dass es gerade bei einem Notfall in der Stadt durchaus Alternativen geben würde: *„Aber ich denke, wenn's um Notfälle geht, oder ne Frau oder ein Mann ist umgefallen auf dem Anger und so, kann man in jedes Geschäft gehen und das sagen, wenn's Handy nicht geht, also da ist überall die Hilfe sicher da."* Es habe doch jeder ein Handy in der Tasche, vermerkt ein anderer. Die meisten Teilnehmer der ersten Gruppendiskussion konnten sich nicht daran erinnern, wann sie zuletzt eine Telefonzelle benutzt hatten. Für manche jedoch war die letzte Inanspruchnahme eines Telefonhäuschens indessen so einschneidend, dass sie sich sogar in das Gedächtnis eingekerbt hat. So eine jüngere Frau: *„Ich war das letzte Mal an 'ner Telefonzelle glaub ich mit 14, 15. Da also, wo man noch kein Handy hatte halt, wo man dann mal an die Telefonzelle gerannt ist, um jemanden anzurufen. Aber seitdem ich dann ein Handy hab, hab ich so was nie wieder benutzt."* Ganz aus dem Bewusstsein sind die Telefonhäuschen also nicht verschwunden, während die Telefonsäulen eher auf keine große Gegenliebe stoßen: *„Ich benutze sie auch sehr selten, ich weiß, wo welche sind, und ich sehe da auch öfters Leute davor, das nehm ich wahr, und wunder mich, dass das noch angenommen wird oder genutzt wird. Und was ich störend, oder nicht störend, aber schlimm empfand, diese, dass dann diese geschlossenen Telefonzellen zu offenen wurde. Also, das hatte mich am Anfang gestört, als ich auch die öffentlichen Telefonzellen noch genutzt hatte, wo ich noch kein Handy hatte, und hab, aber es gibt ja doch noch geschlossene, die ich dann auch finden konnte. ... Ja. Die offenen find ich schrecklich. Das ist wirklich nur eine Notlösung. Also, ich könnte mir nicht vorstellen, dass ich jetzt da stehe und etwas länger rede. Das kann ich mir überhaupt nicht vorstellen. Aber ich kann's mir mit dem Handy unterwegs ja auch nicht vorstellen, von daher ...."*

Schließlich zeigt sich ein offenkundiger Vorteil des Telefonhäuschens: Der Schutz bei schlechtem Wetter: *„ ... Oder halt, wenn's draußen regnet und so 'ne Telefonzelle ist direkt an der Bushaltestelle und die ist nicht überdacht, dann geht man da rein. (Lachen) Das war erst im Januar so."*

Die Telefonzelle ist ein temporärer Ort des Verweilens. Im Vergleich zur Nutzung des Mobiltelefons ist allerdings der Bewegungsradius sehr eingeengt. Darüber hinaus werden kurze Gespräche erwartet: ‚Fasse Dich kurz, nimm Rücksicht auf Wartende'. So lautete eine Devise, die in frühen Telefonhäuschen ermahnte, andere nicht über Gebühr warten zu lassen. Eine Studie (vgl. Rubak/Pape/Doriot 1989) ging der Frage nach, wie die Dauer des Telefonierens eingedenk unterschiedlich langer Warteschlagen aussieht. Auf die Frage, wie sie reagieren würden, wenn sich eine Warteschlange vor einem Telefonhäuschen bildet, in dem sie sich befänden, gab der Großteil der Befragten an, dass sie die Zeit des Telefonierens verkürzen würden, um die Wartenden schneller zum Zuge kommen zu lassen. Beobachtungen, die im Rahmen der Studie durchgeführt worden sind, zeigten jedoch genau das Gegenteil: Bildete sich eine Schlange vor dem Häuschen, dann hielten sich die Telefonierenden länger darin auf. Die Forscher meinten, dass die Telefonierenden mit einer wachsenden Warteschlange ihr Territorium verteidigen würden, weil sie die Gefahr einer Gefährdung des Reviers größer einschätzten. Das Moment der Territorialität des Verhaltens ist wohl bekannt und erforscht im Sinne der Sicherung eines bestimmten Lebensraums oder bestimmter Zufluchtstätten sowie einer Revierverteidigung und Abgrenzung gegen Artgenossen (ein Tier, das keine anderen oder gleichgeschlechtlichen Artgenossen duldet oder nur gruppenfremde Artgenossen abweist). Folgt man Eibl-Eibesfeldt (1999: 520f.) dann kann man ethnologisch „als Territorium jenen Raum bezeichnen, in dem ein Tier oder eine Tiergruppe über eine andere dominiert, die wiederum an einem anderen Ort dominant auftreten kann." Solche Territorialverhältnisse sind auch im Kontext der interpersonalen Kommunikation von Belang, allerdings unter dem Vorzeichen kultureller, sozialer und psychischer Rahmungen. Über das Telefonzellenbeispiel hinaus zeigten sich gleichwohl im Rahmen der Beobachtungsstudien ausgeprägte Sensibilitäten, was das Distanzverhalten von Telefonierenden und anwesenden Dritten angeht. Dies wurde durch die Ergebnisse einer schriftlichen Befragung unterstrichen.

Distanzverhalten

Mithörer, zumal wenn sie ungekannt im Hintergrund agieren, entziehen die Kontrolle über das Kommunikationsgeschehen – und machen verletzlich. Es bleibt nur solange etwas privat, solange es nicht unkontrolliert an andere gelangt. Mit anderen Worten: „als privat gilt etwas dann, wenn man selbst den Zugang zu diesem ‚etwas' kontrollieren kann. Umgekehrt bedeutet dann der Schutz von Privatheit einen Schutz vor unerwünschtem Zutritt anderer" (Rössler 2001: 23). Dies zielt auf eine Definition von Privatheit als interpersonalen Prozess zur Kontrolle von Zugangsgrenzen ab. In diesem Sinne ist für Irwin Altman (1975: 11) Privatheit „an interpersonal boundary-control process, which paces and regulates interaction with others". Und entsprechend definiert er Privatheit als selektiven Prozess der Kontrolle über den Zugang zum eigenen Selbst oder zur eigenen Gruppe (vgl. ebd.: 18). Selektive Kontrolle ist, mit anderen Worten, integraler Bestandteil einer dementsprechend verstandenen Privatheit. Menschen kontrollieren, inwieweit sie offen oder verschlossen gegenüber anderen sind. Das bezieht sich auf verbales, nonverbales Verhalten in einer konkreten Umwelt und nicht zuletzt auf kulturelle Praktiken. Dabei ist Privatheit als ein bidirektionaler, dynamischer Prozess zu verstehen, wobei das, was als privat definiert wird, zeitabhängig und abhängig von den jeweiligen Umständen ist (vgl. auch Altman/Chemers 1980: 77). Altman bringt nun Privatheit und Raumverhalten zusammen, d.h. er verbindet Privatheit mit den Möglichkeiten, den persönlichen Raum unter Kontrolle zu haben. In seinen Worten (1975: 54):

„… privacy regulation is perceived through a series of behavioral mechanisms, including verbal and paraverbal behaviors, nonverbal behaviors including the body, and environmental oriented behaviors of personal space and territory. This personal space is a mechanism used to regulate interpersonal interaction and to achieve a desired level of privacy."

Eine solche Übersetzung des persönlichen Raumes in physische Distanzen ist nicht zuletzt mit dem Namen Edward T. Hall und seinem Begriff Proxemik verbunden – der Untersuchung, wie Menschen den Raum als Vehikel der Kommunikation benutzen. „Proxemics is the term", so Hall (1966: 1), „I have coined for the interrelated observations and theories of man's use of space as a specialized elaboration of culture."

Die Beobachtungsdaten zeigten, wie Personen auf einem offenen Platz während einer Konversation am Handy unterschiedliche Abstände zu anderen Personen einhielten. Dieser Aspekt wurde zunächst in den Gruppendiskussionen aufgegriffen. Den Teilnehmern wurden vier Fotos (siehe Abbildung 13)[34] vorgelegt, auf denen eine junge Frau zu sehen ist, die sich Kinoplakate ansieht. Ein junger Mann steht ebenfalls vor den Kinoplakaten. Er schaut sich diese allerdings nicht an, sondern ist mit einem Telefonat beschäftigt. Auf den vier Fotos verringert sich der Abstand zwischen beiden Personen von circa 20 m zu Beginn auf etwa 1 m auf dem vierten Bild.

---

34 Die Situation wurde nachgestellt, weil keine Orignalaufnahmen in den gewünschten Sequenzen vorhanden waren. Sie wurden jedoch in Anlehnung an reale Beobachtungssituationen ausgewählt. Die Bilder wurden dazu in einem mehrstufigen Verfahren verfeinert: Zunächst wurden die Abstände intuitiv rekonstruiert. In der Folge wurden die Bilder einem Pretest unterzogen. Wie sich dann zeigte, wurden gerade die Bilder ausgewählt, die in etwa den Hall'schen interpersonalen Distanzen entsprechen.

Abbildung 13: Unterschiedliche Abstände (Distanzzonen) zwischen telefonierender Person und mitanwesender dritter Person

Die vier Fotos zeigen in etwa die von Hall (1966: 116ff.) vorgeschlagenen Distanzzonen.[35] Er unterscheidet folgende Distanzzonen:
1. Die öffentliche Distanz (public distance – 350 bis 700 cm oder mehr), beispielsweise in Situationen mit einem formalen Charakter, wo nicht zuletzt auch nonverbale Hinweise von Bedeutung sind.
2. Die soziale Distanz (social distance – 120 bis 200 cm / 200 bis 350 cm), z.B. wenn Menschen zusammen arbeiten oder gemeinsam auf einen Bus warten.
3. Die persönliche Distanz (personal distance – 45 bis 75 cm / 75 bis 120 cm); sie ist die an sich übliche Distanz zwischen uns und anderen.
4. Die intime Distanz (intimate distance – 0 bis 15 cm / 15-45 cm), sie geht oft mit einem Körperkontakt einher (wie beim Liebesakt oder bei Ringern) und wird nicht immer als angemessen im öffentlichen Raum angesehen.[36]

---

35 Hall geht es indessen nicht darum, die Distanz als solche in den Mittelpunkt zu rücken. Vielmehr verweist er auf die jeweiligen kommunikativen Möglichkeiten, die damit verbunden sind. Körperkontakt, olfaktorische Signale und Hautstrukturen sind gerade bei geringer Distanz von Belang; ganz anders ist dies, wenn die Distanz zunimmt.
36 Hall unterscheidet weiter in eine nahe und ferne Phase. Diese Differenzierung ist für unsere empirische Annäherung nicht von Belang, schon weil sie von Hall empirisch nicht differenziert erfasst worden ist und gewissermaßen der pragmatischen empirischen Vorgehensweise ‚geopfert' wurde.

Die Interviewpartner sollten in Bezug auf die Bilder das Verhalten der abgebildeten Personen einschätzen und sich zudem auch selbst in die Situation der jeweiligen Akteure hineinversetzen.

Beim größtmöglichen Abstand schienen sich die Meisten am wohlsten zu fühlen. Gleichzeitig wurde die telefonierende Person in der Pflicht gesehen, für einen entsprechenden Abstand zu sorgen, da die junge Frau ihrer Beschäftigung, dem Betrachten der Plakate, nur an diesem Ort nachgehen kann: *„Das muss man, muss man, wie gesagt, muss man differenziert sehen. Aber ich (-) sag mal so, die Person, die am Schaufenster steht, sich was anguckt, die muss nicht woanders hingehen. Ich muss mit meinem Handy weg, (-) wenn ich nicht möchte, dass da jemand zuhört, ja. ... Ich werd der Person doch nicht verwehren, durch das Schaufenster zu gucken, egal wenn ich da stehe, ja. Also da, wär's so, wo ich sage, wenn ich ausweichen kann, weich ich aus, ne. Weil ich dann schon vermeiden möchte, dass die Person dann mein Gespräch mithört, ja. Die steht aber nicht, bestimmt nicht, wegen meinem Gespräch dann da, ne"* – vermerkt ein Teilnehmer der Gruppendiskussion. Wenn die Möglichkeit besteht, einen gewissen (Frei-)Raum für sich zu beanspruchen, so sollte dies auch getan werden: *„Also wenn ich angerufen werde, so auf 'nem öffentlichen Platz oder auf irgendeiner Straße oder so, dann suche ich mir auch immer Punkte, wo ich das Gefühl jedenfalls habe, da kann keiner zuhören. Also da würde ich auch ne große Distanz zu anderen Personen wählen. Und umgekehrt, wenn ein anderer angerufen wird und richtig laut telefoniert, also ich versuche dann, ja es ist schwierig nicht hin zu hören und da auch vielleicht nicht, ne Distanz wieder zu nehmen, also wegzugehen."* Ein entsprechend großer Abstand sichert ein Stück Privatsphäre – auch im öffentlichen Raum. Dabei will man nicht nur für sich ein gewisses Privatheitsterrain haben, sondern spricht dies auch anderen zu: *„Also so mach ich das eigentlich auch in jedem Fall, ob ich anrufe oder angerufen werde, ich such dann sozusagen zu den Leuten, die um mich rum stehen, den größtmöglichen Abstand, weil ich nicht möchte, dass jemand meine Gespräche mithört, und mich das auch nicht interessiert wenn sich andere Leute per Handy unterhalten, und ich will sozusagen meine Privatsphäre in jedem Fall haben, egal ob ich in jemand anders seine Privatsphäre eindringe, wenn ich telefoniere oder umgekehrt. Also das, ich such da bewusst den Abstand."* Einen gewissen Abstand zu anderen zu halten, sei gleichsam Ausdruck von Respekt und Höflichkeit. Schließlich scheint so etwas wie eine Prioritätsregel unterstellt zu werden: Wer zuerst da ist, der hat das Recht zu bleiben.

Eine im Anschluss an die Gruppendiskussion durchgeführte Befragung sollte noch etwas differenziertere Einblicke erbringen. Ingesamt wurden 177 Personen, darunter 100 Männer und 77 Frauen (Durchschnittsalter insgesamt 38 Jahre) auf der Basis einer Quotenvorgabe befragt. In der Befragung standen nachgerade Aspekte des Privatheitsempfindens in Verbindung mit der Nutzung des Mobiltelefons – aber auch darüber hinaus – im Vordergrund. Dabei ging es auch um das

Distanzverhalten, das in Verbindung mit dem Abstecken privater Sphären im öffentlichen Raum von Belang ist. Hierauf beziehen sich insbesondere die nachfolgend dargestellten Forschungsresultate. Sich methodisch dem Thema des Distanzverhaltens im Rahmen einer schriftlichen Befragung zuzuwenden, ist allerdings nicht ganz unproblematisch. Deshalb wurden zwei methodische Wege beschritten:

1. Um interpersonale Distanzen zu messen, wurde auf die von Duke und Nowicki (1971) vorgeschlagene ‚Comfortable Interpersonal Distance Scale' (CID) zurückgegriffen. Deren Intention ist es, „to provide a psychometrically sound measuring device within an acceptable, standardized, manipulable, paradigmatic methodology for the study of interpersonal distance and its parameters" (Duke/Nowicki 1972: 119). Genau genommen handelt es sich um ein Einstufungsschema ohne Skalierungsvorgabe. Eingeschätzte Abstände sollen auf einer Linie markiert werden, wobei die Abstände im Nachhinein mit einem Lineal in Millimetern gemessen werden. Die der Befragung zu Grunde liegende ‚Skala' wurde im Vergleich zum Original leicht modifiziert und sieht wie folgt aus:

Stellen Sie sich bitte vor, dass Sie ein persönliches Handytelefonat in der Öffentlichkeit führen. Was wäre der Mindestabstand zu bestimmten Personen, bei dem sie sich noch wohl fühlen? Bitte lesen Sie sich zuerst alle Personen in der linken Spalte durch und kreuzen dann auf den Linien in der rechten Spalte an, wie weit der Abstand zu Ihnen sein soll. Der Punkt am Anfang der Linie stellt Sie selbst dar.	
Mein persönlicher Abstand zu…	
…einer fremden Person (Frau)	•————————————
…einer fremden Person (Mann)	•————————————
…einer entfernt bekannten Person (Frau)	•————————————
…einer entfernt bekannten Person (Mann)	•————————————
…einer Freundin	•————————————
…einem Freund	•————————————

Abbildung 14: Skala zur Distanzeinschätzung bei der Nutzung des Mobiltelefons

Insgesamt wurden zwei Dimensionen explizit aufgenommen: Zum einen die Art der Beziehung zu den Menschen, die während eines Telefonats um einen herum sind, zum anderen das Geschlecht. Es handelt sich bei einer solchen methodischen Vorgehensweise um ein projektives Verfahren, d.h. die Befragten mussten eine abstrakte Situation einschätzen und diese Einschätzung nach eigenem Empfinden auf einem Blatt Papier skizzieren. Projektive Verfahren stehen dabei unter dem besonderen Vorbehalt, dass deren Reliabilität nicht besonders gut und deren Korrelation mit nicht-projektiven Verfahren eher schwach ist (zusammenfassend: Roeder 2003: 52). Nicht-projektive Verfahren wiederum basieren auf der Einschätzung realer bzw. realräumlicher Abstände. Ein solches Verfahren wird im Rahmen der Befragung unter Zuhilfenahme einer Bildmethode verwendet.

2. Zur Einschätzung unterschiedlicher Distanzen im Kontext der Nutzung des Mobiltelefons wurden den Befragten die bereits in der Gruppendiskussion verwendeten vier Fotos mit je unterschiedlichen Distanzen zwischen dem Anrufer und einer anwesenden dritten Person gezeigt (siehe Abbildung 13) und mit der folgenden Frage verbunden:

Im Alltag kommt man oft Menschen, die man nicht persönlich kennt, näher. Auf den folgenden vier Bildern sehen Sie eine Person, die sich die Schaufenster anschaut und eine weitere Person, die mit ihrem Handy telefoniert (B). Die Personen stehen von Bild zu Bild näher zusammen.	
Wir möchten von Ihnen wissen, ab welcher Entfernung Sie persönlich ein unangenehmes Gefühl empfinden. Bitte geben Sie zu den unten stehenden Fragen die Nummer des Bildes an, das am besten passt.	
Stellen Sie sich bitte vor, Sie wären in einer Situation wie Person Ab welcher Entfernung hätten Sie ein unangenehmes Gefühl?	1☐ 2☐ 3☐ 4☐ keiner☐
Wenn B in dieser Situation eine Frau wäre: Ab welcher Entfernung hätten Sie ein unangenehmes Gefühl?	1☐ 2☐ 3☐ 4☐ keiner☐
Wenn Sie sich nun vorstellen, Sie wären die telefonierende Per- Ab welcher Entfernung wäre Ihnen die Situation unangenehm?	1☐ 2☐ 3☐ 4☐ keiner☐
Wenn A in dieser Situation ein Mann wäre: Ab welcher Entfernung wäre Ihnen die Situation unangenehm?	1☐ 2☐ 3☐ 4☐ keiner☐

Abbildung 15: Ausschnitt aus der schriftlichen Befragung - Bildmethode

Im Unterschied zur Einstufung im Rahmen der (offenen) Skala sollten sich die Befragten in unterschiedliche Situationen hineinversetzen: Einerseits in die Situation eines anwesenden Dritten und andererseits in die Situation eines Anrufers, wobei des Weiteren antizipiert werden sollte, dass die jeweilige andere Person entweder männlich oder weiblich ist.

Bei aller Skepsis gegenüber projektiven Verfahren zeigte sich, dass sich die beiden methodischen Schritte sinnvoll ergänzten, wohl auch deshalb, weil die eine Methode auf der anderen aufbaut – und in diesem Sinne im Rahmen des Fragebogens (aber auch in Verbindung mit der Gruppendiskussion) ein gesamtheitlicher Beurteilungszusammenhang gegeben war. Während ein Zusammenhang zwischen der Nutzung des Mobiltelefons, dem Distanzverhalten und dem Geschlecht der Nutzer im Rahmen der Beobachtungen nicht eindeutig zu erkennen war, zeigte er sich klarer bei den Ergebnissen der Befragung. Es geht hier um den persönlichen Raum, so, wie er auch von Goffman (1974: 56) verstanden wird als: „der Raum, den ein Individuum überall umgibt und dessen Betreten seitens eines anderen vom Individuum als Übergriff empfunden wird, der es zu einer Missfallensbekundung und manchmal zum Rückzug veranlasst." Die Bedeutung des persönlichen Raums wird einem gerade dann besonders gewahr, wenn in ihn eingedrungen wird. Bei der Einschätzung unterschiedlicher Distanzen, die gleichsam Halls Distanzzonen widerspiegeln, wurde eine interaktionale Dimension insofern mitgedacht, indem die Befragten aufgefordert wurden, auch die Rolle des anderen, des anwesenden Dritten als Mithörer, zu übernehmen und sich nicht nur in die Rolle des Telefonierenden hineinzuversetzen. Der Großteil der Befragten gab, was den letzten Aspekt angeht, an, dass sich nachgerade dann ein Unwohlsein zeigt, wenn man in die private Distanzzone des Telefonierenden eindringt. Das zeigt die nachfolgende Abbildung 16, die damit unterstreicht, dass auch ein Eindringling ein ungutes Gefühl bei der Verletzung von Distanzregeln hat. „Thus not only do people react to being intruded on themselves, but they are also sensitive to the personal-space boundaries of others; there is a strong feeling of discomfort when they are forced to intrude on others" (Altman 1975: 90). Darüber hinaus zeigt sich, dass Frauen im Gegensatz zu Männern viel eher (also bereits in der sozialen Distanzzone) angaben, dass sie sich unwohl fühlen würden.

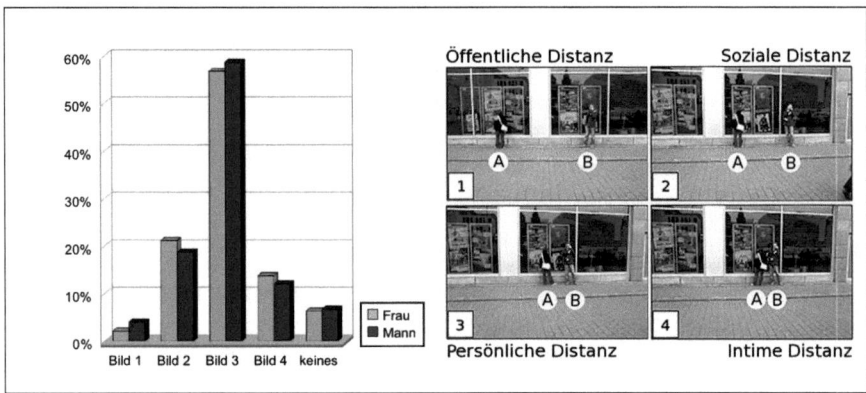

Abbildung 16: Gefühl des Unwohlseins beim Eindringen in Abhängigkeit von unterschiedlichen Distanzzonen, Befragter als Dritter (N=177)

Noch deutlicher zeigt sich ein unangenehmes Gefühl, wenn davon ausgegangen wird, dass die befragte Person selbst telefonieren würde (siehe Abbildung 17).

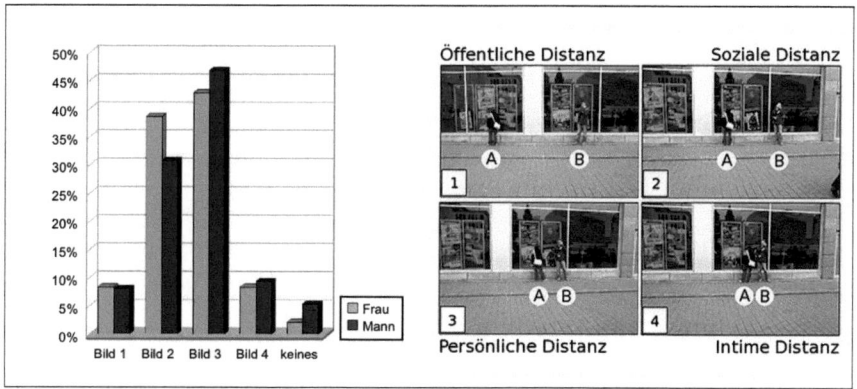

Abbildung 17: Gefühl des Unwohlseins beim Telefonieren in Abhängigkeit von unterschiedlichen Distanzzonen eines Eindringlings, Befragter als Telefonierender (N=177)

Bereits viel früher als ein Eindringling fühlt sich ein Telefonierender durch ein Nahekommen anderer negativ berührt. Manifest wird hierbei eine nicht-reziproke Beziehung im Kontext der Nutzung des Mobiltelefons, wo hier ganz offenkundig der Anrufer eher ein Gefühl des Unwohlseins hat als ein Eindringling. Dies wiederum wird gestützt durch die Annahme nicht-reziproker Distanzbeziehungen im Allgemeinen. So muss sich A nicht notwendiger Weise B nähern wie B sich A nähert (vgl. Henley 1988: 65). Noch mehr als bei den Männern zeigt sich bei Frauen, die gerade telefonieren, ein Gefühl des Unwohlseins, wenn ihnen zu nahe gekommen wird. Das scheint dafür zu sprechen, dass es geschlechtsspezifische Momente des Distanzverhaltens gibt. So wird etwa darauf verwiesen, dass Frauen anders reagieren als Männer (vgl. Henley 1988: 64), wenn jemand in ihren Raum eindringt. Gehen Männer und Frauen auf einem Gehweg aufeinander zu, dann weichen Frauen eher aus als Männer. Frauen, die an einer Ampel warten, weichen eher aus, wenn in ihren Raum eingedrungen wird, als Männer (vgl. ebd 1988: 64).[37]

Wie Altman (1975: 79/80) vermerkt, sind Distanzrelationen abhängig von den interpersonalen Beziehungen: „Here we turn to the impact of different types of social bonds. As a mechanism designed to help regulate self/other boundaries, personal space will probably be different across social relationships." Unter Zuhilfenahme der Comfortable Interpersonal Distance Scale wurde diesem Aspekt nachgegangen. Die Ergebnisse zeigt das nachfolgende Schaubild:

---

37 So klar, wie dies hier und da dargestellt wird, sind, Altman (1975: 75f.) folgend, die Ergebnisse zum geschlechtsspezifischen Distanzverhalten indessen nicht. So vermerkt er, dass er für jede Studie, die er als einen Beleg für Geschlechtsunterschiede angeführt hat, ebenso eine Studie hätte zitieren können, die keine Unterschiede zeigt. So müssten immer auch ethische Merkmale, das Alter und situative Umstände berücksichtigt werden.

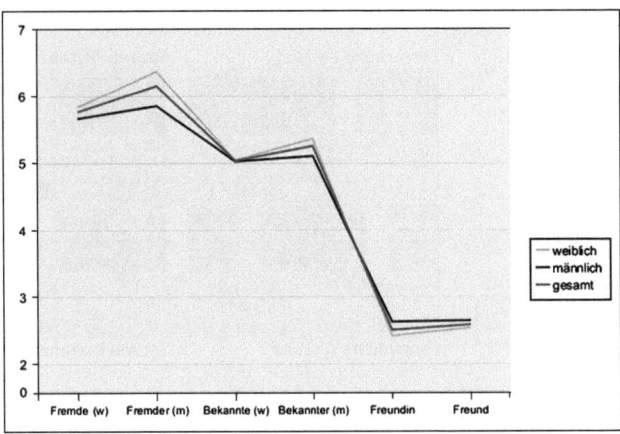

Abbildung 18: Gefühl des Unwohlseins bei einem Handytelefonat in Abhängigkeit von den interpersonalen Beziehungen

Wie zu erwarten war, ist es mit Blick auf die Nutzung des Mobiltelefons von Belang, wer die anderen sind, die während eines Telefonats um einen herum sind – ob es sich um Fremde, Bekannte oder Freunde handelt. Auch zeigten sich hier geschlechtsspezifische Unterschiede: Frauen fühlen sich in der Tendenz bereits bei einem größeren Abstand zu anderen unwohler als Männer. Weniger ausgeprägt ist dies, wenn es sich bei den anderen um Freunde handelt. Forschungen deuten in eine ähnliche Richtung, dass nämlich Frauen, zumal gegenüber Unbekannten, allgemein mehr Distanz wahren als Männer, wobei zudem der Abstand zu fremden Männern größer ist als zu fremden Frauen (vgl. z.B. Mühlen Achs 2003: 215). Der empirische Befund, dass Frauen im Rahmen enger sozioemotionaler Beziehungen einen geringeren Abstand zu anderen, vor allem zu Frauen, haben (vgl. Roeder 2003: 53), zeigt sich zwar nicht so deutlich, aber doch in der Tendenz. Alles in Allem wird durch das Mobiltelefon die Sphäre interpersonaler Abstände nicht auf den Kopf gestellt. Vielmehr manifestiert sich, dass das Mobiltelefon in das soziale Regelwerk öffentlicher Kommunikation eingebunden ist, ja, es sogar bestätigt.

Wenn man nicht ausweichen kann, wird es etwas schwieriger. Ein Beispiel wäre die Situation in einem Café. Gerade wenn andere mit dabei sind, kann es angebracht sein, den Tisch kurz für die Zeit des Gesprächs zu verlassen. Schließlich wird mit einem Besuch im Café eine besondere Situation verknüpft. Wenn man sich entschließt, ein eingehendes Telefonat zu beantworten, gilt es deshalb, bestimmte Verhaltensregeln zu berücksichtigen, beispielsweise sollen andere anwesende Personen nicht belästigt werden: *"Es ging ja um einen Cafébesuch, und eigentlich geh ich dahin, um vielleicht ähnlich Wiener Caféhaus Atmosphäre zu erleben, um mich zu entspannen und Freunde zu treffen. Und deswegen ist es sicher das sinnvollste wenn ein unerwarteter Anruf kommt, sich da abseits zu begeben und die Runde nicht zu stören, ist eigentlich auch das eigentliche Anliegen dieses Caféhausbesuchs."* Um einer solchen Situation zuvorzukommen, kann das Telefon gleich auf lautlos gestellt werden. Sollte dies vergessen werden, dann kann immer noch das Gespräch verschoben werden: *„Also, wenn ich mich jetzt treffe (-) und weiß, ich will eigentlich nicht gestört werden, und dann mach ich's auf lautlos. Manchmal vergess' ich das natürlich. Aber, aber auch da entscheid ich dann, (-) dass ich nicht immer dran geh', je nachdem wie die Situation ist. (-) Und wenn was ist und ich geh dran und es würde mich aber trotzdem stören, dass ich da viel telefoniere, da sag' ich: ‚Ich ruf' zurück.' (-) Also es hängt auch immer mit davon ab, mit wem man (-) da (-) sich trifft. (-) Aber lange telefoniere ich eigentlich nie. Da hab ich ja mein Festnetz zu Hause, wo ich in Ruhe telefonieren kann."*

Zu guter Letzt soll noch ein Blick darauf geworfen werden, welche Themen für welche Orte als adäquat erachtet werden, um via Telefon ausgetauscht zu werden. Das hat wiederum auch mit den interpersonalen Distanzen zu tun. Schließlich ergibt sich ein Gefühl von Unwohlsein bei der Anwesenheit Dritter auch dadurch, wo ein Mithören anderer bei sensiblen Themen möglich ist. Den Befragten wurden, um dieser Frage nachzugehen, Fotos von vier Orten vorgelegt (Abbildung 19). Hier sollten sie beurteilen, welche Themen sie an diesen Orten via Handytelefon besprechen würden.

Abbildung 19: Orte öffentlicher Kommunikation: Straßenbahn (1), öffentlicher Platz (2), Straßencafé (3) und Straßenbahnhaltestelle (4)

Insgesamt zeigte sich ein ausgesprochener Sinn für die räumliche Umgebung, d.h. die Menschen haben ein Gefühl dafür, wo sich welches Handytelefonat anschickt oder nicht. Öffentliche Plätze bieten eine gute Gelegenheit – zumal wenn es darum geht, sich zu verabreden (mehr als drei Viertel der Befragten sehen hier kein Problem zu diesem Zweck zu telefonieren). Gegebenfalls würde man hier auch beim Arzt anrufen oder sich um Bankgeschäfte kümmern. Sogar ein längeres Gespräch mit Freunden würde als akzeptabel angesehen. Geschlechtsspezifische Unterschiede treten hierbei kaum hervor (sieht man einmal davon ab, dass mehr Männer als Frauen auf einem öffentlichen Platz auch ein Gespräch mit dem Arzt führen würden). Auch wenn der öffentliche Raum immer noch stark männlich geprägt sein mag (vgl. z.B. Mühlen Achs 2003: 202ff.), so lässt sich eine geschlechtsspezifische Enklavenbildung aufgrund der Befragung nicht erkennen. Allerdings zeigen sich geschlechtsspezifische Unterschiede, was die Orte des Telefonierens angeht. Nur ein Beispiel: Frauen würden sich, mehr als Männer, die Zeit mit einem Handytelefonat vertreiben, wenn sie auf einem Platz oder in einer Straßenbahn sind (vgl. auch Abbildung 20).

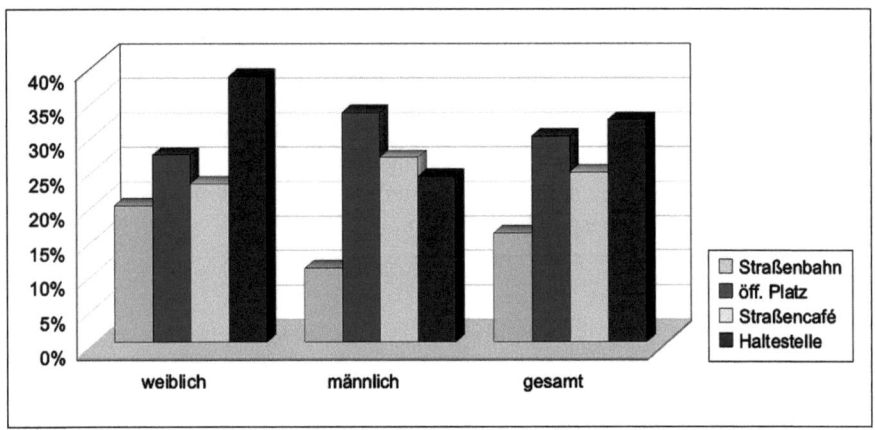

Abbildung 20: Sich die Zeit mit einem Handytelefonat vertreiben in Abhängigkeit von verschiedenen Orten (siehe Abbildung 19)

„Mobilitätsschleusen" (dazu gehören Warte-, Transport- und Übergangssituationen und auch das Warten an einer Straßenbahnhaltestelle) bergen ein geringes Risiko, durch ein Handytelefonat als Störenfried in Erscheinung zu treten (Burkart 2007: 86). Dass es gerade Frauen sind, die in der Straßenbahn und an der Straßenbahnhaltestelle mehr telefonieren als Männer, liegt indessen nicht allein an den Besonderheiten dieser Situation. Frauen benutzten weithaus häufiger öffentliche Verkehrsmittel als Männer (die mehr Auto fahren). Dies ist im Osten Deutschlands sogar noch stärker ausgeprägt (vgl. Bundesamt für Bauwesen und Raumordnung 2007: 9). Um geschlechtsspezifische Momente bei der Nutzung des Mobiltelefons zu analysieren, muss man also berücksichtigen, wo sich Menschen in der Stadt aufhalten bzw. wie sie in die Aktivitätsmuster einer Stadt eingebunden sind (vgl. auch Kapitel 5). Das wiederum verweist auf eine geschlechtsdifferente Aneignung von Raum, zu der das Distanzverhalten zwar zu zählen ist, aber nur einen Aspekt davon ausmacht (vgl. auch: Löw 2001: 249).

Warten und Handynutzung

Eine Haltestelle ist ein vertrautes *Behavior Setting* – und wir verhalten uns entsprechend, so „dass wir die Situation auf einem Foto selbst dann als „an einer Haltestelle Wartende" erkennen würden, wenn man das Haltestellenzeichen, die Bank, den Fahrplan herausretuschiert hätte" (Garbrecht 1981: 91).[38] Die Bushaltestelle ist ein Ort des Wartens, bei dem jeder für sich wartet. „Obwohl alle das gleiche tun, ist der andere präsent nur als Nebenmensch, ein abstraktes, austauschbares Individuum. Trotz der räumlichen Nähe kommt es kaum zu Kontakten; keiner kümmert sich um den anderen, jeder ist um sich selbst bekümmert. Das gemeinsame Ziel, die Ankunft des Busses, vergemeinschaftet die Menschen keineswegs. Die Gemeinsamkeit der Anwesenheit ist nur von außen veranlasst. Zwar sind sie nominell eine Gruppe, aber keine Gruppe für sich" (Paris 2001: 708). Exemplarisch zeigt sich hier, dass das *Warten* und die Nutzung des Mobiltelefons zusammenhängen. Einerseits machen die Menschen beim Telefonieren schlangenförmige Gehbewegungen, die an das Warten erinnern. Andererseits nutzen die Menschen das Mobiltelefon beim Warten – und bleiben dabei nicht unbedingt auf einer Stelle stehen:

> „The waiter is restless. Even if each step were to liberate the waiter from time, even if each number of the face of the watch were to render time relative to the waiter's wishful autonomous gaze, his very relative placing and stirring perform the movements of time. We are its vessels. It is we who are passing when we say time passes." (Schweizer 2008: 22)

(Ab-)Warten ist ein durchaus bewusstes Unterlassungshandeln, das auf einen in der Zukunft liegenden erwarteten Zustand hin ausgerichtet ist (Heiden 2003: 12). Es ist eine Form des Handelns, selbst wenn es auf den ersten Blick wie un-

---

38 Mit Garbrecht könnte man das die Bushaltestelle kennzeichnende Verhalten weiter wie folgt umschreiben: „Dass man steht, kaum miteinander spricht, einander höchstens so mustert, dass es der andere nicht merkt. Dass man dort nicht seine Sachen ausbreitet und ein kleines Picknick veranstaltet. Tut es jemand, so wird zwar kaum jemand dagegen einschreiten, aber die meisten Wartenden werden sich doch wundern, sogar miteinander ein paar Worte des Befremdens austauschen, vielleicht auch Worte des Amüsiertseins. Eigenartigerweise, oder typischerweise, kommt es gerade dann, wenn in Verhaltenssituationen die Normalität gestört wird, zu Kontakten, es entsteht so etwas wie eine Gruppe angesichts einer Person, die sich nicht den formellen oder informellen Regeln entsprechend verhält, oder angesichts eines Ereignisses, das nicht dem entspricht, was man in einer Situation erwartet" (Garbrecht 1981: 91).

tätiges Tun erscheint. Drei Perspektiven des Wartens zeichnen sich hierbei ab (vgl. Heiden 2003: 13):
  a) Zeitlich (Prozess des Wartens);
  b) personell (Zustand eines oder mehrer Wartenden);
  c) kontextuell (Situation, in der sich Wartende befinden und agieren).

Warten wird in unserer schnellebigen Zeit nicht gerade positiv gesehen. Wer wartet schon gerne? Warten scheint als verlorene – tote – Zeit. Der Wartende mag verzweifeln, und je nach Situation wird dies sogar noch verstärkt (man kann auf etwas Angenehmes, aber auch auf etwas Unangenehmes warten, man wartet alleine oder mit anderen). Aber Warten kann auch erniedrigen. Läßt man jemanden warten, so zeigt dies immer auch eine gewisse Geringschätzung – zumal Statushöhere sich das Recht herausnehmen können, warten zu lassen. „Wichtige Menschen warten nicht, sie haben Termine" (Paris 2001: 711). Doch Warten ist trotz der vermeintlichen Passivität eine durchaus aktive Angelegenheit. Die Perspektive eines ‚doing' lässt sich hier auch auf ein ‚doing waiting' übertragen. Was geht uns beim Warten nicht alles durch den Kopf? Wir beschäftigen uns mit anderen wie auch mit uns selbst. So kann das Warten manchmal ein durchaus stimulierendes Moment in sich bergen, d.h., „… waiting can be a rewarding experience, eliciting reflection on time and human existence, and that waiting is an essential condition for aesthetic and ethical values" (Schweizer 2008: 126). Je älter wir werden, um so mehr haben wir auch gewartet, auf Positives wie auf Negatives. Nur durch Warten wird der Umgang damit gelernt. So lernen Kinder etwa gegen Ende des fünften Lebensjahres allmählich, welches Verhalten ihnen das Warten erleichtert (vgl. Logue 1995: 78), etwa indem man sich ablenkt (ein Lied singt, ein Spiel spielt, oder schläft). Ebenso versucht man über Selbstinstruktion mit dem Warten umzugehen (indem man sich z.B. immer wieder sagt, dass sich das Warten lohnt, da eine größere Belohnung folgt). Schließlich – zwischen der dritten und sechsten Klasse – können Kinder berichten, dass abstraktes Nachdenken über Belohnung und Aufgabe (wie Überlegungen zur Form der Belohnung) dabei hilft, sich in einer solchen Situation zu beherrschen.

Warten ist zudem nicht immer zu verhindern. Mit Blick auf die Aktivitätsmuster der Stadt und der Notwendigkeit von deren Synchronisation kann es vorkommen, dass eben ein Abstimmen nicht immer funktioniert. Das Mobiltelefon ist hier durchaus darin verstrickt. Die Terminierung von Treffen ist nicht mehr so rigide – aber auch nicht folgenlos: *„Aber ich find auch die Termine, die festlegen, findet nicht mehr so statt, also ich kenn's von mir und von meinen Freundinnen, da wird dann einfach gesagt ‚Ja wann wollen wir uns treffen?' ‚Ach, lass uns kurz vorher noch mal telefonieren.' oder so. Also da wird gar nicht gesagt ‚Ja wir treffen uns 19h, bis dann und dann, wenn noch was dazwischen kommt melden wir uns.' oder so, da wird gleich gesagt ‚Wir telefonieren vorher noch mal'. Also das wird immer vorher noch mal telefoniert bevor dann endgül-*

tig kurz vorher gesagt wird ‚Ja, jetzt treffen wir uns.' Also ich finde das ist schon teilweise sehr anstrengend, weil man sich dann halt wirklich noch mal 5, 6 Mal telefonieren muss bevor man sich dann halt wirklich einigen kann." Durch die Möglichkeit einer flexiblen Verabredung kann es immer wieder dazu führen, dass ein anderer warten muss. Allerdings hat der Wartende dann wenigstens die Chance, von dem, der ihn warten lässt, informiert zu werden, so dass er gegebenenfalls die Zeit des Wartens mit anderen Tätigkeiten überbrücken kann. Hier ist gleichsam das Warten in einen Interaktionsprozess zwischen dem Verursacher des Wartens und dem Wartenden einbezogen. Nicht jede Wartesituation ist indessen durch eine solche (telefonisch vermittelte) Beziehung zwischen Verspätetem und Wartendem gekennzeichnet. Dann muss die Zeit anders überbrückt werden. In der Wartesituation ist man in seinen Handlungs- und Bewegungsmöglichkeiten begrenzt. Wir können nicht alles tun, uns bestenfalls beschäftigen. „So sehr wir uns auch bemühen, die Wartezeit ‚sinnvoll zu nutzen', stets haftet den Beschäftigungen beim Warten etwas seltsam Unwirkliches an. Es sind Aktivitäten innerhalb dominanter Passivität" (Paris 2001: 708). Sieht man von Selbstgesprächen, sprich: einer Auseinandersetzung mit sich selbst als Selbstaufmerksamkeit (vgl. auch: Schwarzer 2000: 68) ab, so gehört zu solchen Aktivitäten nicht zuletzt eine Beschäftigung mit Medien, sei es, dass man eine Zeitung oder ein Buch liest, Musik über einen Walkman oder MP3-Player hört, ein Video via Laptop anschaut – oder sich eben mit dem Handy beschäftigt.

Das Handy ist schon längst nicht nur mehr ein Telefon; es vereinigen sich in einem derartigen Hybridmedium geradezu alle der gerade angeführten medialen Nutzungen. Aber es kann eben auch noch telefoniert werden. Allerdings geht es bei derartigen Wartegesprächen in ihrer Ersatzfunktion des Wartens weniger um die Befriedigung eines Bedürfnisses nach Informationsaustausch, sondern vielmehr darum, Einsamkeit im öffentlichen Raum zu vermeiden (vgl. Heiden 2003: 110). Und in der Tat ist das Handy ein probates Vehikel, Zeit gerade durch ein Gespräch zu überbrücken und damit Warten ein Stück erträglicher zu machen (man spricht im Übrigen auch von einer Lazaruszeit und meint damit, dass man mit dem Handy eine tote Zeit zum Leben erwecken kann; vgl. Green/Haddon 2009: 77). Doch sieht man Warten nicht nur als eine Form der Folter, sondern vor allem als eine Chance zur Selbst-Reflektion und -aufmerksamkeit, so mag das Mobiltelefon einen genau dieser Chancen berauben. Hier zeigt sich ein weiteres Moment einer Dualität der Effekte: Das Mobiltelefon ist ein hervorragendes Vehikel, um Zeit zu überbrücken und Warten angenehmer zu machen. Doch es ist selbst mitverantwortlich dafür, dass sich Zeitarrangements flexibler gestalten und damit Wartezeiten heraufbeschworen werden (auch wenn sie wiederum durch das Handy gemildert werden). Und schließlich kann die ‚Kunst des Wartens' darunter leiden, weil Warten schon gar nicht mehr gelernt wird, sondern durch Nebenbeschäftigungen vermieden wird.

Kapitel 8

Der Stress der mobilen Erreichbarkeit – wenn das Klingeln zum Terror wird

Das Mobiltelefon als eindringliches und aufdringliches Medium

Das Handy gehört für viele Menschen zum Alltag – gilt gar als unentbehrlich. Solche Selbstverständlichkeiten, die schließlich den Alltag kennzeichnen, sind Ausdruck einer erfolgreichen Einbettung des Mobiltelefons in Alltagspraktiken. Das vermeintlich Problem- bzw. Fraglose des Alltags bedeutet jedoch nicht, dass damit Probleme ausgeschlossen sind: Das Fraglose hat immer auch seine Unbestimmtheiten (Schütz/Luckmann 2003: 36). Gerade dem Mobiltelefon sind Unvorhersehbarkeiten immanent – erst recht stellt es, mal mehr, mal weniger, einen Störfaktor dar: Jederzeit kann man angerufen werden, ob das gerade passt oder nicht, die anderen, mitanwesenden Dritten wiederum werden damit konfrontiert und werden, obwohl sie sich dies nicht unbedingt aussuchten, immer auch zu Ohrenzeugen des Geschehens. Im Vergleich mit anderen Medien scheint das Handy unschlagbar darin zu sein, anderen auf die Nerven zu gehen. Auf die Frage: „Manchmal können einem bestimmte Medien schon mal auf die Nerven gehen. Wenn andere in Ihrer Anwesenheit ein bestimmtes Medium nutzen, welches würden Sie für sich persönlich als besonders störend empfinden?" antworteten knapp 60 Prozent (N=367), dass dies das Handy sei (vgl. Höflich 2003b: 46f.). In gewisser Beständigkeit zeigen Studien, dass sich weit über 50 Prozent der jeweils Befragten durch das Mobiltelefon belästigt fühlen (vgl. z.B. Fortunati/Manganelli 1998; Ling 2002). Das könnte zur Annahme führen, dass das Handy gewissermaßen ein chronischer Störfaktor ist. Gleichwohl sind die Eruptionen dann besonders groß, wenn ein Medium neu ist – wenn alte Praktiken nicht mehr ausreichen, um mit den neuen medialen Möglichkeiten Schritt zu halten. Im Falle des Mobiltelefons bezieht sich dies vor allem auf eine bestehende öffentliche Interaktionsordnung, die nun damit konfrontiert ist, dass – einmal mehr – das Private in den öffentlichen Raum drängt und das bisherige Normengefüge einer öffentlichen Kommunikation durcheinander bringt. Derartige Eruptionen sind indessen, und wie schon vermerkt, nicht auf Dauer hinzunehmen; eine ‚Renormalisierung' eines temporär anomischen Zustandes ist die Regel (vgl. auch Höflich 2008).

In den frühen Jahren seiner Existenz kam für das Mobiltelefon noch erschwerend hinzu, dass es nicht besonders positiv konnotiert war: Es stand nicht unbedingt für gute Sitten – wurde teilweise sogar als vulgäres Medium gesehen (vgl. auch Fortunati 2005: 233). Zudem waren die Gruppen der ersten Übernehmer zahlenmäßig in der Minderheit – und nicht selten suspekt. So hat denn auch das Mobiltelefon auf dessen Nutzer zurückverwiesen – denn nicht nur der Gebrauch an sich bestimmt die Bedeutung, sondern auch, wer es gebraucht. Die Menschen zeigen gleichwohl ein gewisses Gefühl für eine adäquate Medienverwendung – „a certain sense of place" (Höflich 2005c). So hängt eine Störung nicht nur davon ab, wo das Mobiltelefon verwendet wird, sondern zusätzlich von den jeweiligen situativen Umständen. Zum Beispiel gelten das Theater, das Kino, die Kirche oder ein Museum als denkbar ungünstige Orte des Telefonierens, während es in einer Fußgängerzone weitaus unproblematischer ist. Die Ergebnisse einer zwischen 2002 und 2003 durchgeführten exploratorischen internationalen Studie unterstreicht dies (vgl. Höflich, 2005a: 129). Die Studie wurde in Spanien, Italien, Finnland und Deutschland durchgeführt, wobei insgesamt 400 Personen befragt worden sind. Die Ergebnisse stellen sich wie folgt dar:

Tabelle 4: Orte, an denen das Handy als besonders störend empfunden wird (N=400)

Das Handy stört besonders...	
im Kino, Theater, Museum	92,0 Prozent
auf offiziellen Veranstaltungen	91,5 Prozent
in Kirchen	89,6 Prozent
in Warteräumen (z.b. beim Arzt)	70,8 Prozent
in Restaurants	57,5 Prozent
auf geselligen Veranstaltungen (z.B. auf einer Party)	47,5 Prozent
bei der Arbeit	41,8 Prozent
in öffentlichen Verkehrsmitteln (z.B. Bus, Bahn)	37,5 Prozent
in Kneipen oder Cafés	34,4 Prozent
bei Sportveranstaltungen	29,5 Prozent
zu Hause bei anderen	27,1 Prozent
in Geschäften (z.B. in einem Kleiderladen)	25,0 Prozent
zu Hause bei mir	18,3 Prozent
in Wartehallen (z.B. in Bahnhöfen oder Flughäfen)	14,0 Prozent
auf der Straße	8,1 Prozent
in öffentlichen Parkanlagen	7,0 Prozent
in Fußgängerzonen	6,0 Prozent

Die Studie legte zusätzlich kulturspezifische Differenzen in der Beurteilung des Mobiltelefons in unterschiedlichen Umgebungen offen (was durch weitere Untersuchungen bestätigt wurde, vgl. z.B. Fortunati 1998). So waren zwar die ersten vier Situationen (siehe Tabelle 4) in allen Ländern ähnlich. Generell stellte für Italiener und Spanier das Mobiltelefon ein weitaus geringeres Ärgernis dar als etwa in Deutschland. In Bezug auf die konkreten Umstände zeigte sich, dass besonders lang dauernde oder laut geführte Telefonate selbst da als störend empfunden werden, wo dies ansonsten als akzeptabel angesehen würde. Umgekehrt kann die Nutzung des Mobiltelefons unter besonderen Umständen, z.B. in einem Notfall, auch in solchen Situationen geduldet werden, wo es normalerweise abgelehnt worden wäre. Das macht schon deutlich, dass ein generalisierender Blick auf bestimmte Orte der Kommunikation, wie dies insbesondere im Rahmen von Befragungen geschieht, zu undifferenziert ist. In Studien wird zudem meist davon ausgegangen, dass der mobil Telefonierende, sei es, dass er angerufen wird oder dass er anruft, ganz automatisch anwesende Dritte stören würde. Schließlich ist er für seine Situation selbst verantwortlich – und die anderen müssen ‚unter ihm leiden'. Das Mobiltelefon erscheint, mit anderen Worten, meist als ein aufdringliches Medium, wobei auch hier genauer gefragt werden müsste, wen es eigentlich warum stört, ob es einen ‚normalen' Ablauf durcheinander bringt oder nur als individuell störend empfunden wird. Dabei ist das Mobiltelefon zugleich ein eindringliches Medium. Auch der Telefonierende respektive der, der angerufen wird, hat nicht unbedingt immer eine Handlungshoheit. Er wird überrascht, aus einem sozialen Geschehen herausgerissen und weiß immer andere um sich, die mithören oder sogar bewusst lauschen.

Eigentlich ist dem Telefonierenden bzw. Angerufenen nicht zu unterstellen, dass er die soziale Ordnung durcheinander bringen will. Wie Goffman darauf aufmerksam macht, wollen die Menschen sich in der Regel so positiv wie möglich darstellen und den Anschein vermitteln, nichts Schlimmes im Schilde zu führen. Allemal wollen sie nicht als deviant, als chronische Regelverletzer erscheinen. Ein temporärer Kontrollverlust führt zu Peinlichkeit, die an sich schnell wieder bereinigt sein will. Das Mobiltelefon kann hierbei durchaus zu solchen Peinlichkeiten führen: Ein Anruf zum falschen Zeitpunkt oder am falschen Ort oder man offenbart während des Telefonats eine Seite von sich, die dem Bild, das man anderen präsentieren wollte, so ganz und gar nicht entspricht. Nebenbei bemerkt: Ähnliches kann einem natürlich auch ohne ein Handy geschehen. Gleichwohl bleibt es dem Mobiltelefon nicht vorenthalten, dass sich Arrangements ausbilden, die einen ‚normalen' Ablauf der Kommunikation ermöglichen. Schließlich ist es jederzeit möglich, dass es in bereits fortlaufende Interaktionen eindringt – und dann muss irgendwie damit umgegangen werden (vgl. auch Ling 2004: 130). All dies schließt jedoch temporäre ‚Ausrutscher' nicht aus, d.h. selbst in Situationen, in denen das Handy üblicherweise akzeptiert ist, kann es als störend empfunden werden, so dass bei temporären Entgleisungen immer wieder eine Renormalisierung der Situation erfolgen muss. Ein Großteil der Situationen kann mit dem herkömmlichen Repertoire von Höflichkeitsregeln bewältigt werden – sofern über dieses Repertoire überhaupt verfügt wird. Solche ‚Medienregeln' sind allerdings nicht losgelöst betrachtbar, da sie in einem medialen Zusammenhang stehen und von gesellschaftlichen/kulturellen Kontexten insgesamt abhängen. Noch einmal Bezug nehmend auf das gute alte Telefon lässt sich festhalten, „… that the rules governing telephone calls cannot be understood unless they are placed within a larger system of interaction which distributes different roles to different means of communication with the other member of the community, a system which one expects to be itself determined by technical and geographical constraints on the one hand, and cultural values and attitudes on the other" (Godard, 1977: 219).

Und das gilt analog für Medienverwendung und die hierbei zugrunde liegenden Regeln überhaupt, denn Medienhandeln ist ein Moment – regelgeleiteten – sozialen Handelns. Vor diesem Hintergrund und der Annahme einer gewissen Normalisierung der Nutzung des Mobiltelefons im öffentlichen Raum entstand die Idee zu einer kleineren Studie, die gerade nicht auf jene Kontexte mit besonders rigide ausgeprägten normativen Erwartungen (vgl. Ling 2004: 125) zielte (z.B. die Handynutzung während des Gottesdienstes in der Kirche oder in einer Bibliothek). Das Augenmerk lag vielmehr auf jenen öffentlichen Situationen, bei denen das Handy an sich als akzeptiert angesehen werden kann, aber dennoch das Verhalten etwas aus dem Rahmen gerät. Konkret ging es darum, nachzuschauen, was geschieht, wenn die Menschen von einem aufdringlichen Klingeln des Mobiltelefons attackiert werden. Die Intention war hierbei, nach gewissen Schwellenwerten zu fragen, ab denen eine sanktionierende Reaktion zu erkennen ist, sei es nonverbal (wie durch strafende Blicke) oder durch explizite verbale Zurechtweisungen. Entsprechend der qualitativen Ausrichtung der Studie sollte der Untersuchungsgenstand durch eine offene methodische Vorgehensweise exploratorisch beleuchtet werden.

Methoden und methodologische Anknüpfungen

Die qualitativen Beobachtungen – und noch weitere Methoden, auf die später noch eingegangen werden wird – wurden von Juni bis September 2007 in zwei Straßencafés und einem Biergarten im Zentrum von Erfurt durchgeführt.

Die Straßencafés waren zu einem Fußgängerbereich hin ausgerichtet, der gleichsam wie eine Art Bühne für die Gäste des Cafés fungieren konnte – wiewohl sie von den Flaneuren natürlich ebenso beobachtet werden konnten. Der Biergarten war stärker abgeschlossen und nicht durch vorbeigehende Fußgänger tangiert. Den Beobachtungen lagen jeweils Skizzen des Beobachtungsortes und ein offener Beobachtungsbogen zugrunde. Die Skizze eines Straßencafés sowie Fotos dieser Cafés und des Biergartens sind in Abbildung 21 zu sehen:

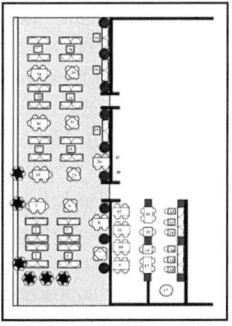

Abbildung 21: (l.o.) Skizze eines Erfurter Straßencafés; (r.o.) Biergarten, (l.+r.u.) Straßencafés

Die Studie bestand aus zwei Teilen. Im ersten Teil wurde insbesondere nach den Arrangements zwischen den Nutzern und den anwesenden Dritten aus der Perspektive eines nicht-teilnehmenden Beobachters geschaut. Dabei waren jene ‚Dritte' von besonderem Interesse, die direkt am Tisch des Nutzers des Mobiltelefons saßen. Wie gestaltet sich ihre Beziehung zum Nutzer, sei es, dass er telefoniert oder SMS schreibt bzw. liest? Wie sieht ihr aktuelles Verhalten während der Nutzung aus, werden sie in den Kommunikationsakt der medialen Kommunikation integriert oder bleiben sie außen vor? Der zweite Teil der Studie hatte das Moment der Störung im Visier. Wie reagiert das Umfeld auf ein eingehendes Telefonat, genauer: auf das Klingeln des Handys – oder all die Töne, die mittlerweile als Substitut des Klingelns, gewissermaßen als akustische Installationen fungieren? Tolerieren sie diese Beschallungen oder folgt irgendwann ein Aufbäumen bis hin zu ausdrücklichen (und als solche erkennbaren) Sanktionen? Mit dem Klingeln eines Telefons geht die Erwartung einher, dass das telefonische Ansinnen erwidert, also das Gespräch angenommen wird. Geschieht dies nicht, so ‚denkt man sich seinen Teil': Warum wird es so früh, so spät oder gar nicht angenommen? Gewissermaßen hat man es mit dem Erbe des häuslichen Telefons zu tun, auf dessen Klingeln wir geradezu zwanghaft reagier(t)en. Mit Licoppe (2008: 139) lässt sich, gewissermaßen als Leitlinie der Studie, entsprechend festhalten: „This artifact has therefore been a real test for everything that creates and maintains the face governing social order in the public sphere, to the point of the regulation of uses becoming an issue in media debate and a research subject." Angeregt wurde die Forschung durch die sogenannten Krisenexperimente oder ‚*breaching experiments*', die besonders mit dem Namen Harold Garfinkel verbunden sind.

Der Prozess der Herstellung von Normalität ist Zentrum ethnomethodologischer Forschung. Ihr Untersuchungsgegenstand sind die Strukturen des Alltagslebens und wie sie erzeugt werden. Dies impliziert eine gewisse Differenz zum klassischen soziologischen Denken: Während es einer Mainstream-Soziologie darum geht, soziale Tatsachen zu erklären, zielt die Ethnomethodologie darauf, zu ergründen, wie sich diese sozialen Tatsachen konstituieren (Have 2004: 14). Kenneth Leiter erklärt dies kurz und bündig mit den folgenden Worten: „Ethnomethodology is simply the study of the methods people use to generate and maintain their experience of the social world as a factual object" (Leiter 1980: 25). „Ethno" bezieht sich hierbei auf die Mitglieder einer sozialen oder kulturellen Gruppe, „Methode" auf das, was die Menschen routinemäßig machen, um soziale Handlungen und Praktiken erkennbar zu erzeugen, „Ologie", wie auch im Wort Soziologie enthalten, beinhaltet die Untersuchung oder die Logik dieser Methoden (vgl. Rawls 2002: 6). Mehr als alle anderen theoretischen Programme in den Sozialwissenschaften erschließt sich die Ethnomethodologie in der Forschungsorientierung (vgl. Weingarten/Sacks 1976: 7). Die Menschen nehmen die Dinge ihrer Welt als gegeben hin, ebenso die Prozeduren, mit denen sie hergestellt werden – dies geht so lange, bis besondere Ereignisse oder Eruptionen die Aufmerksamkeit erwecken. Der letzte Punkt führt wiederum zu Harold Garfinkel und dessen Idee des „making trouble within particular environments." Er schreibt in seinem Buch ‚Studies in Ethnomethodology':

„Procedurally it is my preference to start with familiar scenes and ask what can be done to make trouble. The operations that one would have to perform in order to multiply the senseless features of perceived environments; to produce and sustain bewilderment, consternation; to produce the socially structured affects of anxiety, shame, guilt and indignation; and to produce disorganised interaction should tell us something about how the structures of everyday activities are ordinarily and routinely produced and maintained." (Garfinkel 1967: 37f.)

Beispielsweise wurden Studierende angeleitet, einen Bekannten oder Freund in einer gewöhnlichen Alltagssituation vor den Kopf zu stoßen, indem darauf bestanden wurde, eine bislang nicht näher reflektierte Selbstverständlichkeit zu einem Problem zu machen. Eine derartige problemerzeugende Prozedur sah etwa wie folgt aus:

„The victim waved his hand cheerily.
(S) How are you?
(E) How am I in regard to what? My health, my finances, my school work, my peace of mind, my...?
(S) (Red in the face and suddenly out of control) Look! I was just trying to be polite. Frankly; I don't give a damn how you are." (Garfinkel 1967: 44)

Diese Vorgehensweise „to produce and sustain anomic features" (Garfinkel 1990: 187) demonstriert (und über dieses Beispiel hinausgehend), wie fragil die ansonsten als selbstverständlich verstandene soziale Ordnung ist. Zudem zeigt sich, dass Menschen, die mit solchen Eruptionen konfrontiert werden, versuchen, einen Sinn in diese Störungen und Abweichungen hinein zu deuten. Mit anderen Worten: Sie versuchen, eine gewisse Normalität zu erzeugen, indem sie ‚normale' Erklärungen dafür geben, um das Verhalten des Störenfriedes für sie selbst verstehbar zu machen:

„If interacting parties sense that ambiguity exists over what is real and that their interaction is thus difficult, they will emit gestures to tell each other to return to what is ‚normal' in their contextual situation. Actors are presumed to hold a vision of a 'normal' form for situations, or to be motivated to create one; and hence much of their action is designed to reach this form." (Turner 1987: 412)

Entsprechend lässt sich daraus lernen, dass es so etwas wie eine Art Zwang zu geben scheint, eine Normalität oder zumindest eine Imagination von Normalität herzustellen bzw. aufrechtzuerhalten:

„Dem Gegenüber werden immer sofort akzeptable und plausible Erklärungen für seine Abweichungen angeboten, ja förmlich aufgedrängt. Es besteht geradezu ein Zwang zur wechselseitigen Bezugnahme auf die Sinnhaftigkeit und Verständlichkeit unseres Handelns. Wir stellen also aktiv in unseren alltäglichen Handlungsvollzügen Normalität immer wieder her, versichern uns damit auch der Normalität unserer Welt, insofern wir abweichende und verstörende Ereignisse in unseren vertrauten Interpretationsrahmen einordnen und damit erklären bzw. sogar wegerklären." (Joas/Knöbl 2004: 236)

Derartige Störungen können sogar temporär Stress erzeugen – Angst, Scham, Schuld und Empörung, wie Garfinkel vermerkt. Emotionen entstehen, mit anderen Worten, wenn die Menschen nicht mehr fähig sind, eine Vorstellung von ‚Faktizität' (Turner 2007: 123) zu erhalten:

„If the situation is important to individuals and if needs for facticity are not met, then other emotions like fear can also emerge. ... Thus, what can sometimes seem like trivial occasions can become highly charged emotionally when individuals sense that they do not experience, even for the purposes of a short encounter, a common external world." (Turner 2007: 124)

Dies gilt nicht nur für den Fall, dass eine Person mit einer gewissen Krise konfrontiert wird, sondern ebenso für die Person, die die Sorgen für andere erzeugt. Denn es ist nicht immer einfach, die Regeln zu verletzen. Darüber sagen zwar Garfinkels Experimente eher wenig, aber in natürlichen Umgebungen zeigen sich die Menschen eben gegenseitig eine gemeinsame Welt an und reagieren nicht nur einseitig auf andere.

Über den wissenschaftlichen Status der Garfinkelschen Krisenexperimente lässt sich vortrefflich streiten. Unter dem Vorzeichen der Beobachtung erfolgt zumindest eine gewisse Sensibilisierung dessen, was vor sich geht – wenn auch damit nicht die Frage beantwortet wird, was die Menschen hierbei empfinden. Wie Have feststellt, sind solche problemerzeugenden Prozeduren eher pädagogische Tricks (vgl. Have 2004: 41). Die pädagogische Absicht war sicherlich auch für Garfinkel ein zentrales Anliegen. So mag man sich in der Tat fragen, ob eine solche (mehr pädagogische als methodische) Vorgehensweise überhaupt mit dem Begriff Experiment belegt werden darf. Nicht zuletzt weist auch Garfinkel (1967: 38) darauf hin, dass seine Studien eigentlich keine Experimente im strengen Sinne seien, sondern vielmehr ‚Hilfen für träge Phantasien' („aids to sluggish imaginations"), die Reflexionen darüber ermöglichen, wie die Fremdheit einer widerspenstig vertrauten Welt entdeckt werden kann.

Die Garfinkelsche Vorgehensweise allein schon findet nicht immer nur Freunde. Gouldner (1970: 471) sieht hierin eine Form des Happenings, das gleichsam auch menschenverachtende Züge in sich birgt: „Hier werden Objektivität und Sadismus aufs eleganteste miteinander verwoben." An anderer Stelle geht er noch weiter und stellt als Differenz zum Happening fest: „Der ethnomethologischen Demonstration liegt, zumindest im Vergleich zum ‚Happening', eine Art anarchischer Impuls zugrunde, ein sich elegant gebärdender Anarchismus" (ebd.: 470). Dieser Anarchismus zeige sich besonders darin, dass den sogenannten Experimenten klare methodische Regeln fehlen (vgl. Kleining 1986: 733). Gleichwohl soll eine solche ‚trouble making procedure' als Exempel einer explorativen und heuristischen Form des Experiments verstanden werden. Es würde damit zu den *qualitativen Experimenten* zählen, wiewohl sich diese, laut Kleining (1986: 724), dadurch auszeichnen, dass es sich um Interventionen bezüglich eines sozialen Objektes handelt, deren Struktur auf Basis wissenschaftlicher Regeln untersucht werden soll. Eine solche Intervention unterscheidet das qualitative Experiment von der reinen Beobachtung, die einzig und allein auf einer ‚Rezeption' gründet. Mit Blick auf das Mobiltelefon hat die Studie darüber hinaus eine heuristische Absicht, auch wenn im Grunde doch die einfache Struktur der Garfinkelschen Krisenexperimente erhalten bleibt. Aufgrund der Offenheit der Vorgehensweise lassen sich indessen die Regeln nicht rigide fixieren.

So gesehen handelt es sich wegen der methodischen Konkretisierungen, die in unserer Studie vorgenommen wurden, um mehr als um die Garfinkelschen Krisenexperimente und um etwas weniger als ein streng konzipiertes qualitatives Experiment. Was allerdings bleibt, sind die damit verbundenen Fragen einer Forschungsethik – zumal die Menschen eben nicht, wie bei Garfinkel, auf die Opferrolle reduziert werden dürfen. Wie sich zeigen wird, sind solche Fragen zugunsten anderer methodischer Schritte im forschungspraktischen Vorgehen zurückgetreten (auch wenn dies nicht bedeutet, dass sie aus dem Blickfeld geraten sind).

Das (variable) Design der Studie

Das Klingeln des Handys (und die Melodien, die sonst für einen telefonischen Kontaktversuch stehen) stellt ein reales, alltägliches Krisenexperiment dar, denn es stört – mal mehr, mal weniger – die laufenden Interaktionen. Zumindest wird der soziale Raum mit Klängen erfüllt – manchmal kontaminiert – wie dies so bislang nicht der Fall war.

Bei dieser Studie ging es nun (man müsste hinzufügen: ursprünglich) darum, wie das Umfeld auf Störmomente, die durch das Klingeln des Handys verursacht werden, reagiert, respektive, welche sozialen Arrangements sich hierbei finden. Konkret sollte der situationale Rahmen gestört und gewissermaßen die Frage evoziert werden, was denn nun eigentlich vor sich geht.[39] So sollten vor allem die Reaktionen in der Umgebung erfasst und mögliche Sanktionen und Prozesse der Normalisierung eruiert werden. Ganz neu die Idee eines solchen Experiments in Verbindung mit dem Mobiltelefon eigentlich nicht. Rich Ling (2002: 61; 2004: 134), berichtet (ohne sich allerdings explizit auf die ethnomethodologischen Krisenexperimente zu beziehen), dass er ein „good-natured experiment" durchführte, um die Reaktionen der Menschen auf den Gebrauch des Mobiltelefons näher zu betrachten. Ein ‚Experiment' bestand darin, in den persönlichen Raum einer Person, die gerade telefoniert, einzudringen, jedoch ohne die Absicht des voyeuristischen Mithörens. Dies geschah etwa dergestalt, dass in einem Geschäft so getan wurde, als würde man sich für die Waren interessieren und dabei, ganz zufällig, in die unmittelbare Nähe des Telefonierenden vorgedrungen ist. Ein anderes Experiment bestand darin, in die Augen der telefonierenden Menschen zu schauen, während man sich auf sie zu bewegte. Ein Ergebnis war, dass die Menschen ihren Raum vor dem Eindringling zu schützen versuchten: „They wandered off to another less populated area. If I were to repeat the experiment with the same subject they would again wander off. ... Unlike the metaphor of the boorish ego maniac loudly talking on his (sic!) phone, this experiment seems to point that mobile telephones users are aware of the need to maintain the space around them if possible" (Ling 2002: 76). Die Menschen hatten in der Tat ein Gefühl dafür, dass Distanzregeln verletzt worden sind. Und ohne den Eindringling ausdrücklich zu sanktionieren (oder überhaupt sanktio-

---

39 Die Frage ‚What is going on here?' beschreibt nun das, was Erving Goffman einen Rahmen nennt: „Whether asked explicitly, as in times of confusion and doubt, or tacitly, during occasions of usual certitude, the question is put and the answer to it is presumed by the way the individuals then proceed to get on with their affairs at hand" (Goffman 1974: 8).

nieren zu können) sind sie ausgewichen, um wiederum eine normale Distanz herzustellen. Um noch einmal Ling zu zitieren:

> „The point here is that all of this interaction has been arranged within a relatively quick transition period as we move from our physical surroundings into the more virtual world of a telephone conversation. It demands that the telephonist, the accredited members of his or her collocated party, and, at a more diluted level, others who are nearby readjust themselves to the new situation. It is clear that this is not always easily achieved." (Ling 2004: 135)

Die Krisenexperimente in dieser Studie wurden, wie erwähnt, in zwei Straßencafés und einem Biergarten in der Stadt Erfurt durchgeführt. Sowohl in den Cafés als auch im Biergarten saß eine Studentin respektive ein Student allein (bis auf einen Fall, in dem eine Kommilitonin zusammen mit ihrem Freund als Experimentator teilnahm) an einem Tisch, das Mobiltelefon vor sich auf dem Tisch liegend. Zwei weitere Studierende saßen an einem Tisch in der Nähe, um von dort aus zum einen die allein sitzende Kommilitonin respektive den allein sitzenden Kommilitonen anzuklingeln, aber auch, zum anderen, um die Szenerie zu beobachten. Die Lokationen wurden immer, mal von mehr, mal von weniger Gästen besucht, die alle an den Tischen Platz genommen hatten. Allerdings wurde die Szenerie nicht nur von den beiden Personen im Hintergrund beobachtet. Auch die angerufene Person sollte beobachten, wie das Umfeld auf das klingelnde Telefon reagiert. So gesehen wurde die Beobachtung trianguliert, indem die Beobachtung aus unterschiedlichen Rollen und Perspektiven erfolgte. Eine solche Konstruktion sollte sich als äußerst fruchtbar erweisen. Das ‚Experiment' war so angelegt, dass in etwa alle fünf bis zehn Minuten ein Anruf erfolgte, wobei es der angerufenen Person nicht gestattet war, das Telefonat anzunehmen – ja, genau genommen, das Handy überhaupt explizit zur Kenntnis zu nehmen (was sich als gar nicht so einfach umzusetzen herausstellte). Das Klingeln wiederholte sich über die Zeit von einer Stunde, wobei das Telefon einen Klingelzyklus hinweg ‚Töne', sprich: verschiedene Sounds, von sich gab. Die Beobachter wie auch der Angerufene als Beobachter machten sich über die ganze Zeit hinweg Notizen über das, was sie als Reaktion wahrgenommen haben.

Qualitative Forschung muss offen und flexibel sein, um auf Unvorhersehbarkeiten methodisch antworten zu können. In der Tat hat es sich als notwendig erwiesen, die methodische Vorgehensweise anzupassen. In diesem Fall (darauf wird noch einzugehen sein), wurde auf die Methode der Selbstbeobachtung oder Introspektion (hier sollen beide Begriffe synonym benutzt werden) zurückgegriffen. Das Ziel war hierbei, die inneren Zustände und Gefühle der Person zu erfassen, die angeklingelt wird, indem diese ihre Introspektion detailliert während des Experiments niederschrieben (vgl. Krotz 1999; auch. Rodriguez/Ryave 2002: 2). Zusätzlich wurde am Ende der Experimentierphase eine Gruppendiskussion mit allen Teilnehmern durchgeführt, in der die Selbstbeobachtungen reflektiert und die Idee einer ‚dialogischen Introspektion' (vgl. Kleining 1999) umgesetzt werden sollte. Insgesamt wurden neun Experimente durchgeführt und eine entsprechende Anzahl von introspektiven Protokollen angefertigt.

Die Wahrnehmung von öffentlichen Reaktionen und der emotionale Stress des Nutzers

Die Beobachtungen machen deutlich, dass das Klingeln des Mobiltelefons sowohl aufdringlich als auch eindringlich ist. In der Tat gab es Reaktionen der anwesenden Dritten während und nach dem Klingeln des Handys. Manchmal warfen die Menschen einen – nicht immer freundlichen – Blick auf die Person, die angerufen worden ist und das Gespräch nicht angenommen hat. Manchmal war dies von einem Schütteln des Kopfes begleitet, um ein Erstaunen oder sogar Ärgernis auszudrücken. Über dies hinaus gab es keine sanktionierenden Reaktionen. Der Schwellenwert, um noch tiefgreifender ein Missfallen auszudrücken, schien noch nicht erreicht zu sein. In vielen Fällen waren sogar überhaupt keine markanten Reaktionen zu erkennen (respektive: wurden von den jeweiligen Beobachtern nicht als solche wahrgenommen). Interessant ist in diesem Zusammenhang, dass es doch ausgeprägte Differenzen in der Wahrnehmung einmal durch das Beobachterpaar und durch die angerufene Person als Beobachter gegeben hat. So gab es Fälle, wo die angerufene Person glaubte, ausgesprochen negative Reaktionen wahrzunehmen, etwa, von anderen angestarrt zu werden oder dass andere über sie reden würden, während die beiden Beobachter keine Hinweise darauf finden konnten. Aber auch das Gegenteil war der Fall: Die Beobachter stellten negative Reaktionen fest, die der Angerufene nicht im Geringsten perzipiert hatte. Das unterstreicht die bekannte Problematik von Beobachtungen, die immer auch durch die jeweilige Beobachtersichtweise gefiltert werden (vgl. Jones/Nisbett 1971). Eine doppelte Beobachtung wie hier kann zur Validierung beitragen – oder auch gerade ambivalente Momente herausheben. Nicht zuletzt verweisen die unterschiedlichen Beobachtungen auf die unterschiedliche situative Integration der jeweiligen Personen. Menschen, die in eine Situation besonders involviert sind (wie hier bei den angerufenen Personen, die zugleich Beobachter sind) sehen die Welt anders als jene, die aus einer distanzierten Perspektive zuschauen. Sie unterscheiden sich, mit anderen Worten, durch ihre Definition der Situation, für die gleichsam gilt, dass eine als real definierte Situation auch real in ihren Konsequenzen ist (vgl. Thomas/Thomas 1973: 334). Dies erweist sich in dieser Studie als besonders wichtig, speziell, wenn es um die Gefühle geht, die man hat, wenn man im öffentlichen Raum von anderen angerufen bzw. angeklingelt wird. Hatten die angerufenen Personen beispielsweise den Eindruck, dass sie nicht besonders auffielen und kein besonderes Ärgernis darstellten, dann zeigten sie sich viel freier, ja, sie hatten geradezu Spaß, in einer derartig provokanten Situation zu agieren. So erschien ihnen aufgrund der Annahme, dass Sanktionen ausbleiben, die Situation wie eine Art stimulierendes Spiel. Andere hatten ganz andere Gefühle: Sie hatten nachhaltige Stressempfindungen und sogar Angst vor expliziten negativen Sanktionen, die für sie nur noch eine Frage der Zeit waren. Um nochmals auf die eingangs erwähnte internationale Studie zurückzukommen, so zeigte sich bereits hier, dass es (mit nur geringen Unterschieden in den jeweiligen Ländern) nicht vollkommen belanglos ist, wenn bei einer Anwesenheit von Fremden telefoniert wird.

Bereits beim ersten Experiment der Erfurter Studie zeigte sich, dass die angerufene Person die geforderten Bedingungen nicht einhalten konnte. Obwohl die Anweisung war, das klingelnde Telefon einfach zu ignorieren, nahm sie das Mobiltelefon in die Hand und schaute (gewissermaßen demonstrativ) auf das Display. Sie hatte – wie auch die Experimentatorinnen nachher – ein ausgesprochenes Stressgefühl und ein Gefühl von Unwohlsein. Nach diesem (auf den ersten Blick) weniger erfolgreichen Start wurde die Situation in der Forschergruppe diskutiert und als eine Konsequenz die Methode neu justiert. Für alle folgenden Experimente (und für das Gelaufene rückblickend) sollte ein ausführlicher Selbsterfahrungsbericht i.S. einer Selbstbeobachtung ergänzend zu den Beobachtungen des Umfeldes angefertigt werden. Darin sollten die Empfindungen, Gefühle, Ängste wie auch die Antizipationen der Reaktionen der Menschen im nahen Umfeld vermerkt werden. Auf der Grundlage dieser Berichte ist unschwer zu erkennen, dass die Angerufenen während der Zeit des Experiments alles andere als entspannt waren. Stattdessen berichteten sie von Stress, in einigen Fällen sogar von Angst, die mit dem Gefühl eines gewissen Kontrollverlusts einherging:

- *Na ja, am Anfang hatte man noch so 'ne Zeit da, weißte, da ist der Puls ein bisschen höher gegangen und man hat halt gemerkt das Herz schlägt ein bisschen.*

- *Und dann passiert es. Mein Handy klingelt und mein Handyklingelton ist nicht gerade unauffällig. Ich nehme mein Handy kurz auf, blicke auf das Display. Lara ruft mich an. Lege das Handy zurück auf den Tisch und versuche mir von meiner Nervosität nichts anmerken zu lassen. Ich blicke mich extra nicht um, blättere stattdessen in der Zeitung weiter. Endlich geschafft, das Klingeln hat aufgehört.*

- *Irgendwie finde ich die Situation diesmal wieder peinlicher, weil ich langsam wirklich denke, dass ich die Leute nerve.*

- *Mein Puls steigt schon wieder. Wie in einer Achterbahn.*

- *Ich versuche ruhig zu bleiben und mich auf die Notizen zu konzentrieren. Meine Nackenhaare stehen auf. Es verängstigt mich irgendwie.*

> • *Gott – es klingelt. Mein Herz schlägt bis zum Hals. Ich trau mich gar nicht, hoch zu schauen und bekomme dadurch auch nichts von den Reaktionen um mich herum mit.*

Über solche Gefühle wurde vor dem Beginn als auch während des Experiments berichtet. Insbesondere wurde über das Empfinden berichtet, von anderen beobachtet zu werden und einen negativen Eindruck zu machen. So wurde mitunter festgehalten:

> • *Schon seitdem ich mich gesetzt habe, komme ich mir total beobachtet vor. Was die anderen Gäste wohl denken? Sicher rätseln sie schon, warum ich hier so allein am Tisch sitze. Ehrlich gesagt, mache ich das sonst auch nie und fühle mich dabei auch nicht wohl.*
>
> • *Ich fühle mich von den anderen Gästen beobachtet, mir kommt es so vor als würden grad alle in meine Richtung schauen.*

Ebenso gab es eine Anspannung zwischen dem erfolgten und dem erwarteten Anklingeln, verbunden mit dem Eindruck, dass andere über einen reden würden:

> • *Auch die Frau am Tisch links vor mir (Tisch 23) schaut wieder skeptisch zu mir herüber. Ich frage mich, ob sie mit ihrer Begleitung über mich spricht?*
>
> • *Ich habe das Gefühl, der Mann hinter mir sagt irgendetwas wie: „Was soll das denn?" oder so ähnlich.*

Das ging nicht zuletzt einher mit der Befürchtung, dass man konkret darauf angesprochen wird, warum man das Telefonat denn nicht endlich annehme:

> • *Ich und mein Handy sind zumindest an Tisch 24 Gesprächsthema. Erst einige Minuten später wechseln diese Personen das Thema. Ich habe die Befürchtung, dass die zu mir rüberkommen und was sagen, wenn ich die noch lange nerve.*
>
> • *Vierter Anruf: Jetzt schauen sie auch vom großen Tisch rüber. Ich denke jedes Mal, dass gleich jemand was sagt, aber es passiert nichts. Hinter mir jetzt Schweigen.*

Es wurde schon darauf hingewiesen, dass eine gewisse Spaßkomponente nicht ausgeschlossen war:

> • *Hinter mir das Ehepaar ist wohl ziemlich angespannt, und die Frau würde mir am liebsten gleich in den Nacken springen. Na, mal sehen, ob sie was sagen. So langsam macht's Spaß, die Leute zu nerven. Bin aber trotzdem aufgeregt.*

Warum diese Ängstlichkeiten? Wie die am Experiment teilnehmenden Studierenden sagten, wollten sie nicht und wenn, dann auf keinen Fall negativ, auffallen. Sie liefern dergestalt einen anschaulichen Beleg für eine Präsentation des Selbst, wie sie von Goffman beschrieben worden ist: Man versucht jederzeit, sich von einer positiven Seite zu zeigen und „einen offenen Konflikt zwischen widersprechenden Bestimmungen der Situation zu vermeiden" (Goffman 2003: 13). Zumindest war es nicht die Absicht, andere zu stören – die Normalitäten der Situation außer Kraft zu setzen, Regeln zu verletzen und Ärgernis zu provozieren. Zum Beispiel zeigen diese Regeln an, so äußerten sich die Studierenden, dass das Mobiltelefon nicht zu laut klingeln dürfe, dass man die Art der Klingeltöne berücksichtigen müsse und dass man ein Telefonat anzunehmen hätte. All dies kann als Indiz dafür gesehen werden, dass soziale Praktiken eines angemessenen Handygebrauchs im öffentlichen Raum im Entstehen sind. In der Gruppendiskussion wurde auch ein geschlechtsspezifisches Moment angesprochen. Die Versuchspersonen (respektive die Angerufenen) waren vor allem weiblich. Den Studentinnen ging dabei durch den Kopf, dass sie gar für technisch inkompetent gehalten werden könnten und man ihnen womöglich unterstellte, dass sie gar nicht in der Lage seien, das Handy auf einen Stumm-Modus zu stellen. Dazu kommt, dass es für die Kommilitoninnen nach eigener Angabe doch eher unüblich sei, allein in ein Restaurant oder Café zu gehen: *Allein im Café sitzen ist völlig befremdend. Das habe ich noch nie getan.* Allein das schon würde eine Unsicherheit mit sich bringen (vgl. weiter: Ruhne 2003), die durch das Klingeln des Handys dann noch auf die Spitze getrieben würde.

Im Kontrast zu den Garfinkelschen Krisenexperimenten waren es im Endeffekt nicht Dritte, die zum Opfer wurden, sondern die Experimentatoren (also jene, die angerufen worden sind) selbst. Sie waren es nämlich, die erfahren haben, was es bedeutet, eine situative Störung zu erzeugen. Wie nun sind die Personen, die angerufen worden sind, mit dieser Situation umgegangen? Stress mobilisiert Energien für eine folgende Fluchtreaktion (vgl. Ulich/Mayring 1992; 178). Und wenn die Möglichkeit zur Flucht nicht besteht, dann kann versucht werden, sich zu verstecken – oder zumindest so zu tun, als würde man dies tun, so wie ein kleines Kind glaubt, dass es nicht mehr zu sehen ist, wenn es sich die Hände vor das Gesicht hält. Ein solches imaginiertes Verstecken kann durch das Tragen einer Sonnenbrille ermöglicht werden:

- *Damit ich mich weniger beobachtet fühle, habe ich meine große schwarze Sonnenbrille aufgesetzt und lese aufmerksam meine Zeitschrift.*
- *Die Sonne scheint und ich habe meine Sonnenbrille immer noch auf. Darüber bin ich froh, denn so muss ich niemandem direkt in die Augen sehen und kann ebenso andere Gäste unbemerkt beobachten. Gut, das letzte spielt für mich gerade eine geringere Rolle. Vielleicht bin ich nach dem Experiment, wenn ich Hausverbot bekommen sollte oder andere Gäste sich über mich aufregen, froh, dass ich mich mit der Sonnenbrille auch etwas tarnen konnte.*

Oder man versteckt sich hinter einer Zeitung oder einem Buch, die dergestalt als eine Art Schutzschild fungieren: *„Ich versuche weiter im Buch zu lesen, aber irgendwie starre ich nur auf die Seite. Meine Güte, klingelt das lange. Ich traue mich nicht, hochzuschauen."*

Üblich war es, gewissermaßen als Minimalstrategie, den visuellen Kontakt mit anderen durch Wegschauen oder nicht Hinschauen zu vermeiden: *„Beim nächsten Anruf wurde mir dann etwas mulmig. Diesmal war es laut genug, dass auch Leute in der Umgebung darauf aufmerksam wurden. An dieser Stelle vermied ich es, irgendjemandem in die Augen zu sehen."*

Andere suchten, sofern dies möglich war, den Schutz hinter anderen Geräuschkulissen. Sei es, dass ein Straßenmusiker mit seinem Saxophon einen idealen Geräuschhintergrund darbot und dergestalt vom Klingeln des Handys ablenkte. Hierfür eignete sich auch das Weinen eines Kindes, das als durchaus willkommen angesehen worden ist: *„Am Nachbartisch sitzt eine Großfamilie mit zwei Babys, die abwechselnd schreien. Damit sind alle mehr beschäftigt und haben anscheinend den Klingelton überhaupt nicht wahrgenommen. Schreiende Kinder haben doch manchmal etwas Positives."*

Im Allgemeinen ist ein öffentliches Telefonieren und das Klingeln des Mobiltelefons leichter hinzunehmen, wenn es die Geräuschkulisse nicht dominiert und sich vielmehr in die Geräusche der Umwelt einordnet, oder, bezugnehmend auf Goffman (1971: 46), indem man nicht zuviel Lautraum für sich beansprucht und sich damit nicht durch Laute einmischt (siehe auch: Bull, 2004, 2007 oder Kopomaa 2000). Aber auch hier taucht wieder eine Spaßkomponente auf: Wenn ein gewisser Schutz vor anderen da war (wobei neben den Geräuschen rundherum auch die Anwesenheit einer weiteren Person dazugehörte), spielte man das Spiel ‚Lass das Handy doch klingeln' mit gewissem Vergnügen.

Eine weitere Möglichkeit, die Situation zu handhaben, bestand darin, den Menschen um einen herum anzuzeigen, dass man sogar *gute Gründe* hatte, den Anruf nicht zu beantworten (indem etwa ein Blick auf das Handydisplay geworfen und mit dem Kopf geschüttelt wird, will sagen: ‚mit dem Anrufer möchte ich nichts zu tun haben') oder dass man derzeit nicht in der Lage oder Willens sei, zu antworten (weil man beispielsweise in eine Aktivität involviert ist, die ein

Telefonat ausschließt). Üblicherweise erfolgen solche Hinweise nonverbal – durch Blicke, Gesten und Artefakte: *"Wir hatten zwar gesagt ‚Okay, wenigstens drauf gucken' weil man muss ja zumindestens, also, man ist ja einfach auch nicht taub und da reagiert man und der Blick geht halt auch in Richtung des Telefons. Und ich hab halt irgendwie, das war dann wirklich intuitiv, das Telefon hochgenommen, das hatten wir halt vorher nicht gesagt, irgendwie halt draufzugucken und es wieder hinzulegen. Und dann, nachdem ein paar Mal, also dass die Leute halt einfach die um mich rum herum saßen, einfach wussten ‚Okay, sie hat das schon wahrgenommen, sie weiß es, also sie ist nicht taub oder so.' Und dann hab ich halt irgendwann dann auch angefangen es gar nicht mehr zu beachten also auch nicht mehr draufzugucken. Aber am Anfang war das wirklich also ganz ganz schwer. ... Und die dicke Sonnenbrille (Lachen)."* So wollte eine Kommilitonin signalisieren, dass sie einen Anruf von einem ehemaligen Freund erhalten habe, aber alles andere als gewillt sei, mit ihm zu sprechen. Andere gaben (durchaus bewusst) eine andere Aktivität vor, die sie an einem Telefonat hindern würde, wie etwa des Lesen in einer Zeitschrift oder der Eintrag in ein Tagebuch oder, wie hier, einen Terminplaner.

- *Ich lese weiter, als ob ich keinen Ton hören würde.*

- *Und dann hab ich halt irgendwann dann auch angefangen, es gar nicht mehr zu beachten, also auch nicht mehr draufzugucken. Aber am Anfang war das wirklich also ganz ganz schwer. Also deswegen hab ich ja dann auch angefangen, halt einfach meinen Terminplaner zu nehmen und halt einfach irgendwas zu schreiben was mich halt in dem Moment beschäftigt hat, weil ich hab ja auch reingeschrieben.*

- *Jetzt klingelt es zum fünften Mal. Ich schreibe einfach weiter, weil ich hoffe, dann beschäftigt zu wirken. Wahrscheinlich versuche ich damit wieder, so etwas wie einen Interpretationsrahmen für die anderen anwesenden Personen zu schaffen. Außerdem ist es auf diese Art leichter, den direkten Blickkontakt mit den Leuten zu vermeiden.*

Aber manchmal war dies nicht einmal für den demonstrativen Täuscher selbst überzeugend, und es offenbarte sich gewissermaßen die Schwachstelle eines Schutzschildes:

> - *Mir fällt jedoch auf, dass das mit einer Cosmopolitan in einer Hand ziemlich unglaubwürdig erscheinen könnte. ... Bei so einer langen Zeit wird es schon etwas schwieriger, das Telefon, das so offensichtlich neben mir liegt, komplett zu ignorieren. Außerdem kommt noch hinzu, dass die Seite, die ich gerade gelesen habe schon, zu Ende ist. Aber ich will nicht umblättern, denn ich würde mich komisch fühlen, aus meiner Starre zu erwachen und trotzdem nicht ranzugehen. Deshalb gucke ich einfach weiter auf die Seite meiner Zeitschrift, fühle mich aber etwas unwohl dabei.*
> - *Das war ja aber auch in dem Moment wo's dann geklingelt hat. Also wo ich dann quasi so besonders aufmerksam dann drin gelesen hab. Sonst hab ich irgendwie so normal wie man halt so `ne Zeitschrift eigentlich liest, mal so durchgeblättert, mal `n Stück gelesen, mal wieder durchgeblättert, und dann so wo's halt geklingelt hat, dann so ‚Okay, wenn du jetzt umblätterst oder dich irgendwie bewegst und übelst aufschaust oder so dann wird's echt seltsam dass du nicht ran gehst.' So war dann die Situation irgendwie. Deswegen hab ich dann so ‚Okay jetzt liest du das hier so voll aufmerksam.' War irgendwie schon dann halt komisch. Also war halt auch `ne Situation wie man halt auch `ne Zeitschrift nicht liest. So, weil so aufmerksam liest man das ja eigentlich nicht, dass man sich dann nicht durch so `n Klingeln ablenken lässt. Von daher...*

Im Falle von Eruptionen versuchen die Menschen, wie deutlich geworden ist, *Normalität* oder eine *Imagination von Normalität* herzustellen. Garfinkel umschreibt dies mit den Worten, dass die Menschen „vigorously sought to make the strange actions intelligible and to restore the situation to normal appearances" (Garfinkel 1967: 47). Die angerufene Person, die mit dem Klingeln des Handys in das Zentrum der öffentlichen Aufmerksamkeit geraten ist, fühlt geradezu einen Zwang zu entsprechenden Normalitätsbezeugungen, durch die sie den anderen den Eindruck vermitteln will, dass sie alles unter Kontrolle hat – auch sich selbst. Sie unterbreitet gewissermaßen anderen einen (nonverbal vermittelten) Vorschlag eines Motivs, warum sie in der Situation so oder so gehandelt hat oder nicht (vgl. Goffman 1974: 224). Bleibt man bei Goffman, engagieren sich die Menschen im Rahmen eines korrektiven Austauschs (remedial exchange). Er hat die Funktion, die Bedeutung zu ändern, die dem Handeln oder auch Nichthandeln ansonsten zugesprochen würde, um einen Sachverhalt, der als Offensive gedeutet würde, in etwas Akzeptables zu verwandeln (vgl. ebd.: 156). Die Menschen erreichen dies etwa mittels leibgebundener Kundgaben (body gloss) als eine relativ selbst-bewusste Geste eines Individuums, die mit dem ganzen Körper ausgedrückt werden kann. So gesehen wird der Körper dazu genutzt, um nonverbale Deutungen der Handlungssituation zu geben, aber auch, um negative Charakterzuschreibungen abzuwenden (vgl. ebd.: 184). Damit zeigt das Individuum an, dass es durchaus in die Situation eingebunden ist und zur Kenntnis nimmt, was vor sich geht. Dies wiederum macht es den anderen einfacher, sich mit Blick auf die Person zu orientieren. Es handelt sich, so Goffman, um ein generell wichtiges Element sozialer Interaktion – und gilt entsprechend auch für den Rahmen der Nutzung des Mobiltelefons. Das Handy klingelt, der Angerufene schaut auf das Display, schüttelt demonstrativ den Kopf – und kann dann das Gerät auch weiter klingeln lassen, denn er hat ja zu verstehen gegeben, dass er durchaus bei Sinnen ist, den Anruf zur Kenntnis genommen aber eine durchaus guten Grund zu haben scheint, dass er ihn nicht angenommen hat.

Störungen als Peinlichkeiten

In gewisser Weise, auch bei zunehmender Gewöhnung, ist, wie gesagt, jedes Klingeln ein reales Krisenexperiment. Jederzeit kann man angerufen werden – und nicht immer lässt sich ein solcher Versuch, der sich ja mehr oder weniger geräuschvoll äußert, einfach in eine Situation integrieren. Die Ergebnisse der Studie lenken nun den Blick nicht zentral auf die anwesenden Dritten und deren Reaktionen, sondern auf die emotionale Situation eines Menschen, der angerufen wird. Das Handy erscheint sowohl als aufdringliches als auch als eindringliches Medium. So kann das Klingeln des Handys bei demjenigen, der angerufen wird, Stress wie auch Peinlichkeiten erzeugen: „The called as victim" (Gumpert 1989: 246).

Die Stresslage spiegelt in gewisser Hinsicht auch ein Erreichbarkeitsdilemma wider, demzufolge man andere immer erreichen will, selbst aber nicht unbedingt immer erreichbar sein will. Gerade der Kontrollverlust, der mit dem Handy verbunden ist – andere bestimmen, wann sie einen anrufen – macht den Stress aus. Allerdings ergeben sich solche Anspannungen nicht automatisch. Sie hängen von der Definition der Situation und damit auch davon ab, wie belastend die Situation eingeschätzt wird. Gehe ich davon aus, dass andere ein Auge auf mich geworfen haben oder dass sie sich nicht sonderlich für mich interessieren? Dabei kann die Bewältigung der jeweiligen Situation als ein „transaktionales Person-Umweltverhältnis" (Ulich/Mayring 1992: 178) verstanden werden. Stress entsteht dabei nicht nur als Folge eines ubiquitären Mediums, sondern auch mit Blick auf die Bewältigungsstrategien: Gelingt es, andere zu beschwichtigen? Solche emotionalen Belastungen sind jedoch nur temporär, so, wie Peinlichkeiten mit einem temporären Kontrollverlust einhergehen. Peinlichkeiten entstehen dann, wenn etwas gegen den eigenen Willen geschieht oder einem zugemutet wird und kulturelle Standards verletzt werden. Mein Handy klingelt während der Opernaufführung – und alle blicken auf mich. Aber auch moderatere Situationen können zu Peinlichkeiten führen. Die Krisenexperimente verweisen auf die Fragilität der sozialen Ordnung. Schließlich macht jede Peinlichkeit erneut deutlich, „welcher gemeinsamen Anstrengungen die Aufrechterhaltung dieser Ordnung, die alltägliche Formung unserer Beziehungen, bedarf" (Dreitzel 1983: 149).

Nicht immer muss mit expliziten sanktionierenden Reaktionen gerechnet werden. Andere erkennen die Peinlichkeit und wollen sie nicht noch ins Grenzenlose steigern. Gerade beim Handy kommt hinzu, dass jeder in eine solche oder ähnlich missliche Lage kommen kann. Auch können der Kontrollverlust respektive eine Regelverletzung als nicht so bedeutend eingestuft werden, oder ein gewisser Schwellenwert, ab dem eine Sanktion erfolgt, ist gerade noch nicht erreicht. Das war in den Anfangsjahren des Mobiltelefons noch anders. Hier verfügte nur eine Minderheit über dieses Medium und man selbst war vor dem Schicksal gefeit, in eine ähnlich ungünstige Lage zu kommen. Dies schloss einen Dritte-Personen-Effekt nicht aus. Gemeint ist, dass es immer die anderen sind, die stören, nicht man selbst.

Kapitel 9

Akustische Ökologie – Klingeltöne als neue Soundscape und wie wir darauf reagieren

Mehr als ein Klingeln

„Lieber Leser! Begib dich doch in das tiefste, weltentfernteste Alpental, du wirst mit Sicherheit einem Grammophon begegnen. Fliehe in eine Oase der Wüste Sahara, du wirst einen Unternehmer finden, der dort einen Musikautomaten mit Glockenspiel und Trommelschlag soeben aufstellt ... Es gibt für Menschen auch in heiligster Gottnatur kein Glück ohne Geschrei und lärmende Entäußerung." So schrieb Theodor Lessing (1908: 15) vor mehr als einhundert Jahren in seiner ‚Kampfschrift gegen die Geräusche unseres Lebens'. Umwelten sind immer auch akustische Umwelten. Und immer mehr werden sie mit etwas wie einer akustischen ‚Umweltverschmutzung' assoziiert. Spätestens seit R. Murray Schafer würde man von einer Veränderung der Soundscape sprechen:

> „Die Soundscape der Welt ist im Wandel. Der moderne Mensch lebt seit Kurzem erst in einer akustischen Umwelt, die sich radikal von der bisherigen unterscheidet. ... Es scheint, als habe die Soundscape der Welt derzeit ein Maximum an Vulgarität erreicht, und viele Fachleute sagen als deren letzte Konsequenz eine universelle Taubheit voraus, sollte es nicht gelingen, das Problem rasch unter Kontrolle zu bringen." (Schafer 2010: 35)

Pointiert schreibt Bosshard (2005: 843): „So wie es im Mittelalter gang und gäbe war, den Urintopf am Morgen durchs offene Fenster einfach auf die Straße zu entleeren, so ist es heute üblich, den Lärm von Geräten und Maschinen einfach ins Freie schallen zu lassen." Orte vollkommener Stille gibt es kaum noch.

Die Stadt war schon immer ein Klangraum. Jede Stadt klingt in gewisser Weise anders – durchmischt von natürlichen und artifiziellen Tönen, wobei gerade letztere dominant sind: Arbeits- und Maschinenlärm, vor allem Autos, Musik allerorts und vieles mehr. Es scheint, dass sich die Menschen so an eine neue Soundscape gewöhnt haben, dass Stille gar bedrohlich wirkt. Man kann zwar seinen Blick verschließen, weniger jedoch das Ohr, oder wie dies Georg Simmel (1995: 730) vermerkt, „dass es sich nicht wie das Auge wegwenden oder schließen kann, sondern, da es nun einem bloß nimmt, auch dazu verurteilt ist, alles zu nehmen, was in seine Nähe kommt ..." Man kann zwar zurückschauen, aber, so Simmel weiter, nicht zurückhören, sprich: Es besteht ein „Mangel jener Reziprozität, die der Blick zwischen Augen und Auge herstellt" (ebd.: 729). Außerdem sei das Hören etwas Überindividualistisches: „Was in einem Raume vorgeht, müssen eben alle hören, die in ihm sind, und dass der Eine es aufnimmt, nimmt es dem Anderen nicht fort" (ebd.: 730). Ist man indessen an die Stille gewöhnt, so werden einem die Geräusche der Stadt zur Qual. Fast sechs Jahre lang lebte Clara Rojas als Geisel der Farc-Guerilla im kolumbianischen Dschungel. In einem Interview vermerkt die zurückgekehrte 44-jährige Juristin: „Aber das Schwierigste ist der Lärm, die Geräusche der Nacht, der Stadt." (Gajevic/ Schmid 2009). Zwischen den Extremen einer Gewalt durch Lärm und einer Gewöhnung an eine lärmende Stadtumwelt liegt ein weites Spektrum von Geräuschen, Klängen und Lärmendem. Dies hängt von den jeweiligen Orten des Verweilens ab – und von den Wegen, die dorthin und von dort weg führen. Geräusche, Klänge, Lärm sind mit Bewegungen und Zeit verbunden. Analog zur Idee eines Stadt- und Platzballetts gibt es so etwas wie ‚Stadtrhythmen', die Bewegungen der Menschen begleiten und je nach ‚akustischem Territorium' (Labelle 2010) anders aussehen lassen. Das, was in der Stadt alles zu hören ist, ist nicht nur ein Hintergrundgeräusch oder Lärm. Solche ‚sounds' „are clues to the rhythms of an urban everyday, in which ordinary and personal experience combines with the structures and orderings of the city" (Hall/Sahuha/Coffey 2008: 1028). Nun kommt das Handy dazu, das sowohl bei der Bewegung wie auch beim Verweilen die Geräusche der Stadt ergänzt – oder verschärft:

> „Seit das Handy zum mobilen Büro oder zum privaten Informationsmedium geworden ist, seine Benutzer überall und jederzeit erreichbar sind, man telefonieren kann, wann und wo man möchte – auf der Straße, im Café oder im Auto –, hat dieses Medium einen gewaltigen Schritt nach vorne gemacht und bestimmt nun maßgeblich die alltägliche Geräuschkulisse. Handys sind schrill und geräuschintensiv, ganz gleich, ob der Benutzer angewählt wird, selbst telefoniert oder ein hektisches Piepsen beginnt, wenn der Akku streikt." (Liedke 2004: 60)

Die durch das Handy verursachten Geräusche, einschließlich eines lauten Redens, stehen indessen nicht allein da. Sie sind Ausdruck einer umfassenden Mediatisierung des Alltags, die sich besonders in einem Wandel einer akustischen Ökologie des öffentlichen Raums niederschlägt. Dabei gibt es lautlose Medien, wie etwa das Zeitunglesen im öffentlichen Raum, oder Medien, die zumindest nicht durch ihre markante Lautstärke bestechen (ein Walkman, MP3-Player oder iPod bzw. all jene Medien, die direkt via Ohrhörer ins Ohr gehen), dafür aber mit einem Abwenden von einer öffentlichen Inanspruchnahme verbunden sind. Betörend waren und sind aber die lauten Medien. Man denke an Zeiten eines Ghettoblasters, die (Koffer-)Radios, die nachgerade das Baden am See zu einem multiplen akustischen Unternehmen machten – und eben neuerdings die Handys mit ihren Klingeltönen oder gar in ihrer Funktion als Mini-Nachfolger des Ghettoblasters, des Handyblasters. Dabei lässt sich eine Geschichte des Telefons gleichsam als eine Geschichte der Klingeltöne verstehen. Irgendwie musste sich das Telefon respektive die Person, die via Telefon Kontakt aufnehmen will, ja bemerkbar machen; es bedurfte gewisser Signallaute[40]. Das geschah in der Tat

---

[40] Solche Signallaute sind, so Schafer (2010: 46) Vordergrundgeräusche, die sich von anderen – Hintergrundgeräuschen oder Grundlauten – abgrenzen und Aufmerksamkeit erzeugen.

mit einem Klingeln – auch wenn dies in unterschiedlichen Ländern durchaus mit verschiedenen Klingelarrangements verbunden war. Schafer (2010: 290 f.) vermerkt hierzu:

„Wer hat das Telefonklingeln erfunden? Gewiß kein Musiker. Vielleicht ist es nur ein schlechter Witz auf Kosten des Erfinders? Es kann durchaus sein, dass ein derart dreistes Gerät einen solchen lästigen Klang haben muss. Trotzdem sollte der Angelegenheit mehr Überlegung gewidmet werden. Wenn wir schon zehn- oder zwanzigmal täglich abgelenkt und gestört werden müssen, warum nicht von einem angenehmen Laut? Warum kann nicht einfach jeder sein Telefonsignal individuell auswählen? Eines Tages, wenn Kassetten und Tonbänder einfach und billig herzustellen sein werden, wird dies absolut machbar sein." (Schafer 2010: 290/291)

Nun hat dies gerade ein digitales Zeitalter möglich gemacht, das die Ära der Kassetten und Tonbänder schon weit hinter sich gelassen hat. Und in der Tat können die Menschen ihre Signaltöne nun selbst aus einem unbegrenzten Angebot wählen. Konnte man in den früheren Jahren des Mobiltelefons noch beobachten, wie nach einem noch stark uniformen, mit bestimmten Herstellern verbundenem ‚Klingeln' gleich mehrere Menschen gleichzeitig nach ihrem Handy suchten oder Damen ihre Handtasche ans Ohr hielten, um zu erkunden, ob ihr Handy klingelt, so hat sich dies heute stark geändert (auch wenn der klassische Klingelton immer noch gerne genommen wird). Aus dem Angebot solcher Töne ist ein, wenn auch nun wieder schwindender, millionenschwerer Markt geworden, denn eine solche Wahl des persönlichen Klangs war manchen eben doch Geld wert (sieht man von den nicht gerade erfreulichen Vermarktungsstrategien ab). Und schließlich ist es eben schon längst kein Klingeln mehr. Vielmehr handelt es sich um vielfältige Klänge, Geräusche, Melodien, aktuelle Hits, ja, geradezu Klanginszenierungen, auf die man im Laufe eines vom Handy geprägten Alltags stößt. Um die Begrifflichkeit nicht unnötig zu komplizieren, soll auch im Weiteren vom ‚Klingeln' als telefonische Interaktionsaufforderung gesprochen werden, auch wenn damit mehr gemeint ist.

Mit dieser Vielfalt des Klingelns stellt sich gleichsam die Frage, was das nun für die Verwender, aber erst recht für die Umwelt, bedeutet. Was ist mit den „Hörfeldern" in unserer Umgebung (vgl. weiter auch: Berendt 1992: 149)? Während nun, wie schon gesehen, das Handy immer auch Aufmerksamkeit von seiner Umgebung abzieht (vgl. Kapitel 6), so lenkt es zum anderen auch die Aufmerksamkeit der Umwelt auf sich und dessen Verwender – den Angerufenen und Telefonierenden, der sich dadurch, als temporäres Zentrum des Interesses, gleichsam auch für ‚seinen' Klingelton verantworten muss. Das kann neben Kleidung und Frisur eine Präsentation des Selbst sowohl unterstreichen als auch konterkarieren. Eine elegante, Seriosität ausstrahlende Dame kann durchaus mit einem rasanten Samba-Klingelton etwas dem entgegenstehendes Laszives aussenden. Das Klingeln ist, mit anderen Worten, Metakommunikation, das etwas über den Angerufenen sagt, noch bevor von ihm ein Wort zu hören ist. Aber immer noch ist das Handy ein Eindringling und Aufdringling, das wie eben mit Simmel schon festgestellt wurde, eine Reihe von Menschen angeht, die sich um einen Angerufenen herum aufhalten. Eigentlich könnte man vermuten, dass mit steigender Zahl anwesender Dritter eine Dynamik entsteht, sich gegen den ‚Störenfried mit dem Handy' zu solidarisieren – was zu prüfen wäre. „Unter gewöhnlichen Umständen können überhaupt nicht allzu viele Menschen einen und denselben Gesichtseindruck haben, dagegen außerordentlich viele denselben Gehörseindruck" (Simmel 1995: 731). Auch wenn wir uns an eine umfassende Änderung einer Soundscape gewöhnen, so können doch einzelne Signale des Nahraums immer noch als besondere Eruption gedeutet werden. Auch hier ist bei Simmel (1995: 735) ein Hinweis zu finden: „Im allgemeinen wird mit steigender Kultur die Fernwirkung der Sinne schwächer, ihre Nahwirkung stärker, wir werden nicht nur kurzsichtig, sondern überhaupt kurzsinnig; aber auf diese kürzeren Distanzen hin werden wir umso sensibler." Oder gewöhnen wir uns an alles…?

Wenn das Handy noch einmal ‚klingelt'

Bereits bei den ‚Stressexperimenten' wurde nach der Reaktion des Umfeldes gefragt. Dies sollte nun nochmals aufgegriffen werden, indem unterschiedliche Klingeltöne und deren eventuell differente Wirkung betrachtet werden. Die Fragen waren: Wird auf nervtötende Klänge besonders reagiert? Und wie sieht eine solche Reaktion aus? Dazu wurden zunächst einmal entsprechende Klingeltöne ausgewählt. Hintergrund war die Idee, zunächst ein gewisses Spektrum auszuwählen und danach zu schauen, welche als besonders nervend bzw. störend angesehen wurden. Ein Pretest sollte dazu dienen, aus einer Reihe bereits vorselektierter Töne eine Auswahl zu treffen. Schließlich wurden fünf Töne ausgewählt, darunter auch Standardtöne zum Vergleich mit eher nervigen Klangfolgen:[41]

1. Klingelton ‚Aja jippie', bei dem mit einer Kinderstimme nach Westernmelodie (‚Von den blauen Bergen…') krächzend gesungen wird (M=5.26/5.96).
2. Klingelton ‚Für Elise' von Beethoven in einer elektronischen Variante, der wenig strapazierend, ja eher beruhigend ist (M=4.95/4.56).
3. Das klassische Klingeln des alten Haustelefons mit elektronischem Klang (M=5.54/4.56).

---

41 In Klammern steht der Mittelwert auf die Einschätzung „der Klingenlton nervt mich", wobei die Skala von eins bis sieben reicht. Je höher der Wert, desto nerviger erscheint er. Der zweite Wert bezieht sich auf die Einschätzung, „der Klingelton wird von mir als störend empfunden".

4. Ein Technorhythmus, der aus dumpfen Klangwiederholungen besteht (M=6.59/6.24).
5. Ein aktueller Hit (hier: ‚Poker Face' der Sängerin Lady Gaga) (M=2,51/3,57).

Der Pretest wurde in Verbindung mit einer kommunikationswissenschaftlichen Lehrveranstaltung an der Universität Erfurt durchgeführt. 82 Studierende nahmen daran teil, davon 23 Männer und 59 Frauen. Das Durchschnittsalter betrug 21 Jahre. Alle nutzen ein Handy – und fast alle mehr als drei Jahre. Mehr als drei Viertel verwenden das Handy mehrmals täglich, wobei 29,1 Prozent klassische Melodien, 41,8 Prozent aktuelle Hits und 19,8 Prozent ein klassisches Telefonklingeln präferieren. Immerhin wechseln knapp 30 Prozent hin und wieder den Klingelton, ebenso viele wechseln ihn eher selten, knapp 15 Prozent wechseln den Klingelton nie. Eine solche relative Beständigkeit in der Klingeltonverwendung stellt auch Licoppe (2009: 13) fest: „Users rarely change their choice of personalized musical ringtones; they rely mainly on their ability to simplify the processing of interactions and learn by experience not to loose the cognitive and interactional gain achieved."

Das (qualitative) Experiment sah nun, ähnlich wie bei den ‚Stressexperimenten', vor, dass sich eine ‚Versuchsperson' in ein Straßencafé begibt und sich dem Klingeln des Handys aussetzt. Dabei sollte jeder der ausgewählten Sounds über den Zeitraum von zwanzig und im Abstand von drei Minuten jeweils fünfzehn Sekunden ertönen. Diese Zeitvorgaben waren das Resultat vorheriger Pretests. Hier zeigte sich, dass gerade ein längeres Klingeln die Situation zu sehr strapazieren würde. Ursprünglich war eine Gesamtzeit von einer halben Stunde vorgesehen – doch dies erwies sich als zu lange. Die dann ausgewählte Zeitspanne war gewissermaßen eine Konsequenz der subjektiven Einschätzung der Versuchsperson, die ja auch nicht überstrapaziert werden sollte. Insgesamt sollten je fünf Experimente an je zwei Orten, einem Biergarten und einem Straßencafé, durchgeführt werden, wobei in jedem Experiment ein anderer Klingelton zum Einsatz kommen sollte. Im Anschluss an einen jeweiligen experimentellen Durchlauf sollten die anwesenden Dritten nicht nur aufgeklärt, sondern auch noch via Kurzfragebogen befragt werden. Bei Personen, die sich offenkundig erregten, sollte die Aufklärung und Befragung unmittelbar erfolgen. Eine Kommilitonin, die sich als besonders mutig eingeschätzt hatte, sollte als Störerin fungieren. Ihr war (aus den ihr bekannten vorherigen Experimenten) durchaus bekannt, dass dies mit ausgeprägten Stressgefühlen einhergehen kann. Gleichwohl zeigte sie sich selbstsicher – bis zum ersten Tag der Studie. Folgende, in Auszügen hier zitierte Mail ging exakt in diesem Wortlaut am Abend ein:

Hallo Herr Prof. Höflich,
schweißgebadet vor emotionalem Streß, bin ich grade von der ersten Erhebung zurückgekommen und mein Fazit ist:
Ich hatte mir das alles viel viel leichter vorgestellt.
Diese emotionale und geistige Belastung kann sich nur vorstellen, wer es selbst gemacht hat. Die Mädels, die beobachtet haben, konnten sich einigermaßen in mich einfühlen.
Es war einfach grausam.
Da im ‚Goldenen Schwan' nur 2 Tische besetzt waren, sind wir ins Faustus gegangen. Hier waren ca. 10 Tische besetzt. Und diese Tische stehen sehr sehr eng.
Um gleich richtig loszulegen, habe ich mich genau in die Mitte gesetzt. Somit war ich von 4 besetzten Tischen umringt.
Wir haben mit diesem ‚AjaJippieJipiieYeah' Geschreie angefangen.
Das war so laut und auffällig, dass sich gleich jeder umgedreht hat.
Das 7. Mal anrufen konnte ich kaum durchstehen, da die Situation immer prekärer wurde. Ich habe versucht, unaufhaltsam auf meinen Laptop einzuklimpern, aber es war zu unglaubwürdig, warum ich nicht an dieses laute Handy gehe.
Beim letzten Klingeln kamen dann Kommentare vom Tisch direkt hinter mir (0,5 Meter Luftlinie): „Geh jetzt an das scheiß Handy ran oder mach es aus."
Die meisten haben, unseren Fragebogen ausgefüllt und waren erleichtert, dass sie jetzt wussten, warum die ganze Situation so war.
Die gesamte Situation war für mich so furchtbar, dass ich das auf keinen Fall noch 9. Mal durchstehe. Ich weiß, dass ich mich dazu bereit erklärt hatte, aber ich hatte das wohl alles unterschätzt...
Ich hoffe, Sie haben für meine brenzlige Situation und Probleme Verständnis.
Vielen Dank schonmal für Ihre Antwort.
Viele liebe Grüße

Daraufhin wurde die Durchgangsfrequenz der Klingeltöne geändert – und ebenso wurde ausgemacht, dass gewisse Alibis akzeptiert waren, um der Umwelt ein Nichtreagieren erklärbar zu machen. Die Studentin trug ab dann eine Sonnenbrille, einen Kopfhörer und las Zeitung während das Handy klingelte. Insgesamt wurden (mit dem Pretest) zehn Durchgänge, jeweils fünf an einem Ort mit je unterschiedlichen Klingeltönen, durchgeführt.

Experimente und Beobachtungen[42]

In der Zeit vom 14. bis zum 27. Juli 2009 erfolgten etwa zwischen 14 und 16 Uhr je fünf Beobachtungen im Außenbereich von zwei Cafés in Erfurt. Bei jedem Durchlauf wurden die Geschehnisse beobachtet, protokolliert und nachfolgend Interviews mit den anwesenden Gästen durchgeführt. Von den insgesamt zehn Durchgängen wurden vier abgebrochen, weil sich die Gäste bemerkbar machten. Die Abbrüche erfolgten zwischen dem vierten und sechsten Durchgang; jeweils zwischen zwölf und 24 Gäste waren in den Außenbereichen des Cafés anwesend. Die Lautstärke betrug zwischen 54 dB und 63 dB, hier und da war sie auch etwas höher.[43] Klingeltöne erhöhten den Lautstärkepegel nicht, oder zumindest nicht messbar. Sie sollten auch nicht durch ihre Lautstärke allein auffallen. Doch ragten sie gleichwohl aus der gesamten „Soundkulisse" hervor (vgl. auch Schafer 2010: 253). Bei all den verwendeten Klingeltönen ist der Klingelton ‚Aja jippie' besonders negativ eingestuft worden. Interessant ist indessen, dass selbst der im Pretest noch als besonders nervend empfundene ‚Schranz' die Gemüter gar nicht einmal so erregte, so dass nicht generell von ‚nervigen' Klingeltönen gesprochen werden kann, die immer auffallen und negative Reaktionen auslösen. Es hängt in der Tat von dem jeweiligen Kontext ab, also der räumlichen, akustischen und sozialen Umgebung. Wo klingelt es, welche Geräusche bzw. Geräuschkulisse gibt es und wer ist anwesend? Gerade in den Cafés gab es häufig eine gewisse Hintergrundmusik, die es nicht immer so einfach machte, ein Handyklingeln klar als ein solches auszumachen. Es wurde in die Soundscape eingebaut und deshalb auch nicht als mit einer bestimmten Person verbundene Störung wahrgenommen. Auffällig war nun, dass nachgerade weibliche Personen (alle zwischen 20 und 35) eingegriffen hatten, auch wenn die Geschlechter in den Cafés gleich verteilt waren. Die sich gestört fühlenden Personen stürmten nun nicht wütend auf die Störerin zu. Vielmehr zeigten sie sich besorgt und gaben als Grund, sich zu melden, an, dass doch ein möglicherweise wichtiger Anruf verpasst würde. Dieses Muster zeigte sich durchgängig, selbst wenn in einem Fall klar gesagt wurde: *„Wir sind mit meiner Mutter hier. Sie wird heut 70. Da fand ich es nicht passend, dass hier ständig yippy aja dudelt."* Aber gleich wurde ergänzt: *„Außerdem, es könnte ja etwas Wichtiges gewesen sein – und sie hat das Handy ja nicht gehört."* Man könnte dies nun durchaus als ein Indiz für ein prosoziales, hilfsbereites Verhalten ansehen, aber auch um eine Rechtfertigungsstrategie, um sich auf sozial akzeptierte Weise an die Störerin zu wenden und eine Schwelle für mögliche Sanktionen zu überwin-

---

42 Insbesondere ist zu danken: Kerstin Engelmann, Claudia Junge-Lande, Christin Merten, Maria Roßmann und Sophia Templin.
43 Zum Vergleich: Eine normale Unterhaltung hat etwa 50 dB, ein lautes Gespräch etwa die Lautstärke von 60 Dezibel (dB), LKW-Lärm und Autohupe 90 dB, eine Diskothek um die 100 dB – etwas darüber beginnt die Schmerzschwelle.

den. Ob nun Frauen hilfsbereiter – oder zumindest in gewissen Bereichen hilfsbereiter sind, lässt sich hier natürlich nicht beantworten.

Sechs Durchläufe wurden indessen nicht unterbrochen – wiewohl die Situation (Anwesenheit anderer, Lautstärke) nicht anders war. Zum einen mag das daran liegen, dass nicht der Mut aufgebracht wurde, einzuschreiten, oder dass es so etwas wie eine höfliche Gleichgültigkeit gab. So bemerkte etwa ein Befragter: *„Der Ton (Ajay Jippije) ging mir mächtig auf die Eier. Das Mädchen (die Störerin; d.V.) ist knapp am Aschenbecher vorbeigeschrammt"* – aber dennoch wurde nicht eingegriffen. Dafür gab es Versuche, die Kellnerin oder auch die eigenen Kinder zu instrumentalisieren: *„Stips die mal an, dass die ran geht!"* Aufgefallen ist auch ein gewisses Synchronisieren des Verhaltens, wie es bereits im Zusammenhang mit dem Gehen angesprochen worden ist (vgl. Katz 2006: 59), indem, so scheint es, das klingelnde Telefon zur Beschäftigung mit dem eigenen Handy angeregt hat. Und nicht zuletzt glaubten manche, bewusst hinters Licht geführt zu werden: „Versteckte Kamera!" Denn wie konnte man es sich vorstellen, dass jemand nicht um alles in der Welt einen Handyanruf nicht beantwortete? Es mag aber auch so etwas wie eine Blasiertheit geben, um den Simmelschen Begriff zu benutzen: Bei der Vielfalt an Reizen in der Stadt wird notwendigerweise etwas ausgeblendet. Interessant ist wiederum, dass ein vermeintlich besonders nerviger Klingelton, der Schranz, häufig gar nicht als Klingelton erkannt wurde. Auszug aus einem Beobachtungsprotokoll:

> *Ein Mann (welcher in einem Buch liest) dreht sich während der ersten Klingelsequenz um und scheint die Geräuschquelle zu suchen, ohne diese als klingelndes Mobiltelefon ausgemacht zu haben. Es folgen weitere Blicke von verschiedenen Gästen. In der dritten Klingelsequenz fragt eine Frau an ihrem Tisch in die Runde: ‚Was ist das immer für ein Geräusch?' Auch sie scheint das Klingeln nicht als solches identifiziert zu haben.*

Das galt auch für den aktuellen Hit und die Beethoven-Melodie. Zudem drang in beiden Cafés Musik von Innen nach Draußen, so dass das Klingeln als Musik gewissermaßen in die musikalische Gesamtkulisse eingebaut wurde. Herausgeragt hat indessen der klassische Klingelton. Gleich nach der ersten Klingelsequenz rief etwa ein Kind: „Telefon!" Während die Durchläufe mit den instrumentellen Klingeltönen kaum oder wenig Aufmerksamkeit erregten, war dies hier also durchaus der Fall. Das traditionelle Klingeln wird also weitaus klarer erkannt und somit auch der damit verbundene Aufforderungscharakter – man erwartet, dass man rangeht: *„Das ist das Handy! Die (die Störerin, Anmerkung des Verfassers) hat Stöpsel in den Ohren. Die hört das nicht! Aber da hat sie's schon so laut, hört es trotzdem nicht."* Mit dem Klingeln ist eine gewisse Interaktionsverpflichtung verbunden, die die Insistenz des Mediums überhaupt erst ausmacht (vgl. auch: Höflich 1989: 206ff.). Um mit McLuhan fortzufahren, wird damit das Telefon zu einer „zur Teilnahme auffordernden Form, die mit der ganzen Kraft der elektrischen Polarität nach einem Partner verlangt" (McLuhan 1979: 260). Wir seien, so Lange (1989: 171), auf das Klingeln konditioniert wie ein Pawlowscher Hund. Licoppe (2008) scheint somit recht zu haben, wenn er feststellt, dass mit dem Musiktönen der Sound des Telefons eben mit Musik und weniger mit der zwangvollen Aufforderung zu antworten, assoziiert wird. „Sophisticated ringtones therefore seem to be able to be treated as music, in contrast with traditional rings that one user describes as the ‚shrill noices' of a traditional phone's ringing" (ebd.: 143). Es scheint sich mehr um einen Ausdruck der Persönlichkeit als um eine Aufforderung zum Annehmen des Gesprächs zu handeln. Die Konsequenz wäre dann, dass die mit dem Klingeln verbundene Verpflichtung zu antworten, mit den Musiktönen ein Gegengewicht bekommt, mit dem sich gewissermaßen die Angerufenen selbst belohnen. Klingeltöne haben somit sogar etwas Entlastendes. Damit nehmen sie dem Klingeln das potentiell Eruptive und Bedrohende klassischer Töne (man denke nur an die Szene bei Hitchcocks ‚Dial M for Murder', bei der Grace Kelly durch das Klingeln des Telefons aus dem Bett und an den Ort gelockt wurde, an dem sie erdrosselt werden sollte). Das Ganze verweist allerdings einmal mehr auf das Problem, das entsteht, wenn Momente des häuslichen Telefons in den öffentlichen Raum getragen werden; ähnlich, wie dies mit häuslichen Telefoniermodi ist. Jedoch spielt auch hier der Kontext eine Rolle. Hier zeigt sich zumindest, dass nicht immer dann, wenn sich das Telefon ‚meldet', von einer Eruption und empfundenen Störung auszugehen ist. Erst einmal ist das Klingeln als Klingeln zu identifizieren – und dann noch zu deuten und einer Person zuzuordnen.

Die am Ende der jeweiligen Durchläufe durchgeführten Befragungen der Cafégäste deuten gleichwohl darauf hin, dass sich mehr Menschen gestört fühlten als zu beobachten war (und auch gegenüber der Störerin bekundet wurde). Während die angerufene Person beispielsweise kurz auf der Toilette war, aber ihr (klingelndes) Handy auf dem Tisch liegen ließ, waren die Reaktionen des Umfeldes erkennbar heftiger als bei ihrer Anwesenheit.

Befragt wurden jeweils nach einem Abbruch oder am Ende eines Durchgangs und hier wiederum vor allem jene Personen, die erkennbar auf die Störung reagiert haben. Insgesamt wurden im Rahmen der ‚Experimente' 87 Personen (im Schnitt acht bis zehn je Durchlauf) interviewt, davon etwa zwei Drittel Frauen (Durchschnittsalter: 38 Jahre, der Großteil war unter 30 Jahre alt). Zudem war damit auch ein aufklärerischer Zweck verbunden, nämlich über die doch provokante Situation zu informieren und die Menschen nicht einfach nur auf Versuchskaninchen zu reduzieren.

Ein erstes Ergebnis der Befragung war die Auswertung, welche Klingeltöne die Befragten selbst verwenden:

Tabelle 5: Verwendete Klingeltöne nach Altersgruppen (N=87)

Klingeltöne	14-30	31-50	50+	Gesamt
klassisch	5	6	12	23
aktuell	16	4	1	21
auffällig	2	5	2	9
Klingeln	6	8	5	19
Sonstiges	10	3	2	15
keine Angabe	0	1	1	2

Der klassische Klingelton ist noch immer beliebt, vor allem bei Älteren. Bei Jüngeren wiederum dominieren aktuelle Sounds respektive Hits. Sonstiges meint nicht zuletzt den lautlosen Vibrationsalarm, der eigentlich kein Klingeln, sondern vielmehr dessen Unterdrücken ist.[44]

Doch wie sieht es nun mit den Störungen durch das Handy aus? Zusammenfassend wird betont, dass dies von der jeweiligen Situation abhängen würde. Tendenziell scheint zu gelten, dass Störungen stärker von Älteren empfunden werden (Tabelle 6).

Tabelle 6: Störung durch Klingeltöne und Alter (N=87)

Prinzipiell gestört?	14-30	31-50	50+	Gesamt
ja	0	4	6	10
nein	2	1	2	5
Situationsabhängig	35	22	12	69
keine Angabe	1	0	2	3

So hat denn auch das Ertönen aktueller Sounds nicht so sehr gestört – nur um die 18 Prozent der Befragten fühlen sich sehr gestört, darunter mehr Personen, die älter als fünfzig Jahre sind. Klingelton und Lautstärke sind dabei nicht so von Belang. Das Handy ist also kein prinzipieller Störfaktor. Dabei kommt auch zum Ausdruck, dass eine Störung ganz allgemein vom Lärm in der Stadt ausgehen würde und das Handy nur ein Moment einer akustischen Umweltverschmutzung sei. Gleichwohl ragte jener Klingelton, der auch im Pretest der Spitzenreiter in Sachen Nervigkeit war, hervor: „Aja…." Der althergebrachte Klingelton stört wohl am wenigsten (auch wenn er, wie gesagt, eher auffällt); klassische Musik ebenso wenig. Laut Auskunft würden die Befragten dann einschreiten, wenn das Handy längere Zeit oder häufiger klingelt. Der Großteil gab an, die jeweilige Person einfach anzusprechen, wenn das Klingeln als Störung empfunden wird. Das äußern vor allem Frauen. Einige würden sich an die Bedienung

---

44 Hier erklärt sich, dass durch Mehrfachnennungen mehr Angaben als Befragte zu zählen sind.

wenden, wegsetzen oder weggehen (vgl. Tabelle 7). Auf die Differenz zum beobachteten Verhalten wurde bereits hingewiesen.

Tabelle 7: Reaktion auf Störung (N=87)

		Reaktionen					
		Person ansprechen	Bedienung ansprechen	wegsetzen	gehen	sonstiges	k.A.
Fühlen Sie sich prinzipiell durch Klingeln gestört?	prinzipiell ja	4	0	0	1	2	3
	prinzipiell nein	3	0	0	0	0	2
	Hängt von der Situation ab	47	5	2	7	3	5
	Keine Angabe	1	0	0	0	0	2

Das Klingeln als Teil einer akustischen Ökologie (Soundscape)

Mit dem Mobiltelefon ist nicht nur das Telefonieren in den öffentlichen Raum gelangt, sondern – einmal mehr – weitere Geräusche und Klänge, ja Klanginszenierungen. Dabei gehört das Klingeln nicht zuletzt zu den Momenten der Präsentation des Selbst via Mobiltelefon. Man zeigt sich nicht nur durch sein Handy, sondern auch durch die Klänge, die es verbreitet (vgl. Licoppe 2009: 10). Dass diese Klänge gewissermaßen zu einem gehören, werden sie auch nicht so oft gewechselt. Allerdings war die Wahl der Klingeltöne nicht das Thema der Studie, sondern die öffentliche Reaktion darauf. Indem sich die telefonische Interaktionsaufforderung beim Handy vom althergebrachten Klingeln löst, kann dies bedeuten, dass dessen Insistieren geringer wird. Dabei zeigt sich aber auch, dass mit einer zunehmenden Veralltäglichung des Mobiltelefons nicht undifferenziert vom Handy als Störfaktor ausgegangen werden kann. So gesehen sind nachgerade Studien aus den Anfangsjahren des Mobiltelefons, die dies als Ergebnis empirisch ermittelten, zu relativieren.

Jeder Ort klingt anders: Ein Café ‚klingt' anders als ein Bahnhof, ein Theater anders als ein Museum (vgl. auch Labelle 2010). So, wie jeder Ort seine Soundscape hat, so werden auch jeweilige Geräusche eingeordnet – oder sorgen für Eruptionen. Zudem hören sich Laute im Freien anders als im Innenraum an. Dasselbe gilt für die Integration des Handyklingelns in die Geräuschumgebung.[45] Das tradierte Telefonsignal fällt so eben eher auf, weil es mit seinem

---

45 „Wenn man ein tragbares Aufnahmegerät von einem Innen- in einen Außenraum mitnimmt, wird man beim späteren Abspielen die Lautstärkezunahme des Aufgenommenen feststellen. Dieses Phänomen resultiert aus den lauteren Umgebungsgeräuschen im Freien,

(konditionierendem) Klingeln nicht so recht zu einer bestimmten Umgebung passen will. Mit einem Einfügen von telefonischen Signallauten in eine Umgebung spielen aber auch Gewöhnungseffekte eine Rolle. So zeigt eine Studie über die Nutzung des Handys in einer Universitätsbibliothek, dass von den Studierenden das Klingeln als ein Geräusch unter anderen Geräuschen verstanden wird (vgl. Gebhardt/Höflich/Rössler 2008). Manchmal ist das Klingeln nachgerade der Lautstärke der Umgebung untergeordnet und sogar nicht einmal mehr als solches auszumachen. Eine Studie auf der Placa Major im spanischen Madrid legt etwa die Vermutung nahe, dass der Vibrationsalarm des Handys weniger dazu dient, andere nicht zu stören, sondern vielmehr darum, überhaupt erst wahrzunehmen, dass man angerufen wird (vgl. Höflich 2006: 43). Ganz anders ist dies in Japan und dessen öffentlichen Transportsystemen, wo ein Klingeln und Telefonieren gar als ungebührlich empfunden wird. In den Zügen herrscht Ruhe. „Suppose that a ring tone breaks this silence, or somebody sitting in a subway car starts a keitai conversation. Most likely, people nearby will glance quickly at the source of the noise" (Okabe/Ito 2005: 205).

Ob ein Klingeln – oder was auch immer es sei – als Störung empfunden, ja überhaupt als solches wahrgenommen wird, ist abhängig vom Kontext. Das gilt über das Klingeln hinaus für Klänge, Geräusche und Lärm (vgl. auch: Agoyard/Torgue 2009: 8). In den Worten von Schafer (2010: 223):

„Es wird ein Kontext vorausgesetzt. Derselbe Laut – sagen wir einer Kirchenglocke – kann also, aufgezeichnet in einer Studie analysiert, als Lautobjekt betrachtet werden oder, wenn es als gesellschaftliches Phänomen identifiziert und erforscht wird, als Schallereignis. Die Soundscape ist ein Bereich der Wechselwirkungen und Interaktionen, selbst wenn sie in ihre einzelnen Schallereignisse separiert wird. Zu bestimmen, auf welche Weise Laute einander (und uns) beeinflussen und verändern, ist eine bedeutend schwierigere Aufgabe als Einzellaute in einem Studio auseinanderzudifferenzieren."

Das ist wiederum mit dem Begriff einer akustischen Ökologie angesprochen, die hier gewissermaßen mit einer Medienökologie einhergeht. So ändert sich mit einer Medienumwelt eine akustische Umwelt und damit auch, wie Orte klingen; sie werden Momente des urbanen Raums: „Space and sound are integrally linked" (Agoyard/Torgue 2009: 9). Hinzu kommt, dass sich mit (weiteren) medialen Entwicklungen dieser fortlaufend ändert, ja sogar immer schneller: „Für eine steigende Anzahl von Menschen ist die vorherrschende Soundscape die des städtischen Lebens. Aber die Stadt ändert ihre Melodie immer schneller, so wie die Gier nach neuen Erfindungen zunimmt" (Schafer 2010: 295). Alternativ kann man sich von dem – auch dies macht die mediale Entwicklung heute mög-

---

aber auch aus der Tatsache, dass bei einem geringeren Widerhall mehr stimmliche Energie erforderlich ist, um dem Laut dieselbe wahrnehmbare Lautstärke zu geben. Aber auch in psychologischer Sicht ist ein öffentlicher Raum etwas anderes als ein privater; da gibt es oft eine instinktive Tendenz, an einem öffentlichen Ort kraftvoller zu sprechen." (Schafer 2010: 354) lich – verabschieden und den öffentlichen Raum zu einem privaten Raum des Vergnügens machen, indem man einfach einen Kopfhörer aufsetzt und seine eigenen Klänge entgegensetzt.

Kapitel 10

Anmerkungen zu einer Theorie der Handykommunikation

Kommunikation als grundlegendes soziales Geschehen

Kommunikation ist ein grundlegendes soziales Geschehen. So vielfältig dieses Geschehen, so mannigfaltig sind die Sichtweisen auf Kommunikation. Kommunikation erscheint etwa als Ritual, Konstruktion, Praxis, kollektive Erinnerung, Dialog, Geschichten erzählen, Strukturierung, oder als sozialer Einfluss, um nur einige Stichworte zu nennen, die dem Buch mit dem bezeichnenden Titel ‚Communication as...' (2006) zu entnehmen sind. Die Autoren Shepherd, St. John und Striphas lassen mit dieser Benennung eine endgültige Bestimmung des Begriffs Kommunikation ganz bewusst offen.

Kommunikation ist multifunktional. Was sie letzthin ist, bleibt von der jeweiligen theoretischen Perspektive abhängig, also dem Blickwinkel, aus dem die Realität betrachtet, analysiert, der Versuch gemacht wird, sie zu verstehen oder zu erklären (vgl. Charon 2001: 3). Jede Perspektive lotet darüber hinaus aus, was Kommunikation *nicht* ist. Kommunikation ist, wie sie hier verstanden wird, *keine* einseitige Angelegenheit – es wird *nicht* einfach etwas – eine Botschaft – von einem Sender zum Empfänger ‚transportiert' (Transportmetapher). Technisch gesprochen: Der Sender ist gleichzeitig Empfänger und umgekehrt. Auch handelt es sich bei einer Botschaft nicht um etwas, das quasi als ‚Paket' von A zu B gelangt (Containermetapher). Botschaften sind vielmehr ‚bedeutungsvoll', doch steckt deren Bedeutung nicht einfach in ihnen, sondern wird durch den Empfänger interpretiert, erschlossen. „Der Mensch lebt nicht nur in einer natürlichen, sondern auch in einer symbolischen Umwelt ...; die menschliche Reaktion auf ein Symbol orientiert sich eher an Bedeutungen und Werten als an seinen physischen Reizen auf die Sinnesorgane" (Rose 1974: 267). Kommunikation ist eine durchaus aktive Angelegenheit, eingebunden in einen Strom kommunikativer Aktivitäten, in dem die eine die andere Handlung beeinflusst. So ist nicht nur die aktuelle Botschaft von Belang, sondern auch die vorgängige und vorvorgängige und ebenso die weiterhin vorgesehene. Kommunikation ist so gesehen ein dynamisches, bedeutungsvolles, voraussetzungsreiches kontextuelles soziales Geschehen mit einer Vergangenheit, einer Gegenwart und einer (antizipierten) Zukunft. Die einzelne kommunikative Aktivität kann somit nur erschlossen werden, wenn deren Rahmungen nicht aus dem Auge verloren werden: wenn der Kontext, in dem wir kommunizieren, mitgedacht wird.

Man kann mit sich selbst reden (Autokommunikation) – und nicht zuletzt kann Denken als „ein nach innen verlegtes oder implizites Gespräch des Einzelnen mit sich selbst" (Mead 1975: 86) verstanden werden. Kommunikation an sich setzt jedoch immer das Mitwirken anderer voraus. Ja, selbst das Reden mit sich selbst ist ohne die vorausgehenden Kommunikationen mit anderen nicht denkbar. Gängige Kommunikationsmodelle gehen dabei von zwei Personen aus, einem ‚Sender' und einem ‚Empfänger'. Das klingt zunächst technisch und vor allem technisch neutral. Derartige dyadische Modelle suggerieren ein egalitäres Verhältnis der zwei Kommunikationspartner, das nicht zuletzt damit manifest wird, dass diese ‚neutral' als A und B bezeichnet werden. Dass Kommunikation Differenzen einschließt und dass Unterschiede geradezu kommunikationsstimulierend sind, wird sofort deutlich, wenn man A durch weiblich und B durch männlich ergänzt. Das Moment von Geschlechtlichkeit deckt zugleich die normative Seite solcher A-B-Modelle auf. Rakow und Wackwitz (2004: 2f.) machen darauf aufmerksam, dass (zumal mit Blick auf US-amerikanisch geprägte Modelle) die westliche Perspektive eines weißen Mannes („white male communicative behavior") als ein Standardmodel angenommen wird, an dem andere Kommunikationsmuster und -stile gemessen werden. Geschlecht ist die eine Seite. Hinzu kommen Status- und Machtdifferenzen, die Kommunikation nachhaltig beeinflussen. Es ist also, mit anderen Worten, alles andere als belanglos, wer mit wem kommuniziert. Und schließlich ist zwischenmenschliche Kommunikation von der Beziehung der Kommunikationspartner zueinander abhängig (vgl. z.B. Duck 2007). Das verweist zugleich auf die Zeit. Kommunikation ist eine dynamische Angelegenheit. Einfacher, als dies Dance (1967) in seinem Helix-Modell skizziert, ist dies kaum darzustellen:[46]

Abbildung 22: Helix-Modell von Dance (1967)

Kommunikation als dynamische Angelegenheit bleibt unverstanden, solange nicht die Art der Relationen zwischen den Kommunikationspartnern berücksich-

---

[46] „At any and all times, the helix gives geometrical testimony to the concept that communication while moving forward is at the same moment coming back upon itself and being affected by its past behavior, for the coming curve of the helix is fundamentally affected by the curve from which it emerges. Yet, even though slowly, the helix can gradually free itself from its lower-level distortions. The communication process, like the helix, is constantly moving forward and yet is always to some degree dependent upon the past, which informs the present and the future. The helical communication model offers a flexible communication process." (Dance 1967: 296)

tigt wird, zumal mit der Zeit der Kontakte kommunikative Beziehungen entstehen, die sich von einer Kommunikation mit Fremden unterscheiden. Während wir bei Fremden auf sozial und kulturell verfügbare Verortungen des anderen angewiesen sind (Bezug auf soziale Rollen, Regeln des Anstands, äußere Erscheinungsweise u.v.m.), rückt das Individuum mit zunehmender Bekanntschaft an die Stelle sozialer Rollenerwartungen (vgl. auch Höflich/Dietmar 2010).

Die Face-to-Face-Kommunikation gilt als basal. So vermerken denn auch Berger und Luckmann (1977: 31), dass die Vis-à-vis-Situation der Prototyp aller gesellschaftlichen Interaktion sei, von der jede andere Interaktionsform abgeleitet ist. Grundlegend ist die Gegenseitigkeit der Beziehungen, was als Reziprozität bezeichnet wird (vgl. auch Stegbauer 2002). Um Berger und Luckmann (1977: 31) weiter zu folgen:

> „Ein ständiger Austausch von Ausdruck findet statt. Ich sehe ihn lächeln, ziehe die Stirne kraus, er lächelt nicht mehr, ich lächle ihn an, er lächelt wieder und so fort. Mein Ausdruck orientiert sich an ihm und umgekehrt, und diese ständige Reziprozität öffnet uns beiden gleichermaßen Zugang zueinander. Das heißt, in der Vis-à-vis-Situation erkenne ich das Subjekt-Sein des Anderen an einer Fülle von Anzeichen."

Die Vis-à-vis-Situation ist zugleich eine physisch und sozial gerahmte Situation. Zuerst einmal findet Kommunikation in einer konkreten physischen Umgebung statt, in einem Kontext.

> „It is neither a pure process or an isolated phenomenon. Rather, an act of communication is something that is defined by a particular set of forces at work in the immediate physical environment: coffee shop or patio, station wagon or reception room, crowded ghetto or isolated ranch. Communication cannot be regarded meaningfully as a process of individuals reacting solely on messages; ordinarily there is no way to divorce the particular meaning of verbal and nonverbal cues from the significance of the larger social context in which they occur. Hence, to assert that given persons are engaged in an act of communication is to say that they are somehow interacting in ways in which the setting imposes on the significance of their behaviour." (Mortensen 1971: 289)

Unser Verhalten wird immer auch durch die Umwelt mit beeinflusst, wenn auch nicht in einem rigiden Sinne determiniert. Doch indem wir aktiv handeln, wird die Umwelt durch uns wiederum geprägt. Natürliche Umwelt wird so durch den Menschen, der mit anderen Menschen in dieser Umwelt zu tun hat, zu einer sozialen Umwelt. Kontext des Handelns meint somit vor allem einen sozialen Kontext.

Orientierung und Kontext gehören zusammen: „Because what one pays attention to or does not attend is largely a matter of context" (Hall 1976: 90). Eine kontextbezogene Organisation von Erfahrung bezeichnet Goffman (1977) als Rahmen. Ein solcher Rahmen macht klar, was in einer Situation vor sich geht (Goffman 1977: 9). Die Handelnden können ausmachen, was die Situation bedeutet und können entsprechend handeln. „Die Menschen haben", so Goffman (1977: 274), „eine Auffassung von dem, was vor sich geht; auf diese stimmen sie ihre Handlungen ab, und gewöhnlich finden sie sich durch den Gang der Dinge bestätigt." Die Menschen müssen dabei die Situation eben nicht immer neu erkunden und aushandeln, was nun Sache ist. Vielmehr können Definitionen von Situationen vorausgesetzt werden, so dass jeder Handelnde unterstellen kann, dass die anderen Handelnden die Situation ähnlich wahrnehmen. Dies geschieht nicht zuletzt dadurch, dass die Handelnden von gemeinsamen Regeln der Handlungssituation ausgehen, an denen sie ihr Handeln ausrichten und damit erwartbar machen. Alle sozialen Rahmen haben denn auch „mit Regeln zu tun" (ebd.: 34). Schlussendlich sind Rahmen Bestandteil einer Kultur, „vor allem insofern, als sich ein Verstehen bezüglich wichtiger Klassen von Schemata entwickelt, bezüglich deren Verhältnissen zueinander und bezüglich der Gesamtheit der Kräfte und Wesen, die von Schemata entwickelt, bezüglich deren Verhältnissen zueinander nach diesen Deutungsmustern in der Welt vorhanden sind" (ebd.: 37). So verstanden muss man sich ein Bild von den Rahmen eines soziales Kollektivs – „ihrem System von Vorstellungen, ihrer ‚Kosmologie'" – machen. Kultur ist quasi die Klammer, die Rahmen zusammenhält. Man kann es auch so ausdrücken: Kultur ist ein Metarahmen, der die Rahmen sozialer Kollektive respektive sozialer Gruppen umschließt. Nach all dem, wenn auch nur knapp Gesagten, lässt sich das nachfolgende Kommunikationsmodell skizzieren (siehe Abbildung 23). Es zeigt Kommunikation als eine gegenseitige Bezugnahme von zwei – durchaus differenten – Individuen, die in einer gegebenen Situation handeln. Dabei ist Kommunikation eine dynamische Angelegenheit (die Dance'sche Spirale ist zu erkennen), die sich im Zeitablauf ändert und die auch das Verhältnis der Kommunikationspartner (die Beziehung) beeinflusst. Die Situation ist, wiewohl physisch markiert (das erwähnt das Modell nicht ausdrücklich) sozial gerahmt, wobei Rahmen wiederum mit Regeln und Erwartungen einhergehen. Rahmenbezogene Orientierungen, Kognitionen und Handlungsweisen sind wiederum kulturell gerahmt, so dass Kultur als Rahmen von Rahmen, also als Metarahmen verstanden werden kann. Kultur präformiert so gesehen die Rahmen (und damit die kognitiven Organisationen der Handelnden), doch wird sie zugleich durch eine Änderung von Rahmen selbst verändert, wobei sich Rahmen deshalb verändern, weil das Handeln der Menschen nicht statisch ist. So bringen gerade auch neue mediale Möglichkeiten eine Veränderung von Rahmen mit sich und damit auch einen Wandel der Metarahmen.

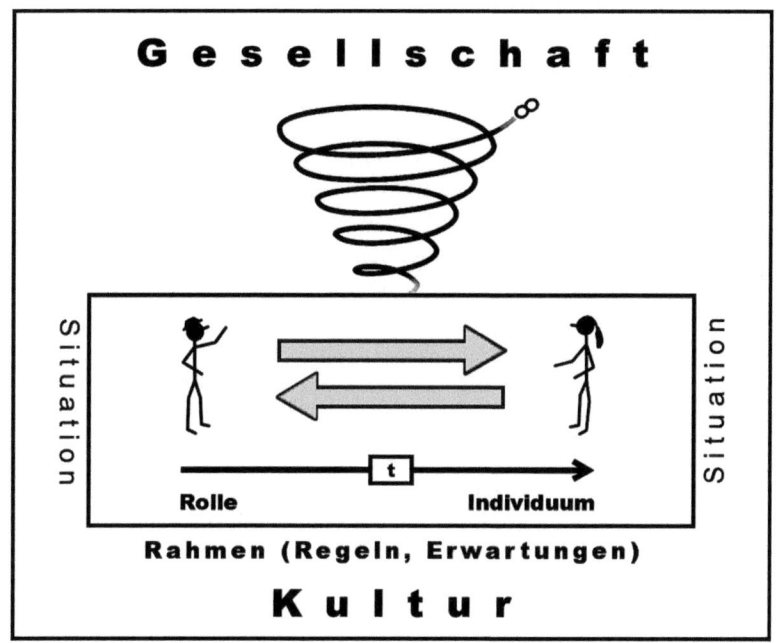

Abbildung 23: Interpersonale Kommunikation als sozial gerahmter Prozess

Ein solches dyadisches Kommunikationsmodell klammert indessen aus, dass es über die Dyade hinausgehende Relationen und kommunikative Bezugnahmen gibt. Gemeint ist zum einen, dass die Kommunikationspartner Bezüge zu einem Kommunikationsgegenstand oder -thema haben, also *zu etwas Drittem*, zu dem es Übereinstimmungen oder auch Abweichungen gibt (etwa die Haltung gegenüber einer politischen Position oder die Bewertung einer Äußerung), wobei das Verhältnis der Kommunikationspartner nicht nur bezüglich der Einschätzung/Einstellung gegenüber einem Kommunikationsgegenstand, sondern auch die Einschätzung der Einschätzung des anderen von Belang ist.[47] Zum anderen handeln/kommunizieren zwei nicht nur in Bezug auf ein Drittes, sondern auf *einen Dritten*. Was werden die ‚anderen' über mich denken? Man hat das, was andere denken, oder das, was man denkt was sie denken, gleichwohl internalisiert.

---

47 Dies hat etwa Newcomb (1953) in seinem A-B-X-Modell zum Ausdruck gebracht, wobei A und B die Kommunikationspartner, X die kommunikative Bezugnahme, der Einstellungsgegenstand ist. Offenkundig besteht dann ein Gleichgewicht, wenn A und B keine abweichenden Einstellungen zu X haben. Andernfalls müssen die Bezüge von A und B zu X geprüft, respektive revidiert werden.

Das ist das ‚Meadsche Me‘, „die organisierte Gruppe von Haltungen anderer, die man selbst einnimmt" (Mead 1975: 218).

Sind es nicht immer die ‚anderen', die etwas ‚anders' – falsch – machen, bei denen Dinge schief gehen (wenn etwas gut funktioniert, dann ist das natürlich auf einen selbst zurück zu führen)? In der kommunikationswissenschaftlichen Forschung ist der Dritte etwa im Sinne eines Dritte-Personen-Effekts (third person effect) hervorgetreten (vgl. Davison 1983: 3). Davison betont gerade diesen Effekt in Abgrenzung zu einer ersten und zweiten Person: „In the view of those trying to evaluate the effects of communication, its greatest impact will not be on 'me' or 'you' but on them – the third person." Der Dritte taucht indessen nicht nur als Projektionsfläche auf.

> „So gibt es nicht nur den Anderen als Dialogpartner, sondern den abwesenden Dritten als unser beider Thema; nicht nur den Anderen als Mitakteur, sondern den Dritten als Beobachter, als Lauscher, Zeugen; nicht nur den Anderen als Abwesenden, sondern den Dritten als Boten; nicht nur den Anderen als Kooperierenden, sondern auch den Dritten als Intriganten; nicht nur den Anderen als Vertrauten, sondern auch den Dritten als Fremden; nicht nur den Anderen als Verbündeten, sondern auch als Überläufer zum Dritten, als Verräter, als Spitzel; nicht nur den Anderen als Tauschpartner, sondern den Dritten als Händler; nicht nur den Anderen als Vertragspartner, sondern den Dritten als Erfüllungsgehilfen, als Ersatz, für den man haftet; nicht nur den Anderen als Umworbenen, sondern den Dritten als Rivalen und Konkurrenten; nicht nur den Anderen als Unzugänglichen, sondern den Dritten als Fürsprecher; nicht nur den Anderen als überlegenen Gegner, sondern den Dritten als rettenden Beistand; nicht nur den Anderen als Antagonisten, sondern den Dritten als Vermittler; nicht nur den Anderen als Opponenten, sondern den Dritten als Begünstigten; nicht nur den Anderen als mir Gleichberechtigten, sondern den Dritten als uns beide Beherrschenden, der nach der Maxime ‚divide et impera' uns trennt und zueinander hierarchisiert; nicht nur Ich und Du als Freunde oder sogar Liebende, aber der Dritte gehört nicht dazu, als der Ausgeschlossene, als „tertius miserabilis." (Fischer 2000: 126)

Der Dritte ist immer dann von Belang, wenn Wissen mit einem anderen geteilt und vor einem Anderen verborgen wird. So hat der Dritte einen prominenten Stellenwert, wenn Simmel (1995: 383ff.) einen Blick auf das Geheimnis wirft: Das Geheimnis stiftet Triaden (vgl. auch: Nedelmann 1985). Stellt sich die Frage nach dem Dritten, so ist es in der Tat Georg Simmel, der den Dritten nachgerade im Zusammenhang mit dem Thema der (quantitativen) Bestimmung der Gruppe einführt.[48] Mit dem Dritten kommt nicht nur in einem quantitativen Sinne eine zusätzliche Person hinzu. Zuvorderst ändert sich die Beziehung zu anderen (vgl. Hessinger 2010: 65). Die Konstellation der Akteure gewinnt eine neue Qualität, die sich auch nicht grundlegend verändert, wenn ein vierter oder fünfter mit hinzukommt. Der Dritte macht es überhaupt erst möglich, dass sich wechselnde Allianzen bilden. So hat der Dritte die Eigenschaft, sowohl zu verbinden als auch zu trennen.

---

48 Vgl. hinführend: Freund (1976).

„Wo drei Elemente A, B und C eine Gemeinschaft bilden, kommt zu der unmittelbaren Beziehung, die z.b. zwischen A und B besteht, die mittelbare hinzu, die sie durch ihr gemeinsames Verhältnis zu C gewinnen. Dies ist eine formal soziologische Bereicherung: außer durch die gerade und kürzeste Linie werden hier je zwei Elemente auch noch durch eine gebrochene verbunden; Punkte an denen jene keine unmittelbare Berührung finden können, werden durch das dritte Element, das jedem eine andere Seite zukehrt und diese doch in der Einheit seiner Persönlichkeit zusammenschließt, in Wechselwirkung gesetzt ... Allein die direkte Verbindung wird durch die indirekte nicht nur gestärkt, sondern auch gestört. Es gibt kein noch so inniges Verhältnis zwischen Dreien, in dem nicht jeder Einzelne gelegentlich von den beiden anderen als Eindringling empfunden würde, und sei es auch nur durch sein Teilhaben an gewissen Stimmungen, die ihre Konzentriertheit und schamhafte Zartheit nur bei dem unabgelenkten Blick von Auge in Auge entfalten können; jedes sensitive Verbundensein von zweien wird dadurch irritiert, dass es einen Zuschauer hat." (Simmel 1995: 114f.)[49]

So ergeben sich Exklusions- und Inklusionsverhältnisse, die erst in der „triangulierten Intersubjektivität" (Fischer 2008: 124) auftauchen. Mit der Triade wird gewissermaßen die unter einem sozialpsychologischen Vorzeichen erscheinende Dyade erst um eine soziologische Dimension erweitert: „Der Dritte ist eine soziologische Urform" (Freund 1976: 91). Dabei wird die Bedeutung einer dyadischen Intersubjektivität zwar nicht ausgeklammert, doch ist die Figur des Dritten erforderlich, um das Moment der Institutionalisierung zu fassen. Mit dem Dritten respektive der Dritten wird Beständigkeit etabliert, so dass damit zugleich die individuelle Willkür sozialisiert wird, denn „als dyadisch strukturiertes Phänomen ist Sozialität ein instabiles Phänomen, das erst durch das Hinzutreten des Dritten ausreichend Konsistenz gewinnt" (Lindemann 2006: 140). Eine Dreiergruppe setzt nicht die Präsenz eines einzelnen Individuums voraus. Die Elemente sind austauschbar, ohne dass die Triade ihre Funktionalität verliert – und das ist nachgerade bei der Dyade nicht möglich „weil die Unersetzbarkeit der beiden Individuen die Dyade ausmacht. Die Dyade hat die Dauer der Beziehungen zu ihrer Bedingung, sie bedarf *beider Individuen*, um als Form zu bestehen" (Bedorf 2003: 123). Epistemologisch hat die Einführung des Dritten zur Folge, dass sich die Epistemologie vom ‚Verstehen' zum ‚Beobachten' hin verschiebt, ohne damit, wie Fischer (2008: 127) vermerkt, das Verstehen auszuschalten, womit sich Beobachtung auf die Verstehensrelation zwischen Ego und Alter Ego richtet.

---

49 Bei Simmel wird der Dritte in dreifacher Hinsicht expliziert (vgl. Simmel 1995: 125ff., auch: Bedorf 2003 129ff).):
    a) der Unparteiische und der Vermittler
    b) der lachende Dritte (der tertius gaudens) und
    c) der einen Vorteil für sich gewinnende herrschende Dritte (divide et impera)

Interpersonale Kommunikation, Medien und der Dritte

Im Folgenden sind indessen nicht die sozialtheoretischen Implikationen des Dritten von Belang, sondern die (Prägung) der interpersonalen Kommunikation – und dies unter dem besonderen Vorzeichen des Kontextes einer Kommunikation im öffentlichen Raum. Auch wenn der Dritte oder die Dritte nicht notwendigerweise fremd sein muss, so markiert der Dritte/die Dritte doch die Gestalt des Fremden. Fischer (2000: 119) beschreibt dies wie folgt:

> „In der Dyade von ego und alter ego ist keiner von beiden der Fremde, weil dann beide Fremde sein müssten. Die Rede vom Fremden macht nur einen Sinn, wenn zu zweien, ego und alter ego, die sich wechselseitig einen Bezugsrahmen zugehörig empfinden, ein Dritter stößt, der zumindest nicht zugehörig ist. Zur Figur des Fremden gehört, dass er aus der Ferne kommt und in der Nähe bleibt. Er ist ein- und zugleich ausgeschlossen."

Auch wenn es nicht notwendigerweise zu Interaktionen mit dem Fremden kommt, so muss man sich doch darauf einrichten, wahrgenommen zu werden. Sich in die Öffentlichkeit zu begeben heißt zugleich, von anderen wahrgenommen zu werden – und wird dieses wahrgenommen werden nicht nur wahrgenommen, sondern auch noch von anderen wiederum wahrgenommen, dann ist jedwedes kommunikatives Handeln davon berührt.[50] Man kann sich unter einem solchen Vorzeichen nicht mehr so verhalten, als wäre man allein (und würde damit nicht wahrgenommen). Mit Goffman könnte man dies als eine nichtzentrierte Interaktion bezeichnen als „jene Art der Kommunikation, die praktiziert wird, wenn jemand sich eine Information über einen anderen Anwesenden verschafft, indem er, und sei es nur für einen kurzen Moment, dass ihm der andere ins Blickfeld gerät, ihn anscheinend beiläufig wahrnimmt" (Goffman 2009: 40). Aber auch dies ist nicht belanglos, denn wenn etwas wahrgenommen wird, so kann dies durchaus sozial relevant sein, indem zum Beispiel fortlaufende Kommunikation anderer tangiert, gestört, eventuell sogar gestoppt wird (vgl. Luhmann 1999: 562). Davon zu unterscheiden sind Kontakte mit Menschen, die im engeren Sinne nicht fremd sind und mit denen nach Goffman zentrierte Interaktionen stattfinden. Solche Kontakte gibt es, als Teil routinisierter Beziehungen im Alltag mit ‚kategorial bekannten Anderen' (Lofland 1998: 51ff.) insbesondere im Rahmen ihrer beruflichen Rollen (wie zu einer Verkäuferin, einem Schaffner u.a.). Kontakte können die Gestalt sogenannter Quasi-Primärbeziehungen annehmen, die emotional geprägt aber transitorisch sind, wie etwa ein Gespräch zwischen (unbekannten) Hundebesitzern, eine Diskussion von Passanten über eine Skulptur im öffentlichen Raum, ein Gespräch zwischen Fahrgästen im Zug, in der Straßenbahn oder im Flugzeug, um nur einige Beispiele zu nennen. Die Quasi-Primärbeziehungen können sich zu intimen Sekundärbeziehungen weiterentwickeln, wie dies bei einem Stammkunden in einem Restaurant, der Kontakt

---

50 vgl. auch das Zitat von Luhmann (1999: 561f.) auf Seite 43.

zu anderen Stammkunden hat, oder einem Pendler, der andere Pendler kennt, die jeden Tag mit ihm im selben Zug sitzen (gewissermaßen als ‚Gemeinschaft auf Rädern') der Fall ist. Solche Beziehungen können durchaus emotional geprägt sein, doch sind sie aufgrund ihres geringen Verbindlichkeitsgrades mit geringen Kosten des Rückzugs verbunden, recht flüchtig und nicht besonders folgenreich.

Hier sind Medien im öffentlichen Raum von besonderem Interesse. Medien als Teil der Umwelt und Medien in der (vor allem sozialen) Umwelt. Gerade mit Blick auf das Mobiltelefon und dessen Nutzung im öffentlichen Raum sind mitanwesende Andere immer mitzudenken.

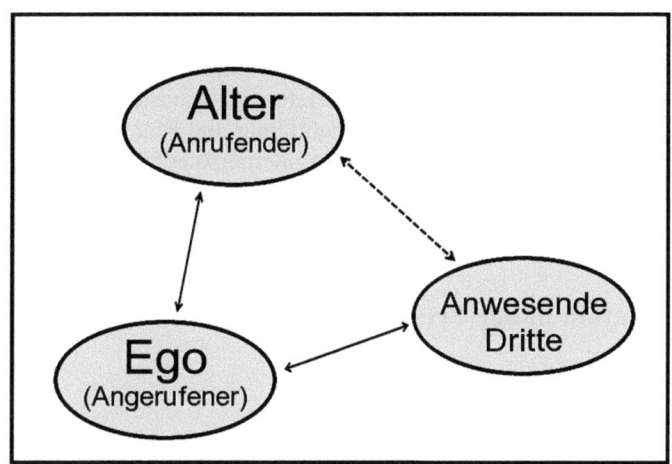

Abbildung 24: Triadisches Modell (telefonischer) mobiler Kommunikation

Im Weiteren soll von dem einfachen, oben angeführten triadischen Modell (Abbildung 24) ausgegangen werden. Schritt für Schritt werden mögliche Relationen durchgegangen und damit zugleich der Rahmen mobiler Kommunikation umrissen. Eigentlich werden Dritte im Kontext der Nutzung von Medien nicht sonderlich gewürdigt. Modelle mediatisierter interpersonaler Kommunikation sind wie andere Kommunikationsmodelle auch üblicherweise als dyadische Modelle angelegt. Was etwa das Fernsehen angeht, so wird eine Relation zwischen einem Kommunikator und einem Rezipienten (gegebenenfalls) als (para-soziale) Interaktion gesehen, weniger das Zusammenspiel von Menschen vor dem Fernseher, etwa im familiären Zusammenhang. Geht es jedoch um das Fernsehen auf öffentlichen Plätzen, dann ist der Dritte nicht mehr wegzudenken. Hier zeigt sich im Übrigen und durchaus vergleichbar mit dem Mobiltelefon, dass sich das Medium einerseits einfügt, andererseits aber auch Veränderungen mit sich bringt. So gibt es eine Passung zwischen der Nutzung des Fernsehens auf öffentlichen Plätzen und der öffentlichen Kommunikationsordnung (vgl. Krotz 2001:

101ff.). Es eröffnet aber auch neue Möglichkeiten, um mit anderen ins Gespräch zu kommen, wo doch ansonsten Fremde gegenüber Fremden nicht notwendigerweise verbalen Kontakt zueinander aufnehmen (vgl. weiter: Höflich 2005d: 25ff.). Im Kontext computervermittelter Kommunikation wird zumindest bezogen auf die Präsenzsituation vor dem Bildschirm kaum an einen Dritten gedacht. Dabei ist es alles andere als bedeutungslos, wo das Medium genutzt wird, sodass auch hier einmal mehr Einflüsse der Umwelt und die Menschen, die dort leben, relevant sind. Das wird natürlich umso bedeutungsvoller, wenn die Computer das häusliche Terrain verlassen, sei es, dass eine Nutzung in Internetcafés stattfindet oder dass mobile Geräte verwendet werden, die, wo immer man ist, einen Zugriff zum Internet möglich machen. Hier müssen ebenso neue Arrangements getroffen werden – auch dies nicht unähnlich der Notwendigkeiten bei der Nutzung des Mobiltelefons. So gesehen ist das Mobiltelefon nachgerade ein (empirischer wie theoretischer) Testfall für die Berücksichtigung und Einbindung des Dritten im Kontext einer Theorie der mediatisierten interpersonalen Kommunikation im Allgemeinen und erst recht einer Medienverwendung im öffentlichen Raum.

Mobile Kommunikation in der Triade

Anrufer und Angerufener

Das Handy ist mehr als nur ein Telefon. Hier soll, um das Grundproblem zu erörtern, indessen das Telefonieren exemplarisch herausgegriffen werden, sodass sich andere Nutzungsmodi gleichwohl dazu in Verbindung bringen lassen. Geht man nun von einer telefonischen Kommunikation aus, so hat man es zum einen mit Ego, der hier der Angerufene meinen soll, und Alter, als dem Anrufer zu tun. Das gilt für das mobile wie für das häusliche Telefon. Grundlegende Regeln und Gepflogenheiten des Telefonierens bleiben denn auch hier wie da weiterhin gültig. Wie gesagt, hat man es bei einem solchen dyadischen Modell mit einem Grundmodell mediatisierter interpersonaler Kommunikation zu tun. Ein Dritter gehört eigentlich nicht dazu. Dies hat einen nachhaltigen Einfluss auf die Telefonsituation, den Zelger (1997: 213) pointiert wie folgt beschreibt: „Normalerweise gibt es sowohl beim Geschlechtsverkehr als auch beim Telefonverkehr zwei Personen, Dritte sind meistens ungebeten bzw. von vornherein ausgeschlossen. Das Telefongespräch wird durch das Beisein Dritter genauso verändert wie die erotische Atmosphäre." Dieses Ausklammern eines Dritten macht das häusliche Telefon zu einem intimen Medium und die Zweierkonstellation zu einem Modell mediatisierter interpersonaler Kommunikation. Telefon wie Mobiltelefon haben zumindest dahingehend Gemeinsamkeiten, dass zu einer Kommunikation durch ein akustisches Signal aufgefordert wird. Gerade das macht das Telefon zu einem eindringlichen – und das Mobiltelefon zudem noch zu einem aufdringlichen Medium. Der Anrufer ist der Eindringling, der Angerufene das Opfer. Allerdings handelt es sich um ein Opfer, das, wenn man bei der Terminologie bleiben will, den Täter meistens kennt: Der Großteil aller Telefonate kommt aus dem kommunikativen Nahraum, und die häufigsten Kommunikationspartner sind Verwandte, Freunde sowie Bekannte (vgl. auch Höflich 1996), wobei die Nutzung des Telefons in der Regel an bisherige Sozialkontakte anknüpft, so dass sich umfangreiche Primärbeziehungen in der Anzahl der Telefonkontakte widerspiegeln. Mit dem Telefon haben sich gleichsam sozial normierte Praktiken des Gebrauchs etabliert (vgl. weiter Höflich 1996: 210ff.), sei es, was die Begrüßung respektive Begrüßungsformeln angeht bis hin zur Verabschiedung. Zu solchen prozeduralen Regeln gehören auch Regeln der zeitlichen Verwendung (zu gewissen Zeiten geziemt es sich nicht, andere anzurufen) und legitime Telefonanlässe (zu denen eben auch telefonische Belästigungen erotischer wie kommerzieller Art zählen). Mit solchen Vorgaben für den Gebrauch haben sich die Menschen zugleich den Rahmen einer Telefonkommunikation angeeignet, sie haben sich gewissermaßen „telefonsozialisiert" (vgl. auch Höflich 2000: 90). Solche Regeln sind uns bestens vertraut und werden uns meist erst dann bewusst, wenn gegen sie verstoßen wird (etwa dann, wenn der Hörer einfach aufgelegt wird, ohne dass vorher eine Verabschiedung erfolgte oder wenn Themen am Telefon angesprochen werden, bei denen eigentlich ein persönliches Gespräch für erforderlich gehalten wird – und nicht zuletzt ist das Schweigen am Telefon ein ausgesprochener Testfall).

Bei jedem Telefonat vermischen sich Telefonrahmen mit den Rahmen des realen Aufenthaltsorts. Man befindet sich gewissermaßen an zwei Orten und damit auch in zwei Rahmen zugleich. Dies wird vor allem dann markant erfahrbar, wenn man mit jemandem ein Telefongespräch führt und zugleich eine andere, dritte Person anwesend ist (die ja, wie gesagt, eigentlich nicht unbedingt erwünscht ist[51]). Wie geht man (Ego, Alter und die anwesenden Dritten) damit um? Der Dritte, so Simmel, verbindet und trennt. Man verleugnet die Anwesenden, witzelt mit dem Anwesenden über den telefonischen Partner (der das ja nicht mitbekommt), spricht unauffällig mit dem Telefonpartner über Anwesende – oder alle drei unterhalten sich gemeinsam. Zumindest ist es nicht so einfach, dass anwesende Dritte einfach (i. S. einer ‚anwesenden Abwesenheit') ignoriert werden. Allemal entsteht ein Dilemma, das Goffman (1974: 296 f.) wie folgt beschreibt:

„Ist sie (die telefonierende Person; d. V.) dem Partner am anderen Ende des Telefons gegenüber offen und herzlich, wie es ihrer Beziehung zu dieser Person entspricht, muss sie sich in mehr oder weniger unhöflicher Form von dem anwesenden Gegenüber zurückzie-

---

51 So ist es auch unschicklich, den telefonischen Gesprächspartner nicht darüber zu informieren, dass man bei einem Telefon die Freisprecheinrichtung anschaltet, damit die Anwesenden das Gespräch mithören können.

hen und doch zugleich offen preisgeben, was eigentlich privat sein sollte; verhält sie sich aber dem Partner am Telefon gegenüber zurückhaltend und reserviert, kann dieser gekränkt sein und darüber hinaus der anwesende Zuschauer das Gefühl haben, es werde etwas verheimlicht."

Folgende Arrangements, wie eine Situation bei einem anwesenden Dritten (der bei Goffman als ‚Mittelperson' bezeichnet wird) gehandhabt werden könnte, werden hierbei von Goffman angeführt: Die erste Möglichkeit wäre, dass man versucht, den Anrufer zu täuschen, in dem man ihn im Glauben lässt, dass kein anderer anwesend ist. Die zweite Möglichkeit besteht darin, dass dem Anrufer vermittelt wird, dass es sich um eine beeinträchtigte Telefonsituation handelt, während der Mittelperson vermittelt werden soll, dass es sich um nichts Geheimnisvolles handele. Die dritte Möglichkeit stellt einen Spagat dar: Die Person am Ende der Leitung soll das Gefühl haben, dass die Beziehung im Gespräch angemessen zum Ausdruck kommt während gleichzeitig der anwesende Zuhörer das Gefühl hat, dass es sich um ein Gespräch handelt, bei dem seine Anwesenheit nicht störend ist.

Eine weitere Gemeinsamkeit von häuslichem und mobilem Telefon ist die soziale Organisation des Gesprächs. Ähnlich wie beim Festnetztelefon hat man es meist mit Kommunikationspartnern zu tun, die man bereits kennt. Eine kleinere explorative Studie[52] unterstreicht dies. Bevorzugte Gesprächspartner sind Ehepartner und Lebensgefährten (49 Prozent), Freunde (61 Prozent), Eltern (38,6 Prozent) und, etwas abgeschlagen, Arbeitskollegen und -kolleginnen. Der Unterschied ist, dass mit dem Mobiltelefon die Kontakte zu anderen allgegenwärtig werden. Rich Ling (2008: 3) sieht denn auch im Mobiltelefon ein Medium, das zu einer Stärkung der Beziehungen, zumal zu Freunden und der Familie, führt. Dies hat, so Ling, allerdings seinen Preis, indem es die Kontakte im persönlichen Umfeld zwar stärkt, dies aber manchmal auf Kosten der Interaktion mit denen geschieht, die anwesend sind. Wie das häusliche Telefon ist auch das Mobiltelefon ein Medium, das das Gleichgewicht zugunsten eines Anrufers verschiebt und damit auch zu unliebsamen Überraschungen bis hin zu Störungen führen kann. Doch dadurch, dass der Kreis möglicher Kommunikationspartner nicht ganz so unübersichtlich ist (selbst wenn umfangreiche Listen von Kommunikationspartnern, die vor allem Jugendliche in ihrem Handy gespeichert haben, darüber hinweg täuschen mögen), sind Überraschungen kalkulierbar. Gute Bekannte und erst recht Freunde wissen nämlich meist über die Wege und Aktivitäten des Anzurufenden Bescheid und können damit sozusagen den Kommunikationsmodus des möglichen telefonischen Kommunikationspartners antizipieren. Je besser sich die Menschen gegenseitig kennen, desto mehr sind sie auch mit den Bewegungsmustern des Anderen vertraut und nehmen Rücksicht,

---

52 Befragt wurden 177 Personen, darunter 100 männliche und 77 weibliche. Die Befragung wurde schriftlich im Jahr 2008 durchgeführt. Das Durchschnittsalter der Befragten ist 38 Jahre.

indem sie nicht gerade zu unpassenden Augenblicken anrufen (vgl. auch Licoppe/Heurtin 2002: 103). Und schließlich kann ja, noch bevor es zu einem Gespräch kommt, der Anrufer identifiziert werden. Da sich die Telefonpartner häufig bereits kennen – man ruft ja keinen Ort, wie beim häuslichen Telefon, sondern konkret eine Person an – hat dies nicht zuletzt auch Auswirkungen auf die Eröffnung des Telefonats. Die Vorstellung mit dem eigenen Namen erübrigt sich (sofern dies nicht schon bereits vorher nicht mehr praktiziert worden ist), denn wer soll sonst das Gespräch annehmen als die Person, die über das Medium verfügt und angerufen wird? Im Vordergrund eines Anrufs steht allgemein, dass man sich verabredet (49 Prozent), doch dann folgt zugleich, dass man persönliche Dinge bespricht (57 Prozent), sich nach dem Befinden anderer erkundigt (40 Prozent), aber auch Geschäfte erledigt (42 Prozent). Dazu gehört, dass Verabredungen/Termine (kurzfristig) abgesagt werden (23 Prozent) und dass man sich die Zeit vertreibt (12 Prozent). Das Mobiltelefon knüpft hier durchaus an das häusliche Telefon und dessen Nutzungsmuster an, nur dass es ein Medium einer Kommunikation im Öffentlichen ist. Und das heißt: einer Kommunikation bei ausdrücklich mitzudenkender Anwesenheit Anderer.

Der anwesende Dritte

Mit Blick auf das ‚gute alte Telefon' wurde bereits ein Arrangement mit einem Dritten angesprochen. Bei der mobilen Kommunikation mit dem Handy sind Bezugnahmen auf den Dritten das zentrale Moment. Die besondere Leistung in einer Kommunikation zwischen Ego und Alter ist es zunächst, den Kontext – und zwar gegenseitig – abzuklären: Damit wird auch klar, dass die Frage nach der Örtlichkeit alles andere als trivial ist. Fragt man beim häuslichen Telefon noch: „Was machst du?", so lautet die erste Frage nun: „Wo bist du?" Es gilt zu klären, wer sonst noch um den anderen herum und wie ein möglicher Einfluss auf die Kommunikationssituation einzuschätzen ist. So kann manchmal der Dritte ein Problem werden und dazu führen, dass das Gespräch sofort wieder beendet wird: „Ich kann jetzt nicht sprechen!"

Oder aber, der Dritte wird in das Gespräch mit einbezogen und das Telefonat damit zu einem Dreiergespräch – dies soll im Weiteren unter dem besonderen Vorzeichen der Ego-Dritte-Kommunikation detailliert betrachtet werden. Zunächst gilt es zu fragen, was die Anwesenheit Anderer bedeutet, sei es mit Blick auf dessen Gewahrwerden bis hin zu dem, dass sie in ein Gespräch einbezogen werden. Dabei ist, wie sich zeigen wird, die Art der Beziehung zwischen Ego und dem Dritten, aber auch zwischen Alter und dem Dritten von Belang. Die Situation gestaltet sich so, dass Ego mit jemandem (Alter), der physisch nicht anwesend ist, ein Gespräch führt, von dem andere (Dritte) erst einmal nur die Hälfte des Dialogs mitbekommen. Nicht alle anwesenden Dritten werden als Gesprächspartner überhaupt anerkannt – ja, gegebenenfalls erst einmal gar nicht wahrgenommen. So kann es nicht nur dazu kommen, dass jemand nicht zuhört, obwohl man sich an ihn richtet, sondern jemand kann auch mithören, ohne dass er als Zuhörer anerkannt ist. Letzteres ist, gerade bezogen auf eine Kommunikation im Öffentlichen, alles andere als außergewöhnlich:

> „Es gilt zu bedenken, dass die meisten Gespräche in der visuellen und akustischen Reichweite von Personen stattfinden, die keine anerkannten Teilnehmer sind und denen der Zugang zu der Begegnung, so beschränkt er auch immer sein mag, von den anerkannten Teilnehmern wahrgenommen werden kann. Diese zufälligen Teilnehmer sind ‚Zaungäste'. Ihre Anwesenheit sollte als Regel und nicht als Ausnahme angesehen werden." (Goffman 2005: 45f.)

Die Beziehung zwischen Sprecher, angesprochenen Rezipienten und nicht angesprochenen Rezipienten erscheint dabei als ein besonderes Forschungsfeld, das den Blick auf unterschiedliche Kommunikationskonstellationen wirft (vgl. weiter Goffman 2005: 47ff.). Es kann zu einem „Nebengeschehen" führen, „wenn ein Teil der ratifizierten Teilnehmer miteinander kommuniziert." Ein „Quergeschehen" meint, „wenn ratifizierte Teilnehmer und Zuschauer über die Grenzen der offiziellen Begegnung hinweg kommunizieren." Ein „Seitengeschehen" wäre demzufolge dann gegeben, wenn die Zuschauer untereinander ins Gespräch kommen und „ehrfurchtvoll getuschelte Worte" austauschen. Solche Neben-, Quer- und Seitenschauplätze können indessen immer auch zu Problemen – zu Zusammenstößen – führen. Um noch einmal Goffman (2005: 48) anzuführen:

> „Zusammenstöße erfolgen auf unterschiedliche Weisen: indem die untergeordnete Kommunikation verborgen wird, indem vorgetäuscht wird, dass die Worte, welche die aus dem Gespräch Ausgeschlossenen nicht hörten, unbedeutend sind, oder indem anspielungsreiche Worte verwendet werden, die offenbar an alle Beteiligten gerichtet sind, deren zusätzliche Bedeutungen aber nur von einigen verstanden werden."

Hier tauchen sofort Assoziationen zu den kommunikativen Verquickungen auf, die sich bei der Präsenz des Dritten im Kontext telefonischer Kommunikation ergeben. Allemal wird deutlich, dass solche Konstellationen soziale Arrangements notwendig machen.

Lauscher, auch wenn sie unfreiwillige Mithörer sind, waren im Kontext der mobilen Kommunikation immer schon im Visier (vgl. etwa Ling 2004: 140ff.). Einerseits sind die Mithörer genötigt, sich etwas anhören zu müssen, das sie eigentlich gar nicht anhören wollen. So gesehen werden sie durch das mobile Telefonat gestört, ja sogar belästigt. Andererseits können sie aber auch als ein nichtratifizierter Lauscher für den Telefonierenden ein Problem darstellen. Allerdings gibt es verschiedene Abstufungen der ‚Mithörerschaft', sei es, dass sie konkret angesprochen (ratifiziert) ist oder dass sie nicht einmal zur Kenntnis genommen wird, bis hin zu dem, wie die zwischenmenschliche Beziehung zu den (Mit-)Hörern aussieht. Was das erste Moment angeht, so bietet sich an, Bell (1984) zu folgen, der unterschiedliche kommunikative Gegenüber, Hörer und Mithörer unterscheidet. Er tut dies im Zusammenhang eines „Audience Design", das davon ausgeht „that persons respond mainly to other persons, that speakers take most account of hearers in designing their talk" (Bell 1984: 159). Der Sprecher gilt als „primary participant at the moment of speech, qualitatively apart from other interlocutors" (ebd.). Unterschiede im Sprachverhalten sind dabei durch den Einfluss der ‚zweiten Person' und einer dritten Person respektive mehrerer Dritter bedingt, die zusammen das Publikum der Aussagen des Sprechers ausmachen. Unterschieden wird zwischen dem Adressaten, dem Hörer (‚auditor'), dem Mithörer (‚overhearer') und dem Lauscher (‚eavesdropper'). Der Adressat ist die Person, an die sich der Sprecher ausdrücklich richtet. Der Hörer (die Hörerschaft) wird nicht nur zur Kenntnis genommen, sondern sogar bewusst in das Kommunikationsgeschehen mit einbezogen (etwa eine Schulklasse, die einem Gespräch zwischen Lehrer und Schüler, der hier Adressat ist, lauscht). Ein Mithörer hingegen wird zwar zur Kenntnis genommen, aber ist eigentlich nicht mit eingeplant. Ein Lauscher wiederum ist, wie ein Voyeur, weder eingeplant, noch wird er zur Kenntnis genommen. Er lauscht unerkannt im Hintergrund. Dabei koinzidiert die physische Distanz der Mitglieder eines Publikums zu dem Sprecher mit ihrer Distanz zur Rolle, wobei der Adressat physisch am nächsten, der Lauscher am weitesten weg ist.

Diese von Bell vorgeschlagene Unterscheidung der Anwesenden danach, ob diese bekannt, anerkannt (ratifiziert) und adressiert sind, lässt sich wie folgt zusammenfassen:

Tabelle 8: Hierarchie von Eigenschaften und Zuhörerrollen (Bell 1984: 160)

	bekannt	ratifiziert	adressiert
Adressat	+	+	+
Hörer	+	+	-
Mithörer	+	-	-
Lauscher	-	-	-

Übertragen auf das Mobiltelefon wäre diese Tabelle wie folgt zu modifizieren: Zunächst gibt es einen Adressaten, hier als Alter bezeichnet (damit ist der telefonische Gesprächspartner gemeint). Anrufer und Angerufener befinden sich an unterschiedlichen Orten, kommen aber trotzdem ins Gespräch. Das Telefon war, wie Rötzer (1995: 228f.) feststellt, „das erste Medium, um sich wirklich, d.h. auch physikalisch, an einen anderen Ort zu begeben – unter der Bedingung, dass man sich nun gleichzeitig an zwei Orten befindet: an dem, in dem der Körper ist, und an dem anderen, in dem die Stimme zu jemand anderem spricht und das Ohr dessen Antworten registriert. Das Medium Telefon ist eine Extension des Körpers, genauer: eine partielle Extension. Stimme und Ohr reichen plötzlich in einen tausende von Kilometern entfernten Ort hinein, überbrücken den dazwischen liegenden Raum und schaffen für das Erleben den ersten virtuellen Raum, der sich weder hier noch dort, sondern irgendwo dazwischen oder nirgendwo befindet." In diesem Sinne könnte man weiter Flusser (1994: 191) folgen, der dies auf den Punkt bringt: „Wir lernen am Telefon, Telepräsenz anstelle von *face-to-face* zu erleben." So verstanden soll der Raum zwischen Ego und Alter, oder genauer, der Raum, der Ego und Alter verbindet, als virtueller Konversationsraum bezeichnet werden. Durchaus legitim wäre auch die Bezeichnung Cyberspace, die jedoch üblicherweise für Varianten computervermittelter Kommunikation reserviert ist (vgl. auch: Höflich 2004). Der Dritte tritt als Adressat erst einmal zurück, wenn er mit einer anderen Person im Kontext einer Dyade im Gespräch ist, das dann allerdings durch ein Telefonat dieser anderen Person unterbrochen, ja sogar gestört wird. Doch kann der Anwesende weiterhin Adressat bleiben, wenn er in das Gespräch einbezogen wird. Ansonsten bliebe er ein Hörer, der zuhört, sich aber nicht einschaltet. Der Hörer ist durchaus zugelassen (ratifiziert), aber nicht adressiert. Er bekommt mit, was vor sich geht, wenn auch nur Bruchstücke davon, indem er nur die Hälfte des Gesprächs hört. Mithörer, zumal wenn sie ungekannt im Hintergrund als Lauscher/Voyeure agieren, entziehen sich der Kontrolle über das Kommunikationsgeschehen – und machen verletzlich. Es bleibt nur solange etwas privat, solange es nicht unkontrolliert an andere gelangt. Hier hätte man es mit einer besonderen Gefährdung der Privatheit zu tun, denn es ist nicht einmal bekannt, dass jemand mithört, so dass die Situation auch nicht kontrollierbar ist. Bei den Dritten als Lauscher muss es sich aber nicht unbedingt um Spitzel handeln. Dritte können auch, ohne dass sie das wollen, zu (eben unfreiwilligen) Zeugen eines Geschehens werden und Dinge erfahren, die sie eigentlich gar nicht wissen wollen. Das nachfolgende Schaubild fasst das Gesagte soweit zusammen.

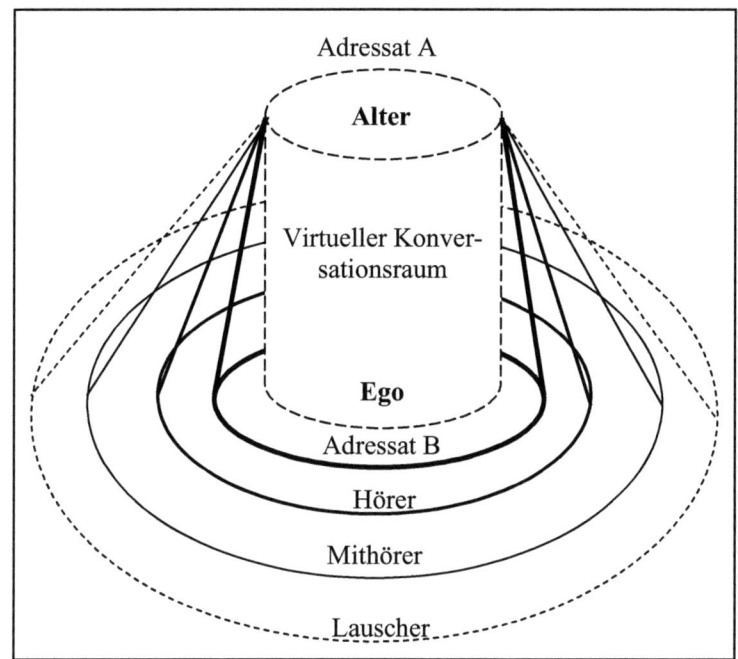

Abbildung 25: Dritte im Kontext mobiler Kommunikation (in Anlehnung an Bell 1984)

Die Unterscheidung in Adressat A und Adressat B soll keine ‚Zweitrangigkeit' ausdrücken, sondern vielmehr darauf verweisen, dass die telefonische Kommunikation den Ausgangspunkt der Betrachtung darstellt und damit Alter (als der Anrufer und somit auch derjenige, von dem die medial orientierte kommunikative Aktivität ausgeht) als die ‚theoretisch' zuerst betrachtete Person erscheint.[53] Die Relationen zwischen Ego und Dritten gilt es im Weiteren näher zu betrachten. Dies soll indessen nicht strikt entlang der konkreten Relationen geschehen, zumal die ‚Rollen' der Dritten ineinander übergehen können. Die Vorgehensweise orientiert sich an einer (idealisierten) zeitlichen Abfolge (sozusagen vom Klingeln bis zur Beendigung des Gesprächs), um so mögliche Verquickungen zwischen Ego und Dritten aufzuzeigen, wobei nicht zuletzt Bezüge zu den vorausgehenden Kapiteln deutlich werden. Im Vordergrund stehen die Problemla-

---

53 Die Positionen bei der Beziehung Ego-Alter-Dritte könnten auch anders bestimmt werden, indem Anwesende als Ego und Alter bezeichnet werden und der Anrufer als der Dritte verstanden wird, der in diese Beziehung eindringt. Eine solche Bestimmung hängt von der Ausgangsposition ab, die man wählt. Hier soll es die der mediatisierten interpersonalen Kommunikation sein, die erst einmal als eine dyadische Relation verstanden wird, die indessen eingedenk eines kontextuellen Rahmens zugleich zu einer triadischen Relation zu erweitern ist.

gen und Kommunikationserfordernisse der Handlungssituation, oder um dies in Anlehnung an Goffman (1978: 9) zu sagen: Es geht weniger um die Menschen und ihre Situationen, sondern um die Situationen und ihre Menschen.

Störungen

Das Handy klingelt – ein akustisches Signal (jedoch wäre auch ein taktiles Signal in Form des Vibrationsalarms denkbar)[54] fordert zur Interaktion auf und ist gleichzeitig eine Herausforderung für anwesende Dritte.

Diese Herausforderung ist in zweifacher Hinsicht gegeben: Als Eindringlichkeit wie auch als Aufdringlichkeit. Eindringlichkeit meint in diesem Zusammenhang, dass das Handy in eine engagierte Situation ‚eindringt' und damit bereits laufende Interaktionen tangiert. Für anwesende Dritte stellt bereits das Klingeln eine Aufdringlichkeit,[55] wenn nicht sogar eine Belästigung, dar, weil die Telefonierenden den öffentlichen Raum schon akustisch sofort zu etwas Privatem machen.[56] Dabei geht es nicht nur, wie gezeigt wurde, um eine „ärgerniserregende Lautstärke" (Goffman 1974: 83). Die ‚Geräuschinszenierungen' gehen allein schon dann auf die Nerven, wenn sie durch ihren „inappropriate sound" (Ling 1998: 70) der Situation nicht angemessen sind.[57] Und dazu müssen sie nicht unbedingt besonders laut sein. Somit geht es immer auch darum, wie sich eine solche interaktionsauffordernde Klanggestaltung in eine ‚Soundscape' einfügt, die auch durch das Handy als Geräuscheverursacher mit verändert wird. Das stellt schon deshalb eine Herausforderung dar, „because it often introduces environmental elements outside the recipient's control – elements that have nothing to do with the call" (Light 2009: 207). Die mit dem Handy in den öffentlichen Raum gelangenden Klanginszenierungen (das ursprünglich in Verbindung mit dem häuslichen Telefon in der Tat nur ein Klingeln war und nun, unter der Bezeichnung ‚Klingeltöne' all das umfasst, was

---

54 Der Vibrationsalarm ist zugleich für manche zu einer Art Phantomalarm geworden. Die Gewöhnung an das Mobiltelefon erzeugt eine gewisse Abhängigkeit. Diese lässt unter anderem das Gefühl aufkommen, dass das Telefon in der Tasche vibriert, ohne dass dies faktisch der Fall sein muss.

55 „Aufdringlichkeit" meint laut Goffman (1974: 83) „die Expansion der territorialen Ansprüche über den Bereich hinaus …, der ihm in den Augen anderer zusteht – eine Expansion, die bei anderen das Gefühl hervorrufen kann, sie selber könnten als Eindringlinge angesehen werden, obwohl sie spüren, dass das nicht der Fall ist".

56 „Users thus inadvertently deny others the privacy they selfishly appropriate for their own uses", so Kompomaa (2000: 92f.).

57 Dabei lassen sich situative Gegebenheiten mit je unterschiedlich gefordertem Engagement unterscheiden (je nachdem, welches Engagement dominant oder untergeordnet ist). Entsprechend gibt es Orte, an denen das Handy mehr oder weniger als Störenfried gesehen wird. Die Verwendung des Handys ist dabei umso weniger störend, wenn es nicht in ein erwartetes Engagement eingreift (vgl. Kapitel 8).

schon längst nicht nur ein Klingeln ist) sollten dabei recht schnell ihr Ende finden, sei es, dass man das Gespräch entweder sofort annimmt oder die Annahme gezielt verweigert. Wenn man es nämlich zu lange ‚klingeln' lässt, läuft man Gefahr, die Bedeutsamkeit der Hier-und-jetzt-Situation zu unterminieren. Ein anhaltendes Klingeln vermag für den Angerufenen einen ausgesprochenen Stress erzeugen (vgl. Kapitel 8). Alle schauen auf einen – man fällt auf, ohne dass man eigentlich auffallen will. So kann das Klingeln sogar ein größeres Problem als das eigentliche Telefonat darstellen und zu peinlichen Momenten führen (vgl. auch Ling 2005: 125). Wie unangenehm ist etwa das Gefühl, wenn mitten in einer Theateraufführung das eigene Handy klingelt und alle auf einen blicken – oder sogar die Schauspieler eingreifen?

> *Hamburg - Das Licht ging aus, auf der Bühne standen Daniel Craig und Hugh Jackman, das Stück nahm seinen Lauf - und irgendwann klingelte im Publikum ein Handy. „Möchten sie rangehen?", fragte Jackman zunächst in seiner Rolle verharrend.*
> *„Holen Sie Ihr Handy raus, das macht nichts", nölte er auf und ab laufend weiter - nachdem das Handy klingelte und klingelte. „Kommen Sie, stellen Sie es einfach aus. Wir können warten. Es sei denn, Sie haben eine bessere Geschichte zu erzählen. Möchten Sie aufstehen und uns Ihre Geschichte erzählen?", legte der Schauspieler nach, während das Publikum vor Freude tobte. Craig und Jackman spielen auf dem Broadway in dem Stück ‚A Steady Rain' zwei Polizisten, deren Leben sich innerhalb weniger Tage dramatisch verändert.*
> *Nachdem ein weiterer Handy-Ton erklang, intervenierte wenig später auch Craig: „Gehen Sie ran!" Offenbar wollte der Zuschauer den Anruf jedoch aus Angst, entdeckt zu werden, nicht annehmen.[58]*

So explizite Sanktionen finden sich jedoch selten. Man schüttelt den Kopf, beklagt sich über das ungehobelte Benehmen – doch kann man sich nie sicher sein, ob einem das mal selber passiert.

Zusammenfassend ist das Handy schon kommunikations- und interaktionsrelevant, bevor das eigentliche Kommunikationsziel, nämlich ein Telefonat zu führen, realisiert ist. Und so kommen, gerade aufgrund der gegebenen Umstände, Telefonate gleich gar nicht zustande. Hier hat man es allerdings nur mit einer – expliziten – Art und Weise zu tun, wie das Mobiltelefon schon vor einer Kommunikation im engeren Sinne kommunikativ, ja Kommunikation über Kommunikation darstellt, und somit metakommunikativ relevant ist. Dazu gehört auch die symbolische Funktion des Mediums, sei es als Indikator für Status, als ein Vehikel, um eine soziale Einbindung zu symbolisieren, um auf dem Nachhauseweg in der Nacht anzuzeigen, das man ‚in Kontakt' ist, oder, indem

---

58 Spiegel Online, 29.9.2009, http://www.spiegel.de/panorama/leute/0,1518,652156,00.html.

es von einer Frau als ein Distanzhalter auf den Tisch im Café gelegt wird, der demonstrieren soll, dass sie nicht ‚angebaggert' werden will (vgl. etwa Fortunati 2005).

Exklusion und Inklusion

Bereits das Klingeln des Mobiltelefons zeigt an, dass sich eine neue Situation anbahnt. Der Übergang zu einer solchen Situation muss allerdings erst einmal bewerkstelligt werden. Dazu gehört zunächst, mit der Situation, durch das Kingeln Aufmerksamkeit auf sich gezogen zu haben, zurechtzukommen. „Die eigene peinliche Betroffenheit sowie das reflexive Gewahrwerden, dass andere durch die Situation ebenso peinlich betroffen sind, sprechen dafür, dass bis zu einem gewissen Grad eine gemeinsame Definition der Situation gegeben ist" (Ling 2005: 128). Dazu sind gewisse Techniken der Imagepflege („face work") notwendig, die dazu dienen sollen, das Gesicht nicht zu verlieren – wobei Gelassenheit eine der wichtigsten Methoden zu sein scheint (vgl. Goffman1978: 18). Vor allem geht es um die Frage der Exklusion und Inklusion von Anwesenden, wie sie ähnlich bereits im Zusammenhang mit der Nutzung des häuslichen Telefons angesprochen wurde. Unproblematisch ist die Angelegenheit, so Rich Ling (2004: 137), nicht:

> „Nonetheless the status of copresent individuals is a problematic issue. This is difficult since the behaviour appropriate in the one situation is not appropriate in the other. The different relationships we have with copresent partners and our telephone partners mean that the negotiation of topics, the depth, passion, and emotion with which we can address the one party, and the range of common understandings will probably not be the same for the other ..."

Abgesehen von den jeweiligen Umständen, Kommunikationserfordernissen der Handlungssituation und dem hierbei geforderten Engagement ist es weiterhin von Belang, ob der Handelnde sich in einer fokussierten oder nicht-fokussierten Interaktion befindet, ob also die Aufmerksamkeit von konkreten Anderen eingefordert wird oder ob andere nur einfach präsent sind (vgl. Goffman 1963: 24). Und hier wiederum ist es weiterhin wichtig, wie das Verhältnis zu den Anwesenden aussieht. Handelt es sich um gute Freunde oder um Fremde? Denn, je besser man die Anwesenden kennt, um so eher kann man sie auf ein Telefonat einstimmen – oder sogar daran beteiligen. Wie auch immer: Es geht nicht allein um den Ort des Telefonierens – ob er sich eignet oder nicht, ob gewissermaßen die Regeln des Ortes einem Gespräch entgegenstehen. Vielmehr wird die Besonderheit einer Face-to-Face-Kommunikation nachhaltig einem Test unterzogen (vgl. auch Ling 2008: 102). Wie beurteile ich den Status dieser Kommunikation und kann ich das Telefonat annehmen? Ist erkennbar, dass beispielsweise der Vorgesetzte anruft, dann kann dies bedeuten, dass die Präsenzsituation – und damit die anwesenden Anderen – zurückgestellt werden müssen. Anders herum bietet es sich nicht unbedingt an, wenn ein Auszubildender während eines Gesprächs mit seinem Chef angerufen wird und den Anruf entgegen nimmt. Wird ein Telefonat nicht angenommen, so wird damit die Priorität der Hier-und-jetzt-Situation unterstrichen, sei es, dass damit die Regeln eines bestimmten Behavior Settings anerkannt werden (man denke an das vorige Beispiel des Theaters, wo diese Regeln verletzt wurden), oder dass damit die Wertschätzung Anderer zum Ausdruck kommt.

Ist der Angerufene (und das gilt ebenso für den Alter, den Anrufer) allein, so ergeben sich die geringsten Probleme, sieht man einmal von den Regeln eines jeweiligen Behavior Setting und der Würde gewisser Orte ab (so ist es alles andere als schicklich, in einer Kirche zu telefonieren, selbst wenn man sich allein dort aufhalten würde). Ein Dilemma wiederum entsteht, wenn der Anrufer gerade nicht da ist, das Mobiltelefon jedoch in Hör- respektive Reichweite eines Dritten ist. Soll man trotzdem rangehen, obwohl die telefonische Interaktionsaufforderung einem selbst nicht gilt? Das würde für die Eindringlichkeit und den Aufforderungscharakter eines telefonischen Klingelns sprechen. Darf man die SMS-Nachricht eines Anderen ohne dessen Wissen lesen? Faktisch kommt dies sicherlich immer wieder vor – allerdings als eine Manifestation verloren gegangenen Vertrauens. Hier zeigt sich auch, am Rande vermerkt, die Bedeutung eines Dritten in Relation zu einer an sich exklusiven Zweierbeziehung, in die dieser eindringt (vgl. weiter: Lenz 2010).

Hamburg - In einem RTL-Interview (‚Exclusiv') berichtete Claudia Strunz, ihre Affäre mit Effenberg sei herausgekommen, weil Ehemann Thomas Strunz auf ihrem Handy eine Liebes-SMS seines ehemaligen Mitspielers Effenberg gelesen habe. „Zwei Wochen nachdem Stefan und ich das erste Mal zusammen waren, hat mein Mann das rausgefunden. Er hat mein Handy kontrolliert, er hat meine SMS gelesen - auch eine von Stefan. Da habe ich ihm die ganze Wahrheit gesagt. Dass Thomas jetzt gekränkt und verletzt ist, verstehe ich natürlich auch."[59]

Exklusions- und Inklusionsfragen bei einem eingehenden Telefonat stellen sich besonders bei zentrierten Interaktionen (vgl. auch Fortunati 2005: 214), die dann gegeben sind, „wenn Personen sich versammeln und offensichtlich so kooperieren, dass ihre Aufmerksamkeit ganz bewusst auf einen gemeinsamen Brennpunkt gelenkt ist" (Goffman 2009: 40). Diese sollen zunächst in Verbindung mit der Nutzung des Mobiltelefons betrachtet werden (wobei der Typus des Dritten in einer nicht-zentrierten Interaktion oder gar des Dritten als Lauscher kurz zurückgestellt wird).

Ein Telefonat kann als Vorstufe dienen, um in eine zentrierte Interaktion überzuwechseln. Dies kann sogar unter den besonderen Umständen geschehen,

---

[59] Spiegel online, 22.5.2001; http://www.spiegel.de/panorama/0,1518,197092,00.html.

dass man die Person optisch im Visier hat, mit der man medial Kontakt aufnimmt. Eine Beobachtung veranschaulicht eine solche Möglichkeit: Eine Frau sah eine ihr bekannte Person und verfasste daraufhin eine SMS-Nachricht, weil sie nach eigenen Angaben nicht im Bad „herumschreien" wollte. Diese unverbindliche Form der Interaktionsanbahnung lässt dem potenziellen Interaktionspartner mehr Reaktionsmöglichkeiten. Wäre die Frau zu der anderen gegangen, so hätte zumindest ein kurzes Gespräch von Angesicht zu Angesicht stattfinden müssen. Andererseits besteht die Möglichkeit, dass die Chance auf eine Interaktion ungenutzt bleibt, wenn der potenzielle Kommunikationspartner die Nachricht zu spät erhält.

Wie mit dem Dritten als Interaktionpartner ‚umgegangen' wird, hängt nachhaltig von der Beziehung zu ihm ab. Häufig hat man es (zumal bei den Beobachtungsstudien war dies der Fall) mit einer Person aus dem privaten Bekanntenkreis zu tun. Dies korrespondiert mit gewissen Orten, an denen sie sich aufhalten. Cafés gehören zu solchen Lokalitäten, die in besonderem Maße dazu geeignet sind, um sich mit anderen in einem kommunikationstauglichen Ambiente zu unterhalten. Es ist deshalb auch nicht überraschend, dass sich Personen, die in einem Café beobachtet wurden, dort fast immer mit einem Interaktionspartner respektive mit einer Interaktionspartnerin aufhielten oder auf sie warteten. In einem Café gelten zudem bestimmte den Ort betreffende Regeln. Es herrscht die Übereinkunft, dass Personen den Platz mit Tisch, den sie in einem Café einnehmen, auch für die Zeit des Besuchs besetzen dürfen. Andere Personen sind nicht autorisiert, sich zu diesem Raum ungefragt Zutritt zu verschaffen, sich einzumischen oder mitzuhören (vgl. auch Goffman 1974: 69).[60] Ebenso haben auch sie selbst nicht das Recht, in den von anderen Gästen beanspruchten Raum einzudringen. Es kann aber auch dazu führen, dass selbst legitime Zugänge temporär verwehrt und gegenüber einem Telefonat zurückgestellt werden. In einem Fall wehrte eine telefonierende Frau eine Interaktionsbeziehung mit der Kellnerin ab, indem sie mit dem Kopf und einer Hand auf nonverbale Weise verdeutlichte, dass sie momentan keine Bestellung aufgeben möchte. Ein Telefonat stellt ein geringeres Problem dar, wenn es in Interaktionspausen geführt wird, die dadurch entstehen, dass sich der anwesende Kommunikationspartner kurz entfernt. Ist der andere anwesend und gibt es eine Interaktionspause, so wird es schon schwieriger. Ist man nicht alleine, dann muss Alter (wie im Übrigen auch Ego mit Blick auf seine situativen Gegebenheiten) gewisse *Einstiegsrespektive Ausstiegsarrangements* beachten, die es ihm ermöglichen, auf sozial adäquate Art und Weise ein Telefonat zu beginnen und dann wieder zu beenden sowie zum sozialen Geschehen im Hier und Jetzt der physischen Umgebung zurückzukommen. Was mit Blick auf die anstehende Nutzung des Mobiltelefons Einstiegsarrangements sind, sind zugleich Ausstiegsarrangements bezogen auf

---

60 Goffman (1974: 69) spricht hier im Übrigen von Gesprächsreservaten.

die Hier-und-Jetzt-Situation und umgekehrt. Beispielsweise kann der Angerufene im Zuge von Einstiegs- respektive Ausstiegsarrangements oder „disengagement rituals" (Ling 2004: 132) die Anwesenden um Erlaubnis bitten, sich kurz von ihnen abwenden zu dürfen, um ein Telefonat zu führen. Und nach dem Telefonat gilt es, anzuzeigen, dass man wieder bereit ist, am sozialen Geschehen teilzunehmen. Arrangements im Kontext der Nutzung des Mobiltelefons sind meist nonverbaler Natur.[61] Solche Arrangements sind insofern von Nöten, da es ansonsten als unhöflich gilt, sich einfach von einer gegebenen Kommunikationssituation abzuwenden, ohne dies mit anderen abgestimmt zu haben, denn: „Wer bei Anwesenheit anderer mobil telefoniert, verletzt Höflichkeitsregeln, insbesondere die Regel ‚Aufmerksamkeit und Priorität für Anwesende'" (Burkart 2000: 219). Ansonsten ist der Anrufende von ähnlichen situativen Rahmenbedingungen betroffen wie der Angerufene. Er hat die jeweiligen Erfordernisse der Situation mitsamt dem geforderten Engagement und der Rigidität von Regeln zu berücksichtigen (vgl. auch Höflich 2004; Ling 2004; Weilenmann 2003).[62] Nicht zuletzt gehört hierzu ein Kalkül über die Angemessenheit des Themas. Geht man nämlich davon aus, dass damit zu rechnen ist, dass andere mithören, so ist auch das Thema des Telefonats zu bedenken (vgl. Murtagh 2002: 88f.). Hier zeigt sich wieder die Bedeutsamkeit der Beziehung zum Gegenüber – gilt er als ratifizierter Hörer und darf er sich sogar in das telefonische Gespräch einschalten?

Im Falle, dass der Dritte bekannt, ratifiziert und adressiert ist, ist er gleichsam Teil des Rahmens telefonischer Kommunikation. Das Handy kann allerdings noch diesseits einer medienvermittelten Kontaktnahme Teil des Rahmens der Face-to-Face-Kommunikation werden, dann nämlich, wenn das Handy respektive gewisse Nutzungsweisen zu einem Thema der Interaktion werden. Beispiele wären, wenn mittels der Fotofunktion des Geräts Bilder vom Anderen gemacht und dann gemeinsam angeschaut werden (so zeigt beispielsweise eine Beobachtung, dass eine Frau von einer anderen ein Foto machte, um ihr zu zeigen, wie sie mit einer Brille aussehen würde), dass gespeicherte oder gerade eingegangene SMS-Nachrichten besprochen werden oder dass man sich über das Gerät un-

---

61 In diesem Sinne vermerkt Rich Ling (2000: 64): „The use of the mobile phone means that one needs to develop a repertoire of gestures that will make the boundary between themselves and other co-present individuals obvious. In a sense, they owe it to the others who are present to make their status as a telephonist clear. This is done in order to avoid undue embarrassment to either party."

[62] Mit Ling (2004: 126) lässt sich anfügen: „Use of the mobile telephone can be seen as an affront to the decorum of the situation. ... Seeing the use of the mobile telephone as a threat to decorum means that it is among a category of behaviours that require special means to contain and defuse its potential for rudeness. In order to be seen as being offensive, both the user and the others who are present need to develop and agree on correct behaviour in a particular situation and on the ways to smooth over potential threats to this more or less common understanding."

terhält. Hier sind allein schon bestimmte Funktionen des Geräts oder gespeicherte Inhalte interaktionsstimulierend.

Eine Vervollständigung der Triade ist dann gegeben, wenn der anwesende Dritte in das Gespräch einbezogen wird und so gesehen zwei Adressaten auftauchen, nur dass der eine physisch präsent, der andere physisch abwesend ist, alle drei aber in einem virtuellen Konversationsraum ‚zusammenkommen'. Dies kann etwa so aussehen, dass der Lautsprecher des Handys auf ‚laut' gestellt wird, so dass der andere mithören und -sprechen kann. Er kann das Ohr ebenso an das Gerät drücken, so dass er mithören kann, oder das Handy wird im Bedarfsfall, wenn die mitanwesende Person reden will, weitergereicht.[63] Man hat es hier mit Blick auf eine Form mediatisierter interpersonaler Kommunikation geradezu mit einem Exempel zu tun, wo, im Simmelschen Sinne, der Dritte verbindet. Dies geschieht etwa bei einer familiären Kommunikation, wie ein Teilnehmer aus einer Gruppendiskussion vermerkt: *„ ... wenn's die Familie ist und man gibt ein Zeichen, wer es ist, und die anderen kennen den auch, dann ist das ne gemeinschaftliche Sache, dann kennen alle den und dann ist das für alle interessant, weil dann könnte er auch laut stellen ... und alle könnten da ihren Kommentar abgeben, da wird diese Kommunikation eigentlich zur Gruppenkommunikation."*

Ist Ego nicht allein, sondern zusammen mit anderen, so ist jedes eingehende Telefonat eine gewisse Herausforderung: „The mobile telephone intrudes into the complex web of interactions, and it demands that they will be rearranged" (Ling 2004: 130). Es ist ein ausgesprochenes Situationsmanagement erforderlich, das gerade im Falle der Nutzung des Mobiltelefons fester Bestandteil der Nutzungssituation (des Rahmens der mobilen Kommunikation) ist. Nicht immer kann und will der Anwesende einbezogen werden – ja, es kann geradezu unerwünscht sein. Kennt man die Menschen um einen herum, dann ist es sicherlich etwas einfacher: *„ ... mir geht's so, je besser ich die Leute kenn, mit denen ich zusammensitze, umso eher haben sie Verständnis, wenn ein Telefonat mich erreicht. Wenn ... ich jemanden in meinem arbeitsmäßigen Zusammenhang, mich mit dem unterhalte, und dann kommt ein Anruf, ist es in der Regel ... auch für meinen ... Gast dann unangenehmer, wenn das durch Telefonate unterbrochen wird. ... Im Verwandtschaftskreis ist das wesentlich ungezwungener, da kann man ans Telefon gehen und eigentlich sich so lange unterhalten, wie's geht. Bei Leuten, mit denen man von der Arbeit her zu tun hat, ist das Verständnis eigentlich nicht da, weil die Leute haben immer wenig Zeit, wollen, dass man sich mit ihnen beschäftigt und sich drauf konzentriert, und ansonsten ist es Zeitverschwendung, und das kommt eigentlich nie gut an."* In einem solchen Fall ist der Dritte bekannt und ratifiziert – er darf mithören, muss dies aber nicht tun.

---

[63] Allerdings kann es auch dazu führen, dass Ego dann, wenn er das Telefon weiterreicht, temporär aus dem Gespräch ausgeschlossen und selber isoliert wird.

Unterscheidet man mit Goffman zwischen einem Kern- und Nebenengagement, so lässt sich schon ein mögliches Spannungsverhältnis vermuten. Ein Kernengagement ist das, „was den wesentlichen Teil von Aufmerksamkeit und Interesse des Einzelnen absorbiert und, klar erkennbar, die augenblicklich wichtigste Determinante seiner Handlung ist", während mit „Nebenengagement" eine Aktivität gemeint ist, „die ein Einzelner durchaus leicht zerstreut betreiben kann, ohne damit die gleichzeitige Pflege des Hauptengagements zu vernachlässigen oder zu vermengen" (Goffman 2009: 59). Das kann das eine Mal gutgehen, ein anderes Mal nicht. Beim Telefonieren ist es meistens so, dass die vorgängige Face-to-Face Kommunikation als Hauptengagement zugunsten des Telefonats zurücktritt. Die Frage ist gleichwohl, inwiefern die Kommunikationspartner einer solchen (temporären) Verschiebung zustimmen und wie sie damit umgehen. Eine asynchrone Kommunikationsform wie das Schreiben einer SMS-Nachricht lässt sich oftmals neben anderen Engagements realisieren. Ein Beispiel: Eine junge Frau tippte in Begleitung einer anderen Frau auf ihrem Mobiltelefon eine SMS-Nachricht. Während des Tippens unterhalten sich die beiden Frauen. In einem anderen Fall tippte ein junges Mädchen auf ihrem Telefon und unterbrach für die Kommunikation mit ihren Begleiterinnen immer wieder die Beschäftigung mit dem Mobiltelefon. Das Gespräch mit den anwesenden Freundinnen stellte das Kernengagement dar. Das Tippen auf dem Telefon war Nebenengagement, das nur verfolgt wurde, wenn es das Hauptengagement, also das Gespräch, zuließ. Dass gerade Jugendliche gewissermaßen nebenher ihre SMS-Nachrichten zu schreiben in der Lage sind, demonstrieren sie jeden Tag. Während Gesprächen am Mobiltelefon gibt es auch Situationen, in denen die Kommunikation von Angesicht zu Angesicht zumindest kurzzeitig Vorrang hat. So trifft eine telefonierende Frau auf dem Fischmarkt eine ihr bekannte Person und grüßt sie. Für die Zeit des Grüßens wird das Telefon an die Jacke gehalten. Ein ähnliches Arrangement ließ sich auch bei einem Handwerker in einem Einkaufscenter beobachten, der telefonierte und, so wie es sich darstellte, eine Auskunft von einem Kollegen benötigte. Für den Zeitraum der Face-to-Face-Kommunikation nahm er das Mobiltelefon vom Ohr. Diese beiden besonderen Nutzungsformen verdeutlichen einen weiteren Aspekt: Im ersten Fall handelt es sich um eine private Situation, im zweiten Fall findet das Gespräch in einem beruflichen Kontext statt. Es ist davon auszugehen, dass die Gründe und der Bedarf der Erklärungen für das Medienhandeln verschieden gelagert sind. Ein weiteres, anschauliches Beispiel für die Integration von medialer und Face-to-Face-Kommunikation findet sich in einer Beobachtung in einem Schwimmbad. Hier zeigt sich zudem, wie bedeutend die Beziehungen der Interaktionspartner untereinander sind: Ein Mann sprach am Mobiltelefon. Währenddessen hatte er auch mit seiner Tochter zu tun, die sich ein Portemonnaie aus der Tasche nahm. In der folgenden Befragung zeigte sich, dass der Mann mit seiner Frau gesprochen hatte. Es reichte ein kurzer Hinweis an das telefonische Gegenüber, dass die

Tochter gewisse Absichten habe, um seine Doppelinteraktion und sein damit verbundenes Aufmerksamkeitsmanagement seiner Frau gegenüber zu vergegenwärtigen, die ja nicht sehen konnte, was im Schwimmbad gerade vor sich ging. Ein soziales Multitasking ist allerdings nicht immer unproblematisch. So läuft der Telefonierende stets Gefahr, den anderen zu degradieren. Und in der Tat scheint es so zu sein, dass die Mitanwesenden das Gefühl haben, für unwichtig gehalten zu werden (vgl. Baron 2008: 187). Allerdings hat man es bei einem solchen Multitasking nicht unbedingt damit zu tun, dass der andere zwingend ausgeschlossen ist. Der Dritte, der zunächst nur Hörer war, kann schnell zum Adressaten werden, der in das Gespräch einbezogen wird. Ein zunächst in das Gespräch einbezogener Dritter kann aber auch schnell wieder zum Hörer werden, der zwar ratifiziert, aber nicht adressiert ist, ja, sich gegebenenfalls aus dem Rahmen mediatisierter Kommunikation ausklinkt – ‚neben' ihm steht und während der Zeit, in der die Interaktion unterbrochen wird, seinerseits einer eigenen Tätigkeit nachgeht.

Wie sich zeigte, ist die Anzahl der verbleibenden anwesenden Personen ein weiterer wichtiger Aspekt.[64] Sind mehrere Personen mit anwesend, so kann sich dies auf die Länge des Telefonats auswirken – hat doch der Telefonierende nicht den Druck, sich um die allein gelassene Person kümmern zu müssen. Sind mehrere Personen zugegen, sind Arrangements anscheinend leichter zu bewerkstelligen. Die telefonierende Person wird für die Zeit ihres Telefonates aus der Face-to-Face-Konversation entlassen und nach Beendigung ihrer Aktivität wieder in das laufende Gespräch integriert. Anders verhält sich dies, wenn die vorherrschende Interaktion nur von zwei Individuen (Ego und einem Dritten) bestimmt wird, bevor das Mobiltelefon ins Spiel kommt. Der Interaktionspartner, der für die Dauer der Telefonaktivität ausgeschlossen wird, muss sich ein Ersatzengagement suchen. So liest etwa ein junger Mann das Booklet einer CD, während seine Begleitung am Mobiltelefon spricht. Obgleich der Mobiltelefonbesitzer seine Begleitung für die Dauer seiner Nutzung ‚allein' lässt, scheint dies zumindest in den beobachteten Fällen zu keinen besonderen Störungen in der Interaktionsbeziehung zu führen. Mehr noch: die Begleiter halten das Telefonverhalten ihres Interaktionspartners für normal und fanden die Frage, ob sie sich durch das Telefonierverhalten ihrer Begleitung gestört fühlten, geradezu ungewöhnlich. In wenigen Fällen schien es so, als entließen sich die Personen gegenseitig aus der bestehenden Interaktion, um sich dem Mobiltelefon zu widmen. Der sich an die Mediennutzung anschließende Wiedereintritt in die Interaktion kann verschiedenartig vollzogen werden. So kann das zuletzt besprochene Thema einfach

---

64 Hier hat man es mit einem Fall zu tun, bei dem es nicht ausreicht, nur auf den Dritten zu schauen. Weitere Personen mögen zwar in einem analytischen Sinne keine besonders große weitere Erkenntnis mehr erbringen, doch eröffnen mehrere Anwesende gewissermaßen eine Subgruppenbildung, die hier für den Telefonierenden entlastend sein kann.

wieder aufgegriffen werden oder das Gespräch am Mobiltelefon wird zum Thema gemacht.

Zuweilen entließen die Personen der zentrierten Interaktion den Mobiltelefonbesitzer nicht nur aus der bestehenden Interaktionsbeziehung. Darüber hinaus ermöglichten sie ihm sogar eine erfolgreiche Kommunikation via Mobiltelefon, indem sie die fehlende Aufmerksamkeit des Handynutzers ausglichen und beim Navigieren durch den öffentlichen Raum behilflich waren. Arrangements mit anwesenden Dritten stehen gleichwohl im Zusammenhang mit der Dauer des Gesprächs. Vor allem lang dauernde Gespräche via Mobiltelefon können Grund zum Ärgernis sein. Um Störungen zu minimieren, bietet es sich an, Gespräche so kurz wie möglich zu halten[65] oder auf andere Zeiten zu verlegen („Ich rufe dich später an!"). Generell spiegelt sich in der Länge eines Telefonats an öffentlichen Orten wider, wie Ego die jeweilige Situation sowie andere daran Beteiligte wertschätzt (vgl. Murtagh 2002: 88).

Der nicht einbezogene Dritte

Der Dritte ist hier diejenige Person, die zwar bekannt ist, weil sie vom Telefonierenden wahrgenommen wird, aber weder adressiert noch ratifiziert ist. Dabei kann es sich durchaus auch um eine persönlich bekannte Person handeln, die gewissermaßen abseits des Geschehens steht. Sie kann (bewusst) ausgeschlossen sein, weil sie sich geographisch nicht in Gesprächsnähe befindet oder weil man gezielt einen Abstand außer Hörweite zu ihr herstellt.

Das Gros der Dritten, die quasi nur wahrgenommen werden, sind jedoch Fremde oder nur ‚kategorial Bekannte'. Solche Relationen, wie sie hier verstanden werden, fallen unter die Rubrik der nichtzentrierten Interaktionen. Allerdings sind sie dadurch geprägt, dass der Andere wahrgenommen wird, dass auch der andere dieses Wahrnehmen wahrnimmt und gegebenenfalls die Wahrnehmung der Wahrnehmung wahrgenommen wird. Dies ist insofern folgenreich, dass zwar der andere nicht als Gesprächspartner, aber doch dahingehend indirekt adressiert ist, weil er durch das Verhalten von Ego, sei es nun intendiert oder nicht, beeinflusst wird oder sogar werden soll. Eine solche Adressierung kann durchaus generalisiert sein, d.h. sich nicht an eine konkrete Person wenden, sondern an das Gesamt der Anwesenden. Das Bild der Piazza als Bühne und die Metapher eines Theaters machen dies anschaulich. Der öffentliche Raum dient als Vorderbühne, auf der wir uns präsentieren und dabei die Wahrnehmung dieses Präsentierens nicht nur unterstellen, sondern auch beeinflussen wollen.

Sind wir unter Anderen, bemühen wir uns, so positiv wie möglich zu erscheinen und eine gewisse Fassade zu wahren. Es handelt sich um eine Maske, die man trägt, um anderen gegenüber zu agieren. Nur in der Schutzzone der Hinter-

---

65 Dies zeigen, wie schon erwähnt, die Ergebnisse einer Beobachtungsstudie zur Nutzung des Mobiltelefons auf einer italienischen Piazza.

bühne kann der Darsteller entspannen; „er kann die Maske fallen lassen, vom Textbuch abweichen und aus der Rolle fallen" (Goffman 2003: 105). Die Darbietung auf der Vorderbühne darf sich gewisser Requisiten bedienen, die der Selbstdarstellung dienlich sind. Das Mobiltelefon selbst gehört etwa dazu. So kann es als ein Statussymbol fungieren, genauer: es hat, zumal in seinen frühen Jahren, als ein solches gedient, diese Funktion hat mittlerweile jedoch stark eingebüßt. Dafür tritt es um so mehr als ein Modeaccessoire in Erscheinung, mit dem man die eigene Gesamterscheinung komplettiert. Die Art und Weise des Gebrauchs kann aber ebenso die Selbstdarstellung unterstreichen. Man bewegt sich auf der Bühne und demonstriert beispielsweise seine Bedeutsamkeit, indem dies gegenüber anderen im Umfeld laut und deutlich zum Ausdruck gebracht wird, wenn etwa demonstrativ Anweisungen an (vermeintlich) untergebene Mitarbeiter gegeben werden oder für eine hohe Geldsumme ein Auftrag vergeben wird. Bei einem solchen ‚stage phoning' (vgl. auch Geser 2004; Plant 2001) muss es sich gar nicht um ein reales Telefonat handeln. Man kann auch nur so tun als ob und das Telefonat vortäuschen. Bei Jugendlichen ist dies etwa auch der Fall, nur dass sie anderen gegenüber demonstrieren wollen, dass sie besonders gefragt sind – oder auch um zu verbergen, dass das Guthaben auf der Prepaid-Karte zu Ende gegangen ist. Gerade bei einem Gang durch die Stadt zu nächtlicher Stunde wird das Mobiltelefon häufig von Frauen als eine Art Schutzschild benutzt, um anzuzeigen, dass man nicht ganz allein und ein anderer zumindest virtuell zugegen ist. Ein solcher ‚fake call' kann also auch dazu dienen, dass andere zu einem Distanz halten oder um mit anderen kein Gespräch führen zu müssen (vgl. Baron 2008: 189).

Die Fassade hat zwei Facetten: die Erscheinung und das Verhalten. Das erste informiert über den Status und die gesellschaftliche Rolle, das zweite ist jener Teil der Fassade, der sich im aktuellen Handeln respektive in der Ausgestaltung der Rolle zeigt. Nicht immer müssen die Erscheinung und das Verhalten korrespondieren. Das kann die gesamte Darstellung durcheinander bringen, ja, den gesamten Status bedrohen, „denn eine diskreditierende Entdeckung in einem Handlungsbereich lässt die zahlreichen anderen, in denen er womöglich nichts zu verbergen hat, zweifelhaft erscheinen" (Goffman 2003: 105). Dabei kann das Mobiltelefon nicht nur als ein Vehikel der Selbstpräsentation, sondern auch als ein verräterisches Medium fungieren. Mit dem Handy wird das Private in den öffentlichen Raum getragen und andere zugleich mit diesem Privaten, regelrecht mit einer „Tyrannei der Intimität" (Sennett) konfrontiert. Mit anderen Worten: das, was an sich für eine Hinterbühne gedacht war, wird einsehbar; die Maske der Person wird (zumindest partiell) abgenommen und andere gewinnen Einblicke in von der Erscheinung abweichende, unerwartete Bereiche der Person, die das Mobiltelefon nutzt, wie etwa „elegant women speaking of their children's bowel movements, intellectuals describing the steamy details of their partner's infidelities, parochial looking individuals who are suddenly revealed to master several languages and the intricacies of international business contracts, bullies who are taken down several pegs when their mothers call, individuals who shift dialect when accepting a call and mildmannered people who suddenly become enraged when talking with others via their mobile telephone" (Fortunati 2005: 216). Die Kehrseite einer möglichen positiven Darstellung des Selbst kann hier also ein Gesichtsverlust sein, somit ein Problem für eine weitere Präsentation des Selbst darstellen. Das alles bedeutet nun nicht notwendigerweise, dass dies immer folgenreich sein muss. Einmal liegt es gemäß dem Prinzip der ‚höflichen Gleichgültigkeit' nahe, dass der Dritte sich zumindest so verhält, als würde er gar nichts gehört haben. Sie bleiben aber dennoch Passivhörer, die allerdings ihre Zeugenschaft ausnutzen können. Doch davon ist nicht grundlegend auszugehen. In der Regel ziehen die „bloßen Zaungäste" nicht unbedingt einen Nutzen daraus. Vielmehr verfolgen sie eine situative Ethik. Dazu gehört, dass eine Warnung erfolgt, wenn jemand ohne sein Wissen belauscht wird. Zudem besteht die Verpflichtung, „uns desinteressiert zu stellen und durch unser räumliches Abwenden und Zurückziehen unseren täglichen Zugang zum Gespräch zu beschränken" (Goffman 2005: 46).

Anwesende Dritte fungieren, wenn sie in Hörweite sind, als (unfreiwillige) Zuschauer oder -hörer. Was bei der Handykommunikation eines anderen ‚auf die Nerven' gehen kann, ist nicht zwingend zu generalisieren, hängt von der Situation aber auch vom persönlichen Empfinden ab. So wird manchmal etwas als störend empfunden, das man ein anderes Mal leicht hinnehmen kann. Die Reaktionen können dabei recht unterschiedlich sein, vom Kopfschütteln bis zu expliziten Hinweisen. So vermerkte etwa eine Teilnehmerin an einer Gruppendiskussion: *„ ... Also, wenn dann jemand unentwegt die ganze Zeit im Zug telefoniert, dann sag ich einfach mal laut: ‚Das interessiert mich jetzt überhaupt nicht!' Und dann sag ichs noch mal und dann wissen sie auch im Moment, dass ich sie meine. So, ‚Das interessiert mich überhaupt nicht.' sag ich dann einfach so und guck die an. Und dann merken die erstmal, dass ich ja (-) einfach alles mithöre. Oft ist es ja nur ein Einzelabteil, (-) wo (-) nur acht Leute, (-) acht Plätze und da redet und redet jemand. Und so habs ich auch schon, ja, (-) sag ich mal gekippt oder es ging jemand dann raus (-) auf den Flur. So, weil ich denke, ich möchte, nicht auch so viel von dem Privatleben der anderen wissen."*

Allerdings sind lautstarke Unmutsäußerungen von Dritten gegenüber den Telefonierenden eher die Ausnahme – es muss schon ein gewisser Schwellenwert überschritten werden, ab dem deutlich sanktionierende Maßnahmen erfolgen. Und schließlich kann das Aussprechen respektive Durchführen von Sanktionen Unannehmlichkeiten verursachen. Plötzlich lenkt nicht mehr der Telefonierende, der vormals aufgefallen ist, das Interesse auf sich, sondern die Person, die ihren Unmut geäußert hat. Sanktionierende Reaktionen werden zudem in als peinlich empfundenen Situationen zurückgehalten, sofern man die Situation entsprechend versteht und Peinlichkeit einer kurzfristigen Kontroll- und Kompetenzschwäche zuschreibt (das Handy klingelt, befindet sich in der Handtasche und kann erst nach einigem Herumkramen herausgefischt werden). Dabei ist es oft besser, zunächst so zu tun, als sei nichts geschehen und schnell wieder zur Tagesordnung zurückzukehren. In der Regel greift der Anrufer wie auch der Angerufene (sofern sich die Möglichkeit überhaupt ergibt) potentiellen Konflikten vor, indem ein Schutz vor mithörenden Dritten gesucht wird. Man kann im Strom der sozialen Aktivitäten ‚mitschwimmen', d.h. das Telefon während des Gehens benutzen und damit auch potentielle Zuhörer hinter sich lassen bzw. das Ausmaß des unfreiwilligen Zuhörens anderer auf eine zumutbar kurze Zeitspanne reduzieren. Oder es werden Kommunikationsnischen (gewissermaßen als virtuelle Telefonzellen) aufgesucht, indem man sich an einen ruhigen, weniger frequentierten Raum zurückzieht (vgl. auch Höflich 2004a). Dieser Aspekt ist bereits bei der Piazza-Studie (Kapitel 3) aufgetaucht. Allein schon das Raumverhalten ist ein besonderer Indikator für das Verhältnis von Telefonierenden zu anwesenden Dritten und verweist auf spezifische Beziehungen zwischen räumlichen Arrangements und dem Modus der Interaktion. Nicht selten wird die Grenzziehung zwischen dem Öffentlichen und Privaten durch den Blickkontakt angezeigt (vgl. Murtagh 2002: 85). Dazu gehört ein Abwenden des Blickes, verbunden mit einem Starren in den leeren Raum. Bezogen auf die Körperhaltung zeigt sich eine solche Trennung, indem man sich während des Telefonats von Anwesenden ab- und danach wieder dem Kommunikationsgeschehen des Hier und Jetzt zuwendet. Doch manchmal muss ein Freiraum geschaffen werden. Distanzregeln verlieren auch im Kontext der Nutzung des Mobiltelefons nicht ihre Gültigkeit. Und das Wahren einer Distanz schützt beide: den Anrufer wie auch den Angerufenen. Den einen vor einem Eindringling und einem ungewollten Mithören, den anderen vor einer Aufdringlichkeit und einer ‚Tyrannei der Intimität'. Dabei ergibt sich ein dynamisches Geschehen – Abstimmungen und Synchronisationen lassen einen Tanz entstehen. Dabei können allerdings auch andere Telefonierende als Dritte einbezogen werden. Ein von Miriam Meckel (2009: 183) angeführtes Beispiel mag dies veranschaulichen:

„An einem Abfluggate haben wir es regelmäßig mit mehreren Menschen zu tun, die mindestens bis zum Abruf des Boardings noch telefonieren. Beobachten wir, wie diese Menschen sich auf den oft engen Raum verteilen, dann sehen wir, dass die meisten eine geschützte Position wählen und sich mit dem Rücken zur Wand stellen. Wie auf ein geheimes Zeichen sortieren sich die Telefonierenden so, das jedem genug Platz bleibt und sie sich gelegentlich gegenseitig nicht stören dürften. Bewegt sich einer dieser Menschen an die anderen heran, weichen die fast automatisch aus oder zurück. Der Ausnahmefall ist der Telefonierende, der ohne Rücksicht auf körperliche Bedrängnis oder akustische Störung anderer mitten im Raum spricht und sich bewegt. Dadurch geraten alle anderen Beteiligten durcheinander, die Positionierungen im Raum stimmen nicht mehr. Sie werden unverhältnismäßig, und der laut Telefonierende wird zum Störfaktor (und deshalb auch schon einmal wütend angeguckt)."

Der verborgene Dritte

Schlussendlich bleiben die Lauscher oder gar Spitzel, die beobachten und mithören, ohne dass dies der Telefonierende mitbekommt. Nun sollte, wie gesagt, nicht zwingend davon ausgegangen werden, dass solche Zaungäste etwas ‚Böses' vorhaben. Peinliche Momente können allemal entstehen, etwa dann, wenn sich der Telefonierende unbeobachtet glaubte und im Nachhinein feststellt, dass er doch von anderen wahrgenommen wurde und Einblick in seine Hinterbühne gewährt hatte, indem er Privates, ohne dies zu wollen, ‚öffentlich' mitgeteilt hatte. Solche Fälle sind jedem bekannt: Man redet über jemand anderen und bemerkt gar nicht, dass er direkt hinter einem steht und alles gehört hat. Eine gewisse Kontrolle über die Vorderregion sollte also nicht aufgegeben werden. Bahnt sich eine Peinlichkeit an, so ist es oft die beste Strategie, wenn man so tut, als wäre der andere gar nicht da (vgl. auch Goffman 2003: 128). Dass man andere im Zuge eines Telefonats nicht wahrnimmt, obwohl sie eigentlich doch in Sichtweite und erkennbar wären, mag allerdings von Fall zu Fall auch daran liegen, dass man zu sehr in ein Telefonat vertieft war („abwesende Anwesenheit") und Momente der Umwelt aus den Augen verloren hat („inattentional blindness").

Ist das Telefonat beendet, müssen Wege gefunden werden, in das Hier und Jetzt der konkreten Umgebung zurückzukommen. „The interesting thing from the point of view of mobile telephony is that the closing sequence can also inform the copresent individuals that they must drop the façades they had assumed upon the initiation of the mobile telephone call and prepare themselves for further interaction with the telephonist" (Ling 2004: 139). Man zeigt den anderen an, dass man wieder verfügbar ist und das Engagement wieder der Präsenzsituation gilt. Für die Anwesenden bedeutet dies, dass Ego für sie ansprechbar ist. Zumal unter dem Vorzeichen des Ausstiegs aus dem virtuellen Konversationsraum und des Wiedereinstiegs in den realen Raum des unmittelbaren physischen Umfeldes wird nochmals unterstrichen, dass diese Räume eng zusammen liegen. Dass diese Räume fließend ineinander übergehen, ist ein zentrales Merkmal mobiler Kommunikation. Doch es geht nicht nur darum, dass sich die Kommunikationspartner an ihren jeweils unterschiedlichen Orten mit anderen arrangieren (und umgekehrt dies auch seitens der Anwesenden geschieht), sondern dass der eine wie der andere Partner die Situation des Gegenübers koorientierend in seinem Kommunikationskalkül zu berücksichtigen hat. Arrangements im Kontext mobiler Kommunikation sind also nicht nur zwischen Ego und Alter von Nöten, sondern auch zwischen Ego und Dritten, ja sogar zwischen Alter-Ego-Dritten. So verstandene Arrangements sind somit, mit anderen Worten, triadische Arrangements im Kontext einer triadisch angelegten (telefonisch) vermittelten interpersonalen Kommunikation.

Arrangements

Mobiles Telefonieren impliziert, dass sich (bei Ego wie bei Alter) zwei Rahmen unmittelbar tangieren (Höflich 2003a) – der private (wenn nicht sogar intime) Rahmen der Telefonkommunikation und der Rahmen einer öffentlichen Kommunikation. Rahmenüberschneidungen sind an sich nichts Neues, denn alltägliche Interaktionen bringen immer die, wie Goffman (1977: 35) anspricht, „unangenehme Tatsache" mit sich, „dass man in jedem Augenblick seiner Tätigkeit mehrere Rahmen anwendet." Dies setzt (mehr oder weniger) Interaktionsgeschick und besondere Arrangements voraus. Das ausgeprägte Spannungsfeld zwischen dem Privaten und Öffentlichen ergibt sich aus einer ausgeprägten „Interferenz zweier Regelsysteme" (Burkart 2000: 219), die aufgrund der bisherigen Lokation des Mediengebrauchs so bisher nicht zutage getreten ist. Nicht nur, dass anwesende Dritte als Störfaktoren von Kommunikation immer mitzudenken sind, sei es, dass sie durch lautes Reden die Kommunikation des Telefonierenden tangieren oder dass sie als Mithörer unerwünschte Einblicke in dessen Privates gewinnen. Da Situationen mit chronischer Störung kaum auf Dauer hinzunehmen sind, verlangen sie nach Arrangements (vgl. auch Ling 2002: 83). Zu solchen Routinen gehören besondere Regeln, die sich auf den Gebrauch des Mobiltelefons im öffentlichen Raum beziehen – eine m-Etikette oder eine mobile Etikette. „In this sense, we may talk about a social learning process about how to deal with permanent availability, and the increasingly inevitable intrusion of wireless communication, wich has an important random component because part of the interaction (for example, incoming calls) is unexpected" (Castells u.a. 2007: 94f.). Solche Arrangements sind Ausdruck einer Aneignung – einer Domestizierung im Sinne einer ‚Zähmung'. Und indem sich solche Arrangements etablieren, wird deutlich, dass das Medium in Alltagspraktiken eingebunden worden ist, die sich damit aber zugleich verändern. Solche Alltagspraktiken wiederum sind kontextualisierte Alltagspraktiken. Werden Medien im öffentlichen Raum verwendet, so fungiert dieser als ein solcher Kontext oder Metarahmen, in dem die Praktiken situiert sind und die Nutzung eines Mediums stattfindet. Aber auch hier gibt es das rekursive Moment: Der Kontext präformiert, wird aber zugleich verändert. „Praktiken sind fraglose Anwendungen von bereits bestehenden Möglichkeiten, sind wiederholte Aneignungen von bereits bestehenden Möglichkeiten, sind immer wieder erneuerte Realisierungen von bereits Vorhandenem. Aber zur gleichen Zeit sind Praktiken auch produktiv zu denken: als ein eingespieltes In-Gang-Setzen von Verändertem, als neuartige Fortsetzung von Eingelebtem, als andersartige Hervorbringung von Vertrautem. Praktiken sind immer beides: Wiederholung und Neuerschließung" (Hörning 2004: 33). In einem solchen Prozess wird ein Medium – ja, das gesamte Ensemble von Medien, die man verwendet – neu erfunden. Das gilt entsprechend für die Kommunikationen, die über dieses Medium ablaufen.

Mediatisierte interpersonale Kommunikation unter dem Vorzeichen des Mobiltelefons wurde als triadische Relation bestimmt. Weil die Kommunikation im öffentlichen Raum stattfindet, wird die Berücksichtigung des Dritten zu einer grundlegenden Angelegenheit. Eingedenk der medialen Entwicklungen darf eine solche Analyse indessen nicht bei einer mobilen interpersonalen Kommunikation stecken bleiben. Hier zeichnet sich ein Grundmodell ab, das auch weniger verquickte Formen medialer Kommunikation respektive Verwendungsweisen eines Mediums im öffentlichen Raum aufzunehmen in der Lage ist, wie etwa das Lesen, die Nutzung eines Walkmans/iPods oder die Fernsehnutzung im öffentlichen Raum. Zumal die Medienentwicklung unter dem Vorzeichen einer Medienkonvergenz, also hin zu Hybridmedien, führt und überdies die Mediennutzung immer mehr losgelöst von gewissen Orten – mobil – erfolgt, kann eine Analyse unter Berücksichtigung des Dritten und sich hierbei herausbildender Relationen durchaus fruchtbar sein. Wenn nun auch das Internet mobil wird, so bringt dies nicht zuletzt eine Verbindung von Datenspuren mit sich. So werden nicht nur die Informations- und Kommunikationswege nachgezeichnet, sondern zudem die Orte, an denen dies geschieht. Datenspuren werden damit ubiquitär. Dies setzt eine besondere Sensibilität der Nutzer und Nutzerinnen voraus, ein besonderes „Privatheitsempfinden." Und damit kommt (einmal mehr) eine besondere Spielart des Dritten zum Tragen: Der Dritte als Überwachungsinstanz. So ist der Dritte nicht nur ein nicht adressierter, nicht ratifizierter und unbekannter Dritter, sondern ebenso ein abwesender, anonymer und technisch repräsentierter Dritter in Gestalt von Überwachungskameras bis hin zu datenspeichernden Computern. Gerade in einem solchen Zusammenhang ist der ‚Dritte' (den man auch schon mal ‚Big Brother' nannte) integraler Bestandteil von mediatisierter Kommunikation. Damit ist insbesondere auch ein Privatheitsdiskurs betroffen. Denn Kommunikation unter dem Vorzeichen der Verwendung von Medien, ist immer kontextuelle Kommunikation. Sie verweist zugleich auf eine Hoheit der Nutzer und Nutzerinnen über ‚ihren' Kontext – und Privatheit wird zu einer Frage der kontextuellen Integrität (vgl. Nissenbaum 2010). Damit wird noch einmal unterstrichen, dass die Forschung in dieser Richtung gerade erst begonnen hat.

Literaturverzeichnis

Agar, Jon (2003): Constant Touch. A Global History of the Mobile Phone. Duxford: Icon Books.

Altheide, David L. (1995): An Ecology of Communication. Cultural Formats of Control. New York: Aldine De Gruyter.

Altman, Irwin (1975): The Environment and Social Behavior. Privacy, Personal Space, Territory, Growding. Monterey, CA: Brooks/Cole Puplishing Company.

Altman, Irwin/Chemers, Martin M. (1984): Culture and Environment. Montery, CA: Brooks/Cole Publishing Company.

Anderson, Elijah (1990): Streetwise. Race, Class, and Change in an Urban Community. Chicago, London: The University of Chicago Press.

Ang, Ian (1997): Radikaler Kontextualismus und Ethnographie in der Rezeptionsforschung. In: Hepp, Andreas/Winter, Rainer (Hrsg.): Kultur – Medien – Macht. Opladen: Westdeutscher Verlag, S. 83-102.

Arendt, Hanna (2007): Vita activa – oder Vom tätigen Leben. 6. Aufl., München: Piper.

Augoyard, Jean-Francois/Torgue, Henry (Eds.) (2009): Sonic Experience. A Guide to Everyday Sounds. Montreal u.a.: McGill-Queens University Press.

Bahrdt, Hans Paul (1969): Die moderne Großstadt. Soziologische Überlegungen zum Städtebau. Hamburg: Christian Wegener Verlag.

Balzac, Honoré (2002): Pathologie des Soziallebens. Leipzig: Reclam.

Barker, Roger G. (1968): Ecological Psychology. Concepts and Methods for Studying the Environment of Human Behavior. Stanford: Stanford University Press.

Baron, Naomi (2008): Adjusting the Volume. Technology and Multitasking in Discourse Control. In: Katz, James E. (Eds.): Mobile Communication Studies. Cambridge, London: MIT Press, S. 177-193.

Baron, Naomi S. (2008): Always On. Language in an Online and Mobile World. Oxford: Oxford University Press.

Baumann, Margret (2000): Eine kurze Geschichte des Telefonierens. In: Baumann, Margret/Gold, Helmut (Hrsg.): Mensch Telefon. Aspekte telefonischer Kommunikation. Heidelberg: Edition Braus, S. 11-55.

Bedorf, Thomas (2003): Dimensionen des Dritten. Sozialphilosophische Modelle zwischen Ethischem und Politischem. München: Wilhelm Fink.

Behme, Rolf et al. (1998): Telefonzelle: flüchtiger Ort der Worte. Dortmund: Schack.

Bell, Allan (1984): Language Style as Audience Design. In: Language in Society, 13, No. 2, S. 145-204.

Benjamin, Walter (2009): Das Passagen-Werk. Frankfurt: Suhrkamp.

Berendt, Joachim-Ernst (1992): Das Dritte Ohr. Vom Hören der Welt. Reinbek bei Hamburg: Rowohlt.

Berger, Peter A (1995): Anwesenheit und Abwesenheit. Raumbezüge sozialen Handelns. In: Berliner Jounal für Soziologie, Heft 1, S. 99-111.

Berger, Peter L./Luckmann, Thomas (1977): Die gesellschaftliche Konstruktion der Wirklichkeit. Eine Theorie der Wissenssoziologie. Frankfurt/Main: S. Fischer.

Birdwhistel, Ray L. (1970): Kinesics and Context. Essays on Body Motion Communication. Phildelphia: University of Philadelphia Press.

Blumer, Herbert (1981): Der methodologische Standort des symbolischen Interaktionismus. In: Arbeitsgruppe Bielefelder Soziologen (Hrsg.): Alltagswissen, Interaktion und gesellschaftliche Wirklichkeit 1+2. Opladen: Westdeutscher Verlag, S. 80-146.

Borne, van dem, Roswitha (1993): Der Clown. Geschichte einer Gestalt. Stuttgart: Urachhaus.

Bosshard, Andreas (2005): Hörstürze und Klangflüge. Akustische Gewalt in urbanen Räumen. In: Gees, Nicola/Scheiner, Florian/Schulz, Manuela K. (Hrsg.): Hörstürze. Akustik und Gewalt im 20. Jahrhundert. Würzburg: Königshausen und Neumann, S. 69-86.

Bourdieu, Pierre (1987): Die feinen Unterschiede. Kritik der gesellschaftlichen Urteilskraft. Frankfurt/M.: Suhrkamp.

Brown, Barry/Green, Nicola/Harper, Richard (Eds.) (2002): Wireless World. Social and Interactional Aspects of the Mobile Age. London: Springer.

Bull, Michael (2000): Sounding out The City. Personal Stereos and the Management of Everyday Life. Oxford, New York: Berg.

Bull, Michael (2004): Automobility and the Power of Sound. In: Theory, Culture and Society, 21, S. 243-259.

Bull, Michael (2007): Sound Moves. iPod Culture and Urban Experience. London, New York: Routledge.

Bundesamt für Bauwesen und Raumordnung (2007): Frauen – Männer – Räume. Berichte Band 26. Kurzfassung. Bonn.

Burkart, Günter (2000): Mobile Kommunikation. Zur Kulturbedeutung des „Handy". In: Soziale Welt, 51, S. 209-232.

Burkart, Günter (2007): Handymania. Wie das Mobiltelefon unser Leben verändert hat. Frankfurt, New York: Campus.

Burns, Peter u.a. (2006): How Dangerous is Driving with a Mobile Phone? Benchmarking the Impairment to Alcohol. In: Sturnquist, Daniel M. (Ed.): Mobile Phones and Driving. New York: Novinka Books. S. 29-64.

Caron, André H./Caronia, Letizia (2007): Moving Cultures. Mobile Communication in Everyday Life. Montreal, Kingston, London, Ithaca: McGrill-Queens University Press.

Cary, Mark S. (1978): Does Civil Inattention Exist in Pedestrian Passing? In: Journal of Personality and Social Psychology, 36, Nr. 11, S. 1185-1193.

Castells, Manuel u.a. (Hrsg.) (2007): Mobile Communication and Society. A Global Perspective. Cambridge, London: MIT Press.

Chabin, F. Stuart, Jr. (1974): Human Activity Patterns in the City. Things People Do in Time and Space. New York u.a.: John Williey & Sons.

Chabris, Christopher/Simons, Daniel (2010): The Invisible Gorilla. And Other Ways our Intuitions Deceive us. New York: Crown.

Charon, Joel M. (2001): Symbolic Interactionism. An Introduction, an Interpretation, an Integration. 7. Ed., Upper Saddle River, New Jersey: Prentice Hall.

Clark, Lynn Schofield (2009): Theories: Mediatization and Media Ecology. In: Lundby, Knut (Eds.): Mediatization. Concept, Changes, Consequences. New York u.a.: Peter Lang, S. 85-100.

Clifasefi, Seema/Takarangi, Melani K.T./Bergmann, Jonah S. (2006): Blind Drunk: The Effect of Alcohol on Inattentional Blindness. In: Applied Cognitive Psychology, 20, S. 697-704.

Collier, Jr., John/Collier, Malcolm (1986): Visual Anthropology. Photography as a Research Method. Albuquerque: University of Mexico Press.

Coyne, Richard (2010): The Tuning of Place. Sociable Spaces and Pervasive Digital Media. Cambridge, London: MIT Press.

Cresswell, Tim (2004): Place. A Short Introduction. Malden: Blackswell.

Crystal, David (2009): Txtng. The gr8 db8. Oxford: Oxford University Press.

Damerath, Loren/Levinger, David (2003): The Social Qualities of Beeing on Foot: A Theoretical Analysis of Pedestrian Activity, Community, and Culture. In: City & Community, 2, S. 217-237.

Dance, Frank E. X. (1967): Human Communication Theory: Original Essays. New York: Holt.

Davison, W. Phillips (1983): The Third-Person Effect in Communication. In: Public Opinion Quarterly, 47, S. 1-15.

DeCerteau, Michel (1988): Kunst des Handelns. Berlin: Merve Verlag.

Der Spiegel (2010): Ende der Privatheit. DER SPIEGEL, 2/2010, S. 58-69.

Doise, Willem (1993): Debating Social Representations. In: Breakwell, Clynis/Canter, David V. (Eds.): Empirical Approaches to Social Representations. Oxford: Clasendon Press, S. 157-170.

Donner, Jonathan (2007): The Rules of Beeping: Exchanging Messages Via Intentional "Missed Calls" on Mobile Phones. In: Journal of Computer-Mediated Communication, 13, (1).
　　http://jcmc.indiana.edu/vol13/issue1/donner.html
Donovan, Kevin/Donner, Jonathan. (2010): A Note on the Availability (and importance) of Pre-Paid mobile Data in Africa. In: Svensson Jakob/Wicander, Gudrun (Eds.): 2nd International Conference on Mobile Communication Technology for Development (M4D2010). Karlstad, Sweden: Karlstad University, S. 263-267.
　　www.jonathandonner.com/prepaydata_M4D.pdf.
Döring, Nicola (2005a): Pädagogische Aspekte der Mobilkommunikation. In: Höflich, Joachim R./Gebhardt, Julian (Hrsg.): Mobile Kommunikation. Perspektiven und Forschungsfelder. Frankfurt/Main: Peter Lang, S. 89-99.
Döring, Nicola (2005b): Psychologische Aspekte der Mobilkommunikation. In: Höflich, Joachim R./Gebhardt, Julian (Hrsg.): Mobile Kommunikation. Perspektiven und Forschungsfelder. Frankfurt/Main: Peter Lang, S. 61-88, 89-99.
Dreitzel, Hans Peter (1983): Peinliche Situationen. In: Baethge, Martin/Eßbach, Wolfgang (Hrsg.): Soziologie: Entdeckungen im Alltäglichen. Hans Paul Bahrdt Festschrift zu seinem 65. Geburtstag. Frankfurt, New York: Campus, S. 148-173.
Duck, Steve (2007): Human Relationships. 4. Aufl., Los Angeles u.a.: Sage.
Duke, Marshall P./Nowicki, Stephen (1972): A New Measure and Social Learning Model for Interpersonal Distance. In: Journal of Experimental Research in Personality, 6, S. 119-132.
Duveen, Gerard (2001): Introduction: The Power of Ideas. In: Moscovici, Serge: Social Representations. Explorations in Social Psychology. Washington Square, New York: New York University Press, S. 1-17.

Eco, Umberto (2000): Wie man das Mobiltelefon lieber nicht benutzt. In. Bräunlein, Jürgen/Flessner, Bernd (Hrsg.): Der sprechende Knochen. Perspektiven von Telefonkulturen. Würzburg: Königshausen & Neumann, S. 83-84.
Economist (2009): The Apparatgeist calls. Dec. 30th.
　　http://www.economist.com/displayStory.cfm?story_id=15172850&source=features_box_main.
Eibl-Eibesfeldt, Irenäus (1999): Grundriß der vergleichenden Verhaltensforschung. 8. überarbeitete Auflage. München, Zürich: Piper.

Ellwood-Clayton, Bella (2006): Unfaithful: Reflection of Enchantment, Disenchantment ... and the Mobile Phone. In: Höflich, Joachim R./Hartmann, Maren (Eds.): Mobile Communication in Everyday Life. Ethnographic Views, Observations and Reflections. Berlin: Frank & Timme, S. 123-144.
Emberson, Lauren L./Gary Lupyan, Gary/Goldstein, Michael H./Spivey, Michael J. (2010): Overheard Cell-Phone Conversations. When Less Speech Is More Distracting. In: Psychological Science, 21 (10), S. 1383-1388.
Ethik Kodex der Deutschen Gesellschaft für Soziologie (DGS) und des Berufsverbandes Deutscher Soziologen (BDS).
http://www.soziologie.de/index.php?id=19

Feldhaus, Michael (2004): Mobile Kommunikation im Familiensystem. Zu den Chancen und Risiken mobiler Kommunikation für das familiale Zusammenleben. Würzburg: Ergon.
Feyerabend, Paul (1986): Wider den Methodenzwang. Frankfurt/Main: Suhrkamp.
Fielding, Guy/Hartley, Peter (1989): Das Telefon: ein vernachlässigtes Medium. In: Becker, Jörg (Hrsg.): Telefonieren. Marburg: Jonas Verlag (Hessische Blätter für Volks- und Kulturforschung), S. 125-138.
Fischer, Joachim (2000): Der Dritte. Zur Anthropologie der Intersubjektivität. In: Eßbach, Wolfgang (Hrsg.): wir/ihr/sie. Identität und Alterität in Theorie und Methode. Identitäten und Alteritäten, Band 2, Würzburg: Ergon Verlag, S. 203-136.
Fischer, Joachim (2006): Das Medium ist der Bote. Zur Soziologie der Massenmedien aus der Perspektive einer Sozialtheorie des Dritten. In: Zimmermann, Andreas (Hrsg.): Medien der Gesellschaft – Gesellschaft der Medien. Konstanz: UVK Verlag, S. 21-41.
Fischer, Joachim (2008): Tertiarität. Die Sozialtheorie der "Dritten" als Grundlegung der Kultur- und Sozialwissenschaften. In: Raab, Jürgen u.a. (Hrsg.): Phänomenologie und Soziologie. Theoretische Positionen, aktuelle Problemfelder und empirische Umsetzung. Wiesbaden: VS Verlag, S. 121-130.
Flick, Uwe (1996): Psychologie des technischen Alltags. Soziale Konstruktion und Repräsentation technischen Wandels in verschiedenen kulturellen Kontexten. Opladen: Westdeutscher Verlag.
Flick, Uwe (2002): Qualitative Sozialforschung. Eine Einführung. Reinbek bei Hamburg: Rowohlt.
Fluser, Vilém (1994): Gesten. Versuche einer Phänomenologie. Frankfurt/Main: Fischer.

Fortunati, Leopoldina/Manganelli, Anna M. (1998): La comunicazione tecnologica: Comportamenti, opinioni ed emozioni degli Europei. In: Fortunati, Leopoldina (Hrsg.): Telecomunicando in Europa. Milano: Angeli, S. 125-188.

Fortunati, Leopoldina (1998): The Ambiguous Image of the Mobile Phone. In: Haddon, Leslie (Hrsg.): Communications on the Move: The Experience of Mobile Telephony in the 1990s. Stockholm: Telia, S. 121-138.

Fortunati, Leopoldina/Contarello, Alberta (2002): Social Representation of the Mobile: An Italian Study. In: The Social and Cultural Impact/Meaning of Mobile Communication. Chunchon Conference on Mobile Communication, July 13-14, S. 87-99.

Fortunati, Leopoldina (2002): Italy: Sterotypes, True and False. In: Katz, James E./Aakhus, Mark (Eds.): Perpetual Contact. Mobile Communication, Private Talk, Public Performance. Cambridge: Cambridge University Press, S. 19-29.

Fortunati, Leopoldina/Katz, James E./Ricci, Raimonda (Eds.) (2003): Mediating the Human Body. Technology, Communication and Fashion. Mahwa, New Jersey: Lawrence Erlbaum.

Fortunati, Leopoldina (2005): Der menschliche Körper, Mode und Mobiltelefone. In: Höflich, Joachim R./Gebhardt, Julian (Hrsg.): Mobile Kommunikation. Perspektiven und Forschungsfelder. Frankfurt/Main: Peter Lang, S. 223-248.

Fortunati, Leopoldina/Cianchi, Amalia (2006): Fashion and Technology in the Presentation of Self. In: Höflich, Joachim R./Hartmann, Maren (Eds.): Mobile Communication in Everyday Life. Ethnographic Views, Observations and Reflections. Berlin: Frank & Timme, S. 203-226.

Fortunati, Leopoldina (2009): Gender and the Mobile Phone. In: Goggin, Gerard/Hjorth, Larissa (Eds.): Mobile Technologies: From Telecommunications to Media. London, New York: Routledge, S. 23-34.

Freund, Julien (1976): Der Dritte in Simmels Soziologie. In: Böhringer, Hannes/Gründer, Karlfried (Hrsg.): Ästhetik und Soziologie um die Jahrhundertwende: Georg Simmel. Frankfurt/Main: Vittorio Klostermann, S. 90-104.

Gajevic, Mira/Schmid, Thomas (2009): „Das Schwierigste ist der Lärm, die Geräusche der Nacht, der Stadt". In: Basler Zeitung, 11.5.2009. http://bazonline.ch/ausland/amerika/Das-Schwierigste-ist-der-Laerm-die-Geraeusche-der-Nacht-der-Stadt/story/28049625

Galli, Max/Imorte, Joseph (2002): Plätze des Lebens. La Piazza Italiana. Köln: DuMont.

Garbrecht, Dietrich (1981): Gehen. Plädoyer für das Leben in der Stadt. Weinheim, Basel: Beltz Verlag.

Garfinkel, Harold (1967): Studies in Ethnomethodology. Cambridge: Polity.

Garfinkel, Harold (1990): Conception of, and Experiments with, "Trust" as a Condition of Stable Concerted Actions. In: Coulter, Jeff (Hrsg.): Ethnomethodological Sociology. Aldershot: Elgar Reference Collection.

Gay, du Paul u.a. (2003): Doing Cultural Studies. The Story of the Sony Walkman. Reprint (first published 1997). London, Thousand Oaks, New Delhi: Sage.

Gebhardt, Julian/Höflich, Joachim R./Rössler, Patrick (2008): Breaking the Silence? The Use of the Mobile Phone in an University Library. In: Hartmann, Maren/Rössler, Patrick/Höflich, Joachim R. (Eds.): After the Mobile Phone? Social Changes and the Development of Mobile Communication. Berlin: Frank & Timme, S. 203-218.

Gehrau, Volker (2002): Die Beobachtung in der Kommunikationswissenschaft. Konstanz: UVK.

Gergen, Kenneth J. (2002): The Challenge of Absent Presence. In: Katz, James E./Aakhus, Mark A. (Eds.): Perpetual Contact. Mobile Communication, Private Talk, Public Performance. Cambridge: Cambridge University Press, S. 227-241.

Geser, Hans (2004): Towards a Sociological Theory of the Mobile Phone. Release 3.0. University of Zurich, URL: http://socio.ch/mobile/t_geser1.htm

Geser, Hans (2005): Soziologische Aspekte mobiler Kommunikation. Über den Niedergang orts- und raumbezogener Sozialstrukturen. In: Höflich, Joachim R./Gebhardt, Julian (Hrsg.): Mobile Kommunikation. Perspektiven und Forschungsfelder. Frankfurt/Main: Peter Lang, S. 43-59.

Geuss, Raymond (2002): Privatheit. Eine Genealogie. Frankfurt/Main: Suhrkamp.

Glaser, Barney G./Strauss, Anselm L. (1967): The Discovery of Grounded Theory: Strategies for Qualitative Research. New Brunswick, London: Aldine Transaction.

Godard, Danielle (1977): Same Setting, different Norms: Phone Call Beginnings in France and the United States, Language and Society, 6, S. 209-219.

Goffman, Erving (1971): Frame Analysis. An Essay on the Organisation of Experience. New York: Harper & Row.

Goffman, Erving (1974): Das Individuum im öffentlichen Austausch. Mikrostudien zur öffentlichen Ordnung. Frankfurt/Main: Suhrkamp.

Goffman, Erving (1977): Rahmen-Analyse. Ein Versuch über die Organisation von Alltagserfahrungen. Frankfurt/Main: Suhrkamp.

Goffman, Erving (1978): Interaktionsrituale. Über Verhalten in direkter Kommunikation. Frankfurt/Main: Suhrkamp.

Goffman, Erving (1994): Interaktion und Geschlecht. Frankfurt/Main, New York: Campus Verlag.

Goffman, Erving (2003): Wir alle spielen Theater. Die Selbstdarstellung im Alltag. München, Zürich: Piper.
Goffman, Erving (2005): Rede-Weisen. Formen der Kommunikation in sozialen Situationen. Konstanz: UVK.
Goffman, Erving (2009): Interaktion im öffentlichen Raum. Frankfurt, New York: Campus Verlag.
Goggin, Gerard (2006): Cell Phone Culture. Mobile Technology in Everyday Life. London, New York: Routledge.
Goggin, Gerard (2008): Cultural Studies of Mobile Communication. In: Katz, James E. (Ed.): Handbook of Mobile Communication Studies. Cambridge, London: MIT Press, S. 353-366.
Gold, Helmut (2000): „Hän die koi Schnur?" Die Entwicklung der Mobiltelefonie in Deutschland. In: Baumann, Margret/Gold, Helmut (Hrsg.): Mensch Telefon. Aspekte telefonischer Kommunikation. Heidelberg: Edition Braus, S. 77-91.
Goldner, Alwin W. (1974): Die westliche Soziologie in der Krise. Bd. 2. Reinbek bei Hamburg: Rowohlt.
Gransow, Volker (1995): Der autistische Walkman. Elektronik, Öffentlichkeit und Privatheit. Berlin: Verlag Die Arbeitswelt.
Green, Nicola/Haddon, Leslie (2009): Mobile Communications. An Introduction to New Media. Oxford, New York: Berg.
Grümer, Karl-Wilhelm (1974): Beobachtung. Stuttgart: Teubner.
Gulianotti, Richard (1999): Football. A Sociology of the Global Game. Cambridge: Polity Press.
Gumpert, Gary (1989): The Psychology of the Telephone – Revisited. In: Forschungsgruppe Telefonkommunikation (Hrsg.): Telefon und Gesellschaft, Bd. 1: Beiträge zu einer Soziologie der Telefonkommunikation. Berlin: Spiess, S. 239-254.

Haddon, Leslie (Ed.) (1997): Communications on the Move: The Experience of Mobile Telephony in the 1990s, COST248 Report, Farsta: Telia AB.
Haddon, Leslie (2004): Information and Communication Technologies in Everyday Life. A Concise Introduction and Research Guide. Oxford: Berg.
Haddon, Leslie/Vincent, Jane (2005): Making the Most of the Communication Repertoire. Choosing between the Mobile and Fixed-Line. In: Nyíri, Kristóf (Ed.): A Sense of Place. The Global and the Local in Mobile Communication. Wien: Passagen Verlag, S. 231-239.
Haines, Richard F. (1989): A Breakdown in Simultaneous Information Processing. In: Obrecht, Gérard/Stark, Lawrence (Eds.): Pesbyopia Research: From Molekular Biology to Visual Adaption. New York: Plenum Press, S. 171-176.

Hall, Edward T. (1969): The Hidden Dimension. Garden City, New York: Anchor Books.
Hall, Edward T. (1976): Beyond Culture. New York u.a.: Doubleday.
Hall, Edward T. (1984): The Dance of Life. The other Dimension of Time. New York: Anchor Books.
Hall, Stuart (1997): The Work of Representation. In: Hall, Stuart (Ed.): Representation. Cultural Representations and Signifying Practices. London: Sage, S. 13-64.
Hall, Tom/Lashua, Brett/Coffey, Amanda (2008): Sound and the Everyday in Qualitative Research. In: Qualitative Inquiry, 14, S. 1019-1040.
Harper, Douglas (2004): Fotografien als sozialwissenschaftliche Daten. In: Flick, Uwe/von Kardorff, Ernst/Steinke, Ines (Hrsg.): Qualitative Sozialforschung. Ein Handbuch. Reinbek bei Hamburg: Rowohlt, S. 402-416.
Harper, Richard H. R. (2010): Texture. Human Expression in the Age of Communications Overload. Cambridge, London: MIT Press.
Hartmann, Maren/Rössler, Patrick/Höflich, Joachim (Eds.) (2008): After the Mobile Phone? Social Changes and the Development of Mobile Communication. Berlin: Frank & Timme.
Hasebrink, Uwe/Popp, Jutta (2006): Media Repertoires as a Result of Selective Media Use. A Conceptual Approach to the Analysis of Pattern of Exposure. In: Communications, 31, S. 369-387.
Have, Paul ten (2004): Understanding Qualitative Research and Ethnomethodology. London, Thousand Oaks, New Delhi: Sage.
Heiden, Gregor von der (2003): Wer zu spät kommt, den bestraft der Wartende. Zur Funktion des Wartens in zwischenmenschlicher Verständigung. Aachen: Schaker.
Hellpach, Willy (1952): Mensch und Volk in der Großstadt. 2. Aufl., Stuttgart: Enke Verlag.
Henley, Susan (1988): Körperstrategien. Geschlecht, Macht und nonverbale Kommunikation. Frankfurt: Fischer.
Hepp, Andreas/Vogelgesang, Waldemar (2003): Ansätze einer Theorie populärer Events. In: Hepp, Andreas/Vogelsang, Waldemar (Hrsg.): Populäre Events. Medienevents, Spielevents, Spaßevents. Opladen: Leske und Budrich, S. 9-36.
Hessinger, Phillip (2010): Das Gegenüber des Selbst und der hinzukommende Dritte in der soziologischen Theorie. In: Eßlinger, Eva/Schlechtriemen, Tobias/Schweitzer, Doris (Hrsg.): Die Figur des Dritten. Ein kulturwissenschaftliches Paradigma. Frankfurt/M.: Suhrkamp, S. 65-79.
Hirschauer, Stefan (2005): On Doing Being a Stanger: The Practical Constitution of Civil Inattention. In: Journal for the Theory of Social Behavior, 35, S. 41-66.

Hirschauer, Stefan (1999): Die Praxis der Fremdheit und die Minimierung von Anwesenheit. Eine Fahrstuhlfahrt. In: Soziale Welt, 50, S. 221-245.

Hockings, Paul (2003) (Ed.): Principles of Visual Anthroplogy. 3rd. Ed., Berlin, New York: Mouton de Gruyter.

Höflich, Joachim R. (1989): Telefon und interpersonale Kommunikation – Vermittelte Kommunikation aus einer regelorientierten Perspektive. In: Arbeitsgruppe Telefonkommunikation (Hrsg.): Telefon und Gesellschaft. Beiträge zu einer Soziologie der Telefonkommunikation. Berlin: Spiess, S. 197-220.

Höflich, Joachim R. (1996): Technisch vermittelte interpersonale Kommunikation. Grundlagen, ogranisatorische Medienverwendung, Konstitution „elektronischer Gemeinschaften". Opladen: Westdeutscher Verlag.

Höflich, Joachim R. (1998): Telefon: Medienwege – Von der einseitigen Kommunikation zu mediaisierten und medial konstruieren Beziehungen. In: Faßler, Manfred/Halach, Wulf (Hrsg.): Geschichte der Medien. München: Wilhelm Fink Verlag, S. 187-225.

Höflich, Joachim R. (2001): Das Handy als „persönliches Medium". Die Aneignung des Short Message Service (SMS) durch Jugendliche. In: kommunikation@gesellschaft. Elektronische Publikation, URL: http://www.kommunikation-gesellschaft.de.

Höflich, Joachim R./Rössler, Patrick (2001): Mobile schriftliche Kommunikation – oder: E-Mail für das Handy. Die Bedeutung elektronischer Kurznachrichten (Short Message Service) am Beispiel jugendlicher Handynutzer. In: Medien & Kommunikationswissenschaft, 49, S. 437-461.

Höflich, Joachim R. (2003a): Part of two Frames. Mobile Communication and the Situational Arrangement of Communicative Behavior. In: Nyiri, Kristóf (Ed.): Mobile Democracy. Essays on Society, Self and Politics. Wien: Passagen Verlag, S. 33-51.

Höflich, Joachim R. (2003b): Vermittlungskulturen im Wandel: Brief – E-Mail – SMS. In: Höflich, Joachim R./Gebhardt, Julian (Hrsg.): Vermittlungskulturen im Wandel. Brief – E-Mail – SMS. Frankfurt/Main: Peter Lang, S. 39-61.

Höflich, Joachim R. (2004a): A Certain Sense of Place: Mobile Communication and Local Orientation. In: The Gobal and the Local in Mobile Communication. Places, Images, People, Connections. Papers for the Conference in Budapest, June, S. 29-38. Online verfügbar unter: http://www.fil.hu/mobil/2004/Hoeflich_webversion.doc. Danach erschienen in: Nyíri, Kristóf (Ed.) (2005): A Sense of Place. The Global and the Local in Mobile Communication. Wien: Passagen Verlag, S. 159-168.

Höflich, Joachim R. (2004b): Kommunikation im Cyberpace und der Wandel von Vermittlungskulturen: Zur Veränderung sozialer Arrangements mediatisierter Alltagskommunikation. In: Thiedeke, Udo (Hrsg.): Soziologie des Cybperspace. Medien, Strukturen und Semantiken. Wiesbaden: VS Verlag, S. 144-169.

Höflich, Joachim R./Gebhardt, Julian (Hrsg.) (2005): Mobile Kommunikation. Perspektiven und Forschungsfelder. Frankfurt/Main u.a.: Peter Lang.

Höflich, Joachim R. (2005a): Nähe und Distanz. Mobile Kommunikation und das situative Arrangement des Kommunikationsverhaltens. In: Grimm, Petra/Carpurro, Rafael (Hrsg.): Tugenden der Medienkultur. Stuttgart: Franz Steiner Verlag.

Höflich, Joachim R. (2005b): A Certain Sense of Place. Mobile Communication and Local Orientation. In: Kristóf Nyiri (Ed.): A Sense of Place. The Global and the Local in Mobile Communiation. Wien: Passagen Verlag, S. 159-178.

Höflich, Joachim R. (2005c): The Mobile Phone and the Dynamic between Private and Public Communication: Results of an International Exploratory Study. In: Glotz, Peter/Bertschi, Stefan/Locke, Chris (Hrsg.): Thumb Culture. The Meaning of Mobile Phones for Society. Bielefeld: transcript.

Höflich, Joachim R. (2005d): An mehreren Orten zugleich: Mobile Kommunikaton und soziale Arrangements. In: Höflich, Joachim R./Gebhardt, Juilan (Hrsg.): Mobile Kommunikation. Perspektiven und Forschungsfelder. Frfankfurt/Main: Peter Lang, S. 19-41.

Höflich, Joachim R. (2006): Places of Life – Places of Communication. In: Höflich, Joachim R./Hartmann, Maren (Eds.): Mobile Communication in Everyday Life: Ethnographic views, Observations and Reflections. Berlin: Frank&Timme, S. 19-51.

Höflich, Joachim R./Hartmann, Maren (2006): Introduction. In: Höflich, Joachim R./Hartmann, Maren (Eds.): Mobile Communication in Everyday Life: Ethnographic View, Observations and Reflections. Berlin: Frank & Timme, S. 11-17.

Höflich, Joachim R. (2007): Zur Kommunikationskultur Jugendlicher – Handy und SMS. In: Rosenstock, Roland/Schubert, Christiane/Beck, Klaus (Hrsg.): Medien im Lebenslauf. Demographischer Wandel und Mediennutzung. München: Kopaed, S. 139-161.

Höflich, Joachim R./Rössler, Patrick/Gebhardt, Julian (2007): Das Handy als Störfaktor in der Universitätsbibliothek Erfurt. Unpublished Research Report, University of Erfurt.

Höflich, Joachim R. (2010): Living in a Mediated World. Communication Technologies and the Change of a Media Ecology. In: „You will Shape the Digital Society with Your Knowledge – Make it happen!" Conference on Communications- A Common Playground for Social and Telecommunication Scientists. May 16th -28th, TH Wildau. Berlin: News & Media, S. 21-37.

Höflich, Joachim R. u.a. (Eds.) (2010): Mobile Media and the Change of Everyday Life. Frankfurt/Main u.a.: Peter Lang.

Höflich, Joachim R./Kircher, Georg (2010): Moving and Lingering: The Mobile Phone in Public Space. In: Höflich, Joachim R. u.a. (Eds.): Mobile Communcation and the Change of Everyday Life. Berlin: Peter Lang, S. 61-95.

Höflich, Joachim R./Linke, Christine (2011): Mobile Communication in Intimate Relationships: Relationship Development and the Multiple Dialectics of Couple's Media Usage and Communication: In: Ling, Rich/Campbell, Scott W. (Eds.): The Mobile Communication Research Series, Volume II, Mobile Communication: Bringing Us Together or Tearing Us Apart? Piscataway, NJ: Transaction Books (im Druck).

Hopf, Christel (1979): Soziologie und qualitative Sozialforschung. In: Hopf, Christel/Weingarten, Elmar (Hrsg.): Qualitative Sozialforschung. Stuttgart: Klett-Cotta, S. 11-37.

Hopf, Christel (2004): Forschungsethik und qualitative Forschung In: Flick, Uwe/von Kardorff, Ernst/Steinke, Ines (Hrsg.): Qualitative Sozialforschung. Ein Handbuch. Reinbek bei Hamburg: Rowohlt, S. 589 -600.

Hörning, Karl H. (2004): Soziale Praxis zwischen Beharrung und Neuschöpfung. Ein Erkenntnis- und Theorieproblem. In: Hörning, Karl H./Reuter, Julia (Hrsg.): Doing Culture. Neue Positionen zum Verhältnis von Kultur und sozialer Praxis. Bielefeld: transkript, S. 19-39.

Hörning, Karl H./Reuter, Julia (2004): Doing Culture: Kultur als Praxis. In: Hörning, Karl H./Reuter, Julia (Hrsg.): Doing Culture. Neue Positionen zum Verhältnis von Kultur und sozialer Praxis. Bielefeld: transkript, S. 9-16.

Horst, Heather A./Miller, Daniel (2006): The Cell Phone. An Anthropology of Communication. Oxford, New York: Berg.

Huff, Markus (2008): Change Detection/Change Blindness. In: Krämer, Nicole u.a. (Hrsg.): Medienpsychologie. Schlüsselbegriffe und Konzepte. Stuttgart: Kohlhammer, S. 75-79.

Hulme, Michael/Truch, Anna (2006): Die Rolle des Zwischen-Raums bei der Bewahrung der persönlichen und sozialen Identität. In: Glotz, Peter/Bertschi, Stefan/Locke, Chris (Hrsg.): Daumenkultur. Das Mobiltelefon in der Gesellschaft. Bielefeld: transkript, S. 159-170.

Humphreys, Lee (2005): Cellphones in Public: Social Interaction in a Wireless Era. In: New Media & Society, 7, S. 810-833.

Humphrey, Lee (2006): Fotos and Fieldwork: Capturing Norms for Mobile Phone Use in the US. In: Höflich, Joachim R./Hartmann, Maren (Eds.): Mobile Communication in Everyday Life: Ethnographic View, Observations and Reflections. Berlin: Frank & Timme, S. 55-102.

Hyman, Ira E. u.a. (2010): Did you See the Unicycling Clown? Inattentional Blindness while Walking and Talking on a Cell Phone. In: Applied Cognitive Psychology, 24, S. 597-607.

Ingold, Tim (2004): Culture on the Ground. The World Perceived Through the Feet. In: Journal of Material Culture, 9, S. 315-340.

Ito, Mizuko (2005): Mobile Phones, Japanese Youth, and the Re-placement of Social Contact. In: Ling, Rich/Pedersen, Per E. (Eds.): Mobile Communications. Re-negotiation of the Social Sphere. London: Springer, S. 131-148.

Ito, Mizuko/Okabe, Daisuke/Matsuda, Misa (Eds.) (2005): Personal, Portable, Pedestrian. Mobile Phones in Japanese Life. Cambridge, London: MIT Press.

Jahoda, Marie/Larzarsfeld, Paul F./Zeisel Hans (1975): Die Arbeitslosen von Marienthal. Ein soziographischer Versuch. Frankfurt/Main: Suhrkamp.

Janesick, Valerie J. (2003): The Choreography of Qualitative Research Design. Minuets, Improvisations, and Crystallization. In: Denzin, Norman K./Lincoln, Yvonna S. (Eds.): Strategies in Qualitative Inquiry. Thousand Oaks, London, New Dehli: Sage, S. 46-79.

Jensen, Robert (2007): The Digital Provide: Information (Technology), Market Performance and Welfare in the South India Fishing Sector. In: The Quarterly Journal of Economics 122, S. 879-924.

Joas, Hans/Knöbl, W. (2004): Sozialtheorie. Zwanzig einführende Vorlesungen. Frankfurt/Main: Suhrkamp.

Johnson, Kirk (2000): Television and Social Change in Rural India. New Delhi, Thousand Oaks, London: Sage.

Jones, Edward E./Nisbett, Richard E. (1971): The Actor and the Observer: Divergent Perceptions of the Causes of Behavior. In: Jones, Edward u.a. (Eds.): Attribution: Receiving the Causes of Behavior. Morristown: General Learning Press, S. 79-94.

Jovchelovitch, Sandra (2007): Knowledge in Context. Representations, Community and Culture. London, New York: Routledge.

Kaminski, Gerhard (1995): Behavior-Setting-Analyse. In: Kruse, Lenelis/ Graumann, Carl-Friedrich/Lantermann, Ernst-Dieter (Hrsg.): Ökologische Psychologie. Ein Handbuch in Schlüsselbegriffen. Weinheim: Beltz, S. 154-159.

Karrer, Marva (1995): Die Piazza. Frauen und Männer in einem süditalienischen Dorf. Frankfurt, New York: Campus.
Kasesniemi, Eija-Liisa (2003): Mobile Messages. Young People and a New Communication Culture. Tampere: Tampere University Press.
Kasesniemi, Eija-Liisa/Rautiainen, Pirjo (2003): Das Leben in 160 Zeichen: Zur SMS-Kultur finnischer Jugendlicher. In: Höflich, Joachim R./Gebhardt, Julian (Hrsg.): Vermittlungskulturen im Wandel. Brief – E-Mail – SMS. Berlin: Peter Lang, S. 291-311.
Katz, James (2006): Magic in the Air. Mobile Communication and the Transformation of Social Life. New Brunswick, London: Transaction Publishers.
Katz, James E. (Ed.) (2008): Handbook of Mobile Communication Studies. Cambridge, London: MIT Press.
Katz, James E./Aakhus, Mark (2002): Conclusion: Making Meaning of Mobiles – A Theory of Apparatgeist. In: Katz, James E./Aakhus, Mark (Eds.): Perpetual Contact. Mobile Communication, Private Talk, Public Performance. Cambridge: Cambridge University Press, S. 301-318.
Katz, James E./Aakhus, Mark (Eds.) (2002): Perpetual Contact. Mobile Communication, Private Talk, Public Performance. Cambridge: Cambridge University Press.
Kemp, Klaus (1998): Haste ma' 20 Pfennig? Die Telefonzelle – ein verschwindender Ort. In: Behme, Rolf et al.: Telefonzelle: flüchtiger Ort der Worte. Dortmund: Schack, S. 5-9.
Kepley, James (1994): Clownology. The Study of the Art, History and Christian Philosophy of Clowns. Lima: Fairway Press.
Kim, Shin Dong (2002): Korea: Personal Meanings. In: Katz, James E./Aakhus, Mark (Eds.): Perpetual Contact. Mobile Communication, Private Talk, Public Performance. Cambridge: Cambridge University Press, S. 63-79.
Kleining, Gerhard (1986): 'Das qualitative Experiment. In: Kölner Zeitschrift für Soziologie und Sozialpsychologie, 38, S. 724-750.
Kleining, Gerhard (1991): Das qualitative Experiment. In: Flick, Uwe u.a. (Hrsg.): Handbuch Qualitative Sozialforschung. Grundlagen, Konzepte, Methoden und Anwendungen. München: Psychologie Verlags Union, S. 261-266.
Kleining, Gerhard (1999): Vorschlag zur Neubestimmung: Dialogische Introspektion. In: Journal für Psychologie, 7, S. 17-19.
Knoblauch, Hubert (2001): Fokussierte Ethnographie. In: sozialersinn, 1, S. 123-141.
Koch, Marion (1995): Salomes Schleier. Eine andere Kulturgeschichte des Tanzes. Berlin: Europäische Verlagsanstalt.
Kopomaa, Timo (2000): The City in Your Pocket. Birth of the Mobile Information Society. Helsinki: Gaudeamus.

Korosec-Serfaty, Perla (1996): Öffentliche Plätze und Freiräume. In: Kruse, Lenelis/Graumann, Carl-Friedrich/Lantermann, Ernst-Dieter (Hrsg.): Ökologische Psychologie. Ein Handbuch in Schlüsselbegriffen. Studienausgabe, Weinheim: Beltz, S. 1530-1540.
Koskinen, Ilpo K. (2007): Mobile Communication in Action. New Brunswick, London: Transcation Publishers.
Krotz, Friedrich (1999): Forschungs- und Anwendungsfelder der Selbstbeobachtung. In: Journal für Psychologie, 7, S. 9-11.
Krotz, Friedrich (2001): Die Mediatisierung kommunikativen Handelns. Der Wandel von Alltag und sozialen Beziehungen, Kultur und Gesellschaft durch die Medien. Wiesbaden: Westdeutscher Verlag.
Krotz, Friedrich (2007): Mediatisierung: Fallstudien zum Wandel von Kommunikation. Wiesbaden: VS Verlag.
Krotz, Friedrich (2009): Mediatization: A Concept With Which to Grasp Media and Societal Change. In: Lundby, Knut (Eds.): Mediatization. Concept, Changes, Consequences. New York u.a.: Peter Lang, S. 21-40.
Krotz, Friedrich/Eastman, Susan Tyler (1999): Orientations Toward Television Outside the Home. In: Journal of Communication, 49, S. 5-27.
Krotz, Friedrich/Thomas, Tanja (2007): Domestizierung, Alltag, Mediatisierung: Ein Ansatz zu einer theoriegerichteten Verständigung. In: Röser, Jutta (Hrsg.): MedienAlltag. Domestizierungsprozesse alter und neuer Medien. Wiesbaden: VS Verlag, S. 30-42.
Kruse, Lenelis/Graumann, Carl-Friedrich (1978): Sozialpsychologie des Raumes und der Bewegung. In: Kölner Zeitschrift für Soziologie und Sozialpsychologie, Materialien zur Soziologie des Alltags, Sonderheft 20, S. 176-219.
Kruse, Lenlis (1996): Raum und Bewegung. In: Kruse, Lenlis/Graumann, Carl-Friedrich/Lantermann, Ernst-Dieter: Ökologische Psychlgie. Ein Handbuch in Schlüsselbegriffen. Weinheim: Beltz, S. 313-324.
Kumar, Krishan/Makarova, Ekaterina (2008): The Portable Home: The Domestication of Public Space. In: Sociological Theory, 26, S. 324-343.

Labelle, Brandon (2010): Acoustic Territories. Sound, Culture and Everyday Life. New York, London: Contiuum.
Lamnek, Siegfried (1995): Qualitative Sozialforschung. Band I: Methodologie. 3. korrigierte Auflage. Weinheim: Belz.
Lange, Ulrich (1989): Von der ortsgebundenen „Unmittelbarkeit" zur raumzeitlichen „Direktheit" – Technischer und sozialer Wandel und die Zukunft der Telefonkommunikation. In: Forschungsgruppe Telefonkommunikation (Hrsg.): Telefon und Gesellschaft. Beiträge zu einer Soziologie der Telefonkommunikation. Berlin: Spiess, S. 167-185.

Lasén, Amparo (2003): A Comparative Study of Mobile Phone Use in Public Places in London, Madrid and Paris. Digital World Research Centre. University of Surrey. http://www.surrey.ac.uk/dwrc/Publications/CompStudy.pdf.

Lasén, Amparo (2006): How to be in Two Places an the Same Time? Mobile Phone Use in Public Places. In: Höflich Joachim R./Hartmann, Maren (Eds.): Mobile Communication in Everyday Life: Ethnographic Views, Observations and Reflections. Berlin: Frank& Timme, S. 227-251.

Lefebvre, Henri (2010): Rhythmanalysis. Space, Time and Everyday Life. Reprint. London, New York: Continuum.

Leisring, Penny (2007): Therapy at a Distance: Information and Communication Technologies and Mental Health. In: Kleinman, Sharon (Ed.): Displacing Place. Mobile Communication in the Twenty-first-Century. New York u.a.: Peter Lang, S. 189-205.

Leiter, Keneth (1980): A Primer on Ethnomethodology. New York, Oxford: Oxford University Press.

Lemish, Dafna (1982): The Rules of Viewing Television in Public Places. In: Journal of Broadcasting, 26, No. 1, S. 757-781.

Lennard, Suzanne H. Crowhurst/Lennard, Henry (1984): Public Life in Urban Places. Southhampton, NY: Gondolier.

Lenz, Karl (2010): Dritte in Zweierbeziehungen. In: Bedorf, Thomas/Fischer, Joachim/Lindermann, Gesa (Hrsg.): Theorien des Dritten. Innovation in der Soziologie und Sozialpsychologie. München: Wilhelm Fink, S. 213-247.

Lessing, Theodor (1908): Der Lärm. Eine Kampfschrift gegen die Geräusche unseres Lebens. (Bd. 9, Grenzfragen des Nerven- und Seelenlebens). Wiesbaden: Verlag von J.F. Bergmann.

Levine, Robert (1999): Eine Landkarte der Zeit. Wie Kulturen mit Zeit umgehen. München, Zürich: Piper.

Licoppe, Christian (2008): The Mobile Phone's Ring. In: Katz, James E. (Ed.): Handbook of Mobile Communication. Cambridge, MA: MIT Press, S. 139-152.

Licoppe, Christian (2009): What does Answering the Phone Mean? A Sociology of the Phone Ring and Musical Ringtones. Draft accepted in the Journal of Cultural Sociology.

Licoppe, Christian A./Heurtin, Jean-Philippe (2002): France: Preserving the Image. In: Katz, James E.Aakhus, Mark (Eds.): Perpetual Contact. Mobile Communication, Private Talk, Public Performance. Cambridge: Cambridge University Press, S. 94-109.

Liedtke, Rüdiger (2004): Die Vertreibung der Stille. Leben mit der akustischen Umweltverschmutzung. München: Deutscher Taschenbuchverlag.

Light, Ann (2009): Negotiations in Space: The Impact of Receiving Phone Calls on the Move. In: Ling, Rich/Campbell, Scott W. (Hrsg.): The Reconstruction of Space and Time. Mobile Communication Practices. New Brunswick, London: Transaction Publishers, S. 191-213.

Lindemann, Gesa (2006): Die dritte Person – das konstitutive Minimum der Sozialtheorie. In: Krüger, Hans-Peter/Lindemann, Gesa (Hrsg.): Philosophische Anthropologie im 21. Jahrhundert. Berlin: Akademie Verlag, S. 125-145.

Ling, Rich (1989): „One can talk about common manners!" The Use of Mobile Telephones in Inappropriate Situations. In: Telektronikk, 94, S. 65-76.

Ling, Rich (2002): The social and cultural consequences of mobile telephony as seen in the Norwegian context. Scientific Report, telenor, 9.

Ling, Rich (2002): The Social Juxtaposition of Mobile Telephone Conversations and Public Spaces. In: The Social and Cultural Impact/Meaning of Mobile Communication. Chuncon Conference on Mobile Communcation, July 13-14, S. 59-86.

Ling, Richard/Yttri, Birgitte (2002): Hyper-coordination via Mobile Phones in Norway. In: Katz, James E./Aakhus, Mark (Eds.): Perpetual Contact. Mobile Communication, Private Talk, Public Performance. Cambridge: Cambridge University Press, S. 137-169.

Ling, Rich (2004): The Mobile Connection. The Cell Phones's Impact on Society. Amsterdam u.a.: Morgan Kaufmann.

Ling, Rich (2006): "I have a free phone so I don't bother to send SMS, I call" – The Gendered Use of SMS Among Adults in Intact and Divorced Families. In: Höflich, Joachim R./Hartmann, Maren (Eds.): Mobile Communication in Everyday Life. Ethnographic Views, Observations and Reflections. Berlin: Frank & Timme, S. 145-170.

Ling, Rich (2008): New Tech, New Ties. How Mobile Communication is Reshaping Social Cohesion. Cambridge, London: MIT Press.

Ling, Rich/Bashir, Nisar (2009): The Potential for Mobile Communication to Contribute to a Better Environment: Possibilities and Threats. Paper presented at the International Conference on Mobile Communication and Social Policy, Rutgers University, 9-12 October. New Brunswick.

Ling, Rich/Donner, Jonathan (2009): Mobile Communication. Cambridge: Polity Press.

Ling, Rich/Campbell, Scott W. (Eds.) (2010): The Reconstruction of Space and Time. Mobile Communication Practices. New Brunswick, London: Transaction Publishers.

Lofland, John (1976): Doing Social Life. The Qualitative Study of Human Interaction in Natural Settings. New York u.a.: John Wiley.

Lofland, Lyn H. (1998): The Public Realm. Exploring the Citiy's Quintessential Social Territory. New York: Aldine de Gruyter.

Longue, Alexandra W. (1995): Der Lohn des Wartens. Über die Psychologie der Geduld. Heidelberg, Berlin, Oxford: Spektrum Akademischer Verlag.
Lorente, Santiago (2006): Another Kind of 'Mobility': Mobiles in Terrorist Attacks. In: Höflich, Joachim R./Hartmann, Maren (Eds.): Mobile Communication in Everyday Life. Ethnographic Views, Observations and Reflections. Berlin: Frank & Timme, S. 173-202.
Löw, Martina (2001): Raumsoziologie. Frankfurt/Main: Suhrkamp.
Lüders, Christian (2004): Beobachten im Feld und Ethnographie. In: Flick, Uwe/von Kardorff, Ernst/Steinke, Ines (Hrsg.): Qualitative Sozialforschung. Ein Handbuch. Reinbek bei Hamburg: Rowohlt, S. 384 -401.
Luhmann, Niklas (1999): Soziale Systeme. Grundriss einer allgemeinen Theorie. 7. Aufl., Frankfurt/Main: Suhrkamp.
Lum, Casey Man Kong (2006): Notes Toward an Intellectual History of Media Ecology. In: Lum, Casey Man Kong (Ed.): Perspective on Culture, Technology and Communication. The Media Ecology Tradition. Cresskill: Hampton Press, S. 1-60.

Machin, David (2002): Ethnograhic Research for Media Studies. London: Arnold.
Mack, Arien/Rock, Irvin (2000): Inattentional Blindness. Cambridge, London: MIT Press.
McCarthy, Anna (2001): Ambient Television. Visual Culture and Public Space. Durham and London: Duke University Press.
McLuhan, Marshall (1970): Die magischen Kanäle. ‚Undersanding Media'. Frankfurt/Main: Fischer.
McLuhan, Marshall (2001): Das Medium ist die Botschaft – The Medium is the Message. Dresden: Verlag der Kunst.
Mead, George H. (1975): Geist, Identität und Gesellschaft. 2. Aufl., Frankfurt/Main: Suhrkamp.
Meckel, Miriam (2009): Das Glück der Unerreichbarkeit. Wege aus der Kommunikationsfalle. München: Goldmann.
Mehrabian, Albert (1987): Räume des Alltags. Wie die Umwelt unser Verhalten bestimmt. Frankfurt, New York: Campus.
Mesthene, Emmanuel G. (1972): The Role of Technology in Society. In: Teich, Albert H. (Ed.): Technology and Man's Future. New York: St. Martins Press, S. 127- 151.
Mettler-von Meibom, Barbara (1994): Kommunikation in der Mediengesellschaft. Tendenzen – Gefährdungen – Orientierungen. Berlin: Edition Sigma.
MiD 2008: Alltagsverkehr in Deutschland. Erhebungsmethoden – Struktur – Aufkommen – Emissionen – Trends. Anwenderworkshop am 2. September in Berlin.

Moore, Chathleen (2001): Inattentional Blindness: Perception or Memory and What Does it Matter? In Psyche 7(02), January. http://psyche.cs.monash.deu.au/v7/psyche-7-02-moore.html.
Morgenroth, Olf (2008): Zeit und Handeln. Psychologie der Zeitbewältigung. Stuttgart: Kohlhammer.
Mortensen, C. David (1972): Communication. The Study of Human Interaction. New York: McGraw-Hill.
Moscovici, Serge (2001): Social Representations. Explorations in Social Psychology. Washington Square, New York: New York University Press.
Mühlen Achs, Gitta (2003): Wer führt? Körpersprache und die Ordnung der Geschlechter. München: Verlag Frauenoffensive.
Mullett, Mary M. (1918): How we behave when we telephone. In: American Magazine, 86, S. 44-45 und 95.
Murtagh, Ged M. (2002): Seeing the „Rules": Prelimary Observations of Action, Interaction and Mobile Phone Use. In: Brown, Barry/Green, Nicola/Harper, Richard (Eds.): Wireless World. Social and Interactional Aspects of the Mobile Age. London: Springer, S. 81-91.

Nardi, Bonnie A./O'Day, Vicki L. (1999): Information Ecologies. Using Technology with Heart. Cambridge, London: MIT Press.
Nedelmann, Birgitta (1985): Geheimnis – Ein interaktionistisches Paradigma. In: vorgänge, Nr. 78 (Heft 6), S. 38-48.
Neumann, Odmar u.a. (1996): Aufmerksamkeit. Enzyklopädie der Psychologie, Bd. 2. Göttingen u.a.: Hogrefe.
Newcomb, Theodore M. (1953): An Approach to the Study of Communicative Acts. In: Psychological Review, 60, S. 393-404.
Nissenbaum, Helen (2010): Privacy in Context. Technology, Polity, and the Integrity of Social Life. Stanford: Stanford Law Books.
Norton, Peter D. (2008): Fighting Traffic. The Dawn of the Motor Age in the American City. Cambridge, London: MIT Press.
Nyíri, Kristóf (Ed.) (2002): Allzeit zuhanden. Gemeinschaft und Erkenntnis im Mobilzeitalter. Wien: Passagen Verlag.
Nyíri, Kristóf (Ed.) (2003): Mobile Democracy. Essays on Society, Self and Politics. Wien: Passagen Verlag.
Nyíri, Kristóf (Ed.) (2005): A Sense of Place. The Global and the Local in Mobile Communication. Wien: Passagen Verlag.
Nyíri, Kristóf. (Ed.) (2007): Mobile Studies: Paradigms and Perspectives. Wien: Passagen Verlag.
Nyíri, Kristóf (Ed.) (2009): Engagement and Exposure. Mobile Communication and the Ethics of Social Networking. Wien: Passagen Verlag.

Okabe, Daisuke/Ito, Mitzuko (2005): Ketai in Public Transportation. In: Ito, Mitzuko/Okabe, Daisuke/Matsuda, Misa (Eds.): Personal, Portable, Pedestrian. Mobile Phone in Japanese Life. Cambridge, London: MIT Press, S. 205-217.

Oksman, Virpi/Rautiainen, Pirjo (2003): "Perhaps It Is a Body Part." How the Mobile Phone Became an Organic Part of the Everyday Lives of Children and Teenagers. In: Katz, James (Ed.): Machines that Become us: The Social Context of Personal Communication Technology. New Brunswick, New Jersey: Transaction Publishers, S. 293-308.

Oksman, Virpi (2006): Mobile Visuality and Everyday Life in Finland: An Ethnographic Approach to Social Uses of Mobile Images. In: Höflich Joachim R./Hartmann, Maren (Eds.): Mobile Communication in Everyday Life: Ethnographic Views, Observations and Reflections. Berlin: Frank& Timme, S. 103-119.

Paragas, Fernando (2003): Dramatextism. Mobile Telephony and People Power in the Philippines. In: Nyíri, Kristóf (Hsg.): Mobile Demogracy. Essays on Society, Self and Politics. Wien: Passagen Verlag, S. 259-283.

Parais, Rainer (2001): Warten auf Amtsfluren. In: Kölner Zeitschrift für Soziologie und Sozialpsychologie, 53, S. 705-733.

Petrilowitsch, Nikkolaus (1968): Zur Psychologie und Psychopathologie der Blasiertheit. In: ders.: Charakterstudien. Basel, New York: S. Karger, S. 24-38.

Pizzighello, Silvia/Gressan, Paola (2008): Auditory Attention Causes Visual Inattentional Blindness. In: Perception, 37, 859-866.

Plant, Sadie (2001): On the mobile: The effects of mobile telephones on social and individual life. Motorola Inc, October 28.
http://www.motorola.com/mot/doc/0/234_MotDoc.pdf

Pöppel, Ernst (2010): Der Rahmen. Ein Blick des Gehirns in unser Ich. München: Deutscher Taschenbuch Verlag.

Postman, Neil (1992): Das Technopol. Die Macht der Technologien und die Entmündigung der Gesellschaft. Frankfurt/M.: Fischer.

Postman, Neil (2000): The Humanism of Media Ecology. Keynote Address Delivered as the Inagrual Media Ecology Association Convention, Fordham University, Ney York, New York June: 16-17.

Puro, Jukka-Pekka (2002): Finland: A Mobile Culture. In: Katz, James E./Aakhus, Mark (Eds.): Perpetual Contact. Mobile Communication, Private Talk, Public Performance. Cambridge: Cambridge University Press, S. 19-29.

Rada, Uwe (2001): Kein Anschluss in dieser Zelle. In: die Tageszeitung, 31.12.2001. http://www.taz.de/nc/1/archiv/archivstart/?dig=2001/12/31/a0156&cHash=603c7934a6

Rakow, Lana F./Wackwitz, Laura A. (2004): Feminist Communication Theory. Selections in Context. Thousand Oaks, London, New Delhi: Sage.

Reese, Robert D./Siegal, Harvey A. (1986): Studying People. A Primer in the Ethics of Social Research. Macon: Mercer University Press.

Rensink, Ronald (2000): When Good Observers Go Bad: Change Blindness, Inattentional Blindness, and Visual Experience. In: Psyche, 6 (09), August. http://psyche.cs.monash.deu.au/v6/psyche-6-09-rensink.html.

Rensink, Ronald A. (2009): Attention. Change Blindness and Inattentional Blindness. In: Banks, William (Ed.): Encyclopedia of Consciousness. Boston u.a.: Elsevier, S. 47-59.

Rheingold, Howard (2003): Smart Mobs. The Next Social Revolution. Cambridge: Perseus Publishing.

Riepl, Wolfgang (1913): Das Nachrichtenwesen des Altertums. Mit besonderer Rücksicht auf die Römer. Berlin: Teubner.

Rodriguez, Noelie/Ryave, Alan (2002): Systematic Self-Observation. Thousand Oaks, London, New Delhi: Sage.

Roeder, Uta-Regina (2003): Selbstkonstruktion und interpersonale Distanz. Dissertation, Fachbereich Erziehungswissenschaft und Psychologie der Freien Universität Berlin.

Rose, Arnold M. (1973): Systematische Zusammenfassung der Theorie der symbolischen Interaktion. In: Hartmann, Heinz (Hrsg.): Moderne amerikanische Soziologie. Neuere Beiträge zur soziologischen Theorie. Stuttgart: Enke Verlag, S. 266-282.

Röser, Jutta (2007): Der Domestizierungsansatz und seine Potentiale zur Analyse alltäglichen Mediengebrauchs. In: Röser, Jutta (Hrsg.): MedienAlltag. Domestizierungsprozesse alter und neuer Medien. Wiesbaden: VS Verlag, S. 15-30.

Rössler, Beate (2001): Der Wert des Privaten. Frankfurt/Main: Suhrkamp.

Rötzer, Florian (1995): Die Telepolis. Urbanität im digitalen Zeitalter. Mannheim: Bollman.

Rubak, Barry R./Pape, Karen D./Doriot, Philip (1989): Waiting for a Phone: Intrusion on Callers Leads to Territorial Defense. In: Social Psychology Quaterly, 52, S. 232-241.

Ruhne, Renate (2003): Raum, Macht, Geschlecht. Zur Soziologie eines Wirkungsgefüges am Beispiel von (Un)Sicherheiten im öffentlichen Raum. Opladen: Leske und Budrich.

Ruprecht, Uwe (1998): Intimität und Öffentlichkeit. Das Zweiergespräch wird obsolet. In: Behme, Rolf et al.: Telefonzelle: flüchtiger Ort der Worte. Dortmund: Schack, S. 17-19.

Rushkin, Keith J. (2007): Medical Communication: Improving Patient Safety in the Operation Room and Critical Care Unit. In: Kleinman, Sharon (Ed.): Displacing Place. Mobile Communication in the Twenty-first-Century. New York u.a.: Peter Lang, S. 175-188.

Ryave, A. Lincoln/Schenkein, James N. (1974): Notes on the Art of Walking. In: Turner, Roy (Ed.): Ethnomethodology. Middlesex: Pinguin, S. 265-274.

Schafer, R. Murray (2010): Die Ordnung der Klänge. Eine Kulturgeschichte des Hörens. Berlin: Schott.

Schejter, Amit/Cohen, Akiba (2002): Israel: Chutzpah and Chatter in the Holy Land. In: Katz, James E./Aakhus, Mark (Eds.): Perpetual Contact. Mobile Communication, Private Talk, Public Performance. Cambridge: Cambridge University Press, S. 30-41.

Schenk, Michael/Dahm, Hermann/Šonje, Deziderio (1996): Innovationen im Kommunikationssystem. Eine empirische Studie zur Diffusion von Datenfernübertragung und Mobilfunk. Münster: LIT-Verlag.

Schievelbusch, Wolfgang (2000): Geschichte der Eisenbahnreise. Zur Industrialisierung von Raum und Zeit im 19. Jahrhundert. Frankfurt/Main: Fischer.

Schroer, Markus (2006): Räume, Orte, Grenzen. Auf dem Weg zu einer Soziologie des Raums. Frankfurt/Main: Suhrkamp.

Schubert, Herbert (1999): Urbaner öffentlicher Raum und Verhaltensregulierung. In: DISP 136/137, 1999, S. 17-24.

Schubert, Herbert (2000): Städtischer Raum und Verhalten. Opladen: Leske und Budrich.

Schütz, Alfred/Luckmann, Thomas (2003): Strukturen der Lebenswelt. Konstanz: UVK.

Schulz, Iren (2010): Mediatisierung und der Wandel von Sozialisation: Die Bedeutung des Mobiltelefons für Beziehungen, Identität und Alltag im Jugendalter. In: Hartmann, Maren/Hepp, Andreas (Hrsg.): Die Mediatisierung der Alltagswelt. Wiesbaden: VS Verlag, S. 231-242.

Schwarzer, Ralf (2000): Streß, Angst und Handlungsregulation. 4. Auflage. Stuttgart, Berlin, Köln: Kohlhammer.

Schweizer, Harold (2008): On Waiting. London, New York: Routledge.

Seamon, David (1979): A Geography of the Lifeworld. Movement, Rest and Encounter. London: Croom Helm.

Seamon, David/Nordin, Christina (1980): Marketplace as Place Ballet. A Swedish Example. In: Landscape, 24, Nr. 3, S. 35-48.

Seamon, David (2006): Interconnections, Relationships, and Environmental Wholes: A Phenomenological Ecology of Natural and Built Worlds. In: Geib, Melissa (Ed.): Phenomenology and Ecology: The Twenty-Third Annual Symposium of the Simon Silverman Phenomenology Center: Lectures. Pittsburgh, Simon Silverman Phenomenology Center: Duquesne University Press, S. 53-86.

Sennett, Richard (1990): Verfall und Ende des öffentlichen Lebens. Die Tyrannei der Intimität. Frankfurt/Main: Fischer.

Shepherd, Gregory/St. John, Jeffrey/Sriphas, Ted (2006) (Eds.): Communication as... Perspectives on Theory. Thousand Oaks, London, New Delhi: Sage.

Silny, Jiri (2005): Gesundheitliche Aspekte mobiler Kommunikationstechniken. In: Höflich, Joachim R./Gebhardt, Julian (Hrsg.): Mobile Kommunikation. Perspektiven und Forschungsfelder. Frankfurt/Main: Peter Lang, S. 101-133.

Silverstone, Roger (2006): Domesticating Domestication. Reflections on the Life of a Concept. In: Berker, Thomas u.a. (Eds.): Domestication of Media and Technology. Maidenhead: Open University Press, S. 229-248.

Silverstone, Roger (2007): Anatomie der Massenmedien. Ein Manifest. Frankfurt/M.: Suhrkamp.

Silverstone, Roger/Hirsch, Eric/Morley, David (1992): Information and Communication Technologies and the Moral Economy of the Household. In: Silverstone, Roger/Hirsch, Eric (Eds.): Communication by Design. The Politics of Information and Communication Technlogies. Media and Information in Domestic Spheres. London, New York: Routledge, S. 15-31.

Simmel, Georg (1995): Soziologie. Untersuchungen über die Formen der Vergesellschaftung. Gesamtausgabe Band II, 2. Aufl., Frankfurt/M.: Suhrkamp.

Simmel, Georg (2008): Die Großstädte und das Geistesleben. In: ders.: Philosophische Kultur. Frankfurt/Main: Zweittausendeins, S. 905-916.

Simons, Daniel J./Chabris, Christopher, F. (1999): Gorillas in our Midst: Sustained Inattentional Blindness for Dynamic Events. In: Perception, 28, S. 1050-1074.

Simun, Miriam (2009): My Music, my World: Using the MP3 Player to Shape Experience in London. In: New Media & Society, 11, S. 921-941.

Sloss, Robert (2010): Das drahtlose Jahrundert. In: Brehmer, Arthur (Hrsg.): Die Welt in einhundert Jahren. (Orig.: 1910). Hildesheim, Zürich, New York: Georg Olms Verlag.

Smith, Nathaniel (1970): Replications Studies: A Neglected Aspect of Psychological Research. In: American Psychologist, 25, S. 970-975.

Solnit, Rebecca (2002): wanderlust. A History of Walking. London, New York: Verso.

Steenson, Molly/Donner, Jonathan (2010): Beyond the Personal and Private: Modes of Mobile Phone Sharing in Urban India. In: Ling, Rich/Campbell,

Scott W. (Eds.): The Reconstruction of Space and Time: Mobile Communication Practices. New Brunswick, London: Transaction Publishers, S. 231-250.
Strate, Lance (2008): Studying Media as Media: McLuhan and the Media Ecology Approach. In: Media Tropes, 1, S. 127-142.
Strauss, Anselm (2004): „Forschung ist harte Arbeit, es ist immer ein Stück Leiden damit verbunden. Deshalb muss es auf der anderen Seite Spaß machen." Anselm Strauss im Interview mit Heiner Legewie und Barbara Schervier-Legewie. Forum: Qualitative Sozialforschung, Vol. 5, No. 3, Art. 22. September. (http://www.qualitative –research.net/fqs).
Strübing, Jörg (2008): Grounded Theory. Zur sozialtheoretischen und epistemologischen Fundierung des Verfahrens der empirisch begründeten Theoriebildung. 2. Aufl., Wiesbaden: VS Verlag.
Sturnquist, Daniel M. (2006) (Ed.): Mobile Phones and Driving. New York: Novinka Books.
Styles, Elizabeth A. (2008): The Psychology of Attention. 2nd ed., Hove, New York.
Sugiyama, Satomi (2010): Fashion and the Mobile Phone: A Study of Symbolic Meanings of Mobile Phone for Collage-Age People Across Cultures. In: Höflich, Joachim R. u.a. (Eds.): Mobile Media and the Change of Everyday Life. Frankfurt/Main: Peter Lang, S. 171-190.

Taylor, Alex S./Harper, Richard (2005): Gift of the Gab. In: Harper, Richard/Palen, Leysia/Taylor, Alex (Eds.): The Inside Text. Social, Culture and Design Perspectives on SMS. Dordrecht: Springer, S. 271-285.
Thomas, William I./Thomas, Dorothy S. (1973): Die Definition der Situation. In: Steinert, Heinz (Hrsg.): Symbolische Interaktion. Arbeiten zu einer reflexiven Soziologie. Stuttgart: Klett.
Tomlinson, John (2008): The Culture of Speed. The Coming of Immediacy. Los Angeles u.a.: Sage.
Tuan, Yi-Fu (2008): Space and Place. The Perspective of Experience. 6. Aufl., Minneapolis, London: University of Minnesota Press.
Turner, Jonathan H. (1978): The Structure of Sociological Theory. Revised Edition. Homewood, Ill: The Dorsey Press.
Turner, Jonathan H. (2007): Human Emotions. A Sociological Theory. London, New York: Routledge.

Ulich, Dieter/ Mayring, Philipp (1992): Psychologie der Emotionen. Stuttgart, Berlin, Köln: Kohlhammer.
Urry, John (2007): Mobilities. Cambridge: Polity Press.
Varbanav, Valentin (2002): Bulgaria: Mobile Phones as Post-Communist Cultural Icons. In: Katz, James E./Aakhus, Mark (Eds.): Perpetual Contact.

Mobile Communication, Private Talk, Public Performance. Cambridge: Cambridge University Press, S. 126-136.

Veblen, Thorsten (1989): Theorie der feinen Leute. Eine ökonomische Untersuchung der Institutionen. Frankfurt/Main: Fischer Verlag.

Vincent, Jane/Fortunati, Leopoldina (Eds.) (2009): Electronic Emotion. The Mediation of Emotion via Information and Communication Technologies. Oxford u.a.: Peter Lang.

Voelklein, Corina/Howard, Caroline (2001): A Review of Controversies about Social Representations Theory: A British Debate. In: Culture & Psychology, 11, S. 431-454.

Wagner, Wolfgang/Hayes, Nicky (2005): Everyday Discourse and Common Sense. The Theory of Social Representations. Houndsmill: palgrave.

Watzlawick, Paul/Beavin, Janet H./Jackson, Don D. (2000): Menschliche Kommunikation. Formen, Störungen, Paradoxien. 10. Aufl., Bern u.a.: Verlag Hans Huber.

Weber, Heike (2007): Vom Ausflugs- zum Alltagsbegleiter: Tragbare Radios und mobiles Radiohören 1950-1970. In: Röser, Jutta (Hsg.): MedienAlltag. Domestizierungsprozesse alter und neuer Medien. Wiesbaden: VS Verlag, S. 129-138.

Weber, Heike (2008): Das Versprechen mobiler Freiheit. Zur Kultur- und Technikgeschichte von Kofferradio, Walkman und Handy. Bielefeld: Transkript.

Weilenmann, Alexandra (2003): "I can't talk now, I'm in a fitting room": Formulating Availability and Location in Mobile Phone Conversations. In: Environment and Planning, 35, S. 1589-1605.

Weilenmann, Alexandra (2003): Doing Mobility. Doctoral Dissertation. Department of Informatics. Göteborg University, Sweden.

Weingarten, Elmar/Sack, Fritz (1976): Ethnomethodologie. Die methodische Konstruktion der Realität. In: Weingarten, Elmar/Sack, Fritz/Schenkein, Jim (Hrsg.): Ethnomethodologie. Beiträge zu einer Soziologie des Alltagshandelns. Frankfurt/Main: Suhrkamp, S. 7-26.

Whyte, William H. (2009): City. Rediscovering the Center. Philadelphia: University of Philadephia Press.

Wilke, Jürgen (2004): Vom stationären zum mobilen Rezipienten. Entfesselung der Kommunikation von Raum und Zeit – Symptom fortschreitender Medialisierung. In: Börning, Holger/Kutsch, Arnulf/Stöber, Rudolf (Hrsg.): Jahrbuch für Kommunikationsgeschichte, 6. Band, Stuttgart: Franz Steiner Verlag, S. 1-55.

Willis, Paul (1997): TIES: Theoretically Informed Ethnographic Study, In: Nugent, Stephen/Shore, Chris (Eds.): Anthroplogy and Cultural Studies. London: Pluto Press, S. 182-192.

Wolf, Michael (1973): Notes of the Behavior of Pedestrian. In: Birenbaum, Arnold/Sagarin, Edward (Eds.): People in Places. The Sociology of the Familiar. London: Nelson, S. 35-48.

Zelger, Sabine (1997): „Das Pferd frisst keinen Gurkensalat" Kulturgeschichte des Telefonierens. Wien, Köln, Weimar: Böhlau.

Zuckermann, Miron/Mirserandino, Marianne/Bernieri, Frank (2008): Civil Inattention Exists – in Elevators. In: Guerrero, Laura K./Hecht, Michael L. (Eds.): The Nonverbal Communication Reader. 3rd Ed, Long Grove, Ill.: Waveland Pres, S. 130-138.